职业技能等级认定题库试题选编

聚丙烯装置操作工

中国石油化工集团有限公司职业技能鉴定指导中心　编

中国石化出版社
HTTP://WWW.SINOPEC-PRESS.COM

内 容 提 要

《聚丙烯装置操作工》为《职业技能等级认定题库试题选编》丛书之一，由中国石油化工集团有限公司职业技能鉴定指导中心按照《国家职业标准》和《职业技能鉴定国家题库开发技术规程》组织编写。内容包括：聚丙烯装置操作初级工、中级工、高级工和技师、高级技师的国家职业标准、鉴定要素细目表、理论知识试题和操作技能试题，是聚丙烯装置操作工进行职业技能等级认定的必备学习资料。

图书在版编目（CIP）数据

聚丙烯装置操作工/中国石油化工集团有限公司职业技能鉴定指导中心编.
—北京：中国石化出版社，2025.7.（2025.10重印）
2025.7.—ISBN 978-7-5114-7697-5

Ⅰ. TQ325.1

中国国家版本馆CIP数据核字第20254X0J92号

中国石化出版社出版发行

地址：北京市东城区安定门外大街58号

邮编：100011　电话：(010)57512500

发行部电话：(010)57512575

http://www.sinopec-press.com

E-mail:press@sinopec.com

胜利油田胜利报业发展有限责任公司印刷

全国各地新华书店经销

*

787毫米×1092毫米　16开本　18.25印张　365千字

2025年7月第1版　2025年10月第2次印刷

定价：88.00元

《职业技能等级认定题库试题选编》编委会名单

前　言

为满足技能人才参加职业技能等级认定需要，中国石油化工集团有限公司职业技能鉴定指导中心组织有关专家，依据《国家职业标准》和《职业技能鉴定国家题库开发技术规程》，开发了18个职业99个工种的题库，并于2024年正式启用。

为满足员工学习专业知识、提高操作技能的需要，我们选编了题库的部分试题，按职业（工种）出版《职业技能等级认定题库试题选编》丛书。该丛书内容包括国家职业标准、鉴定要素细目表、理论知识试题和操作技能试题等，其中理论知识试题约占该职业（工种）题库试题的30%、操作技能试题约占40%。

《聚丙烯装置操作工》分册由赵春红主编；燕山石化、扬子石化、中捷石化等单位参编。主要执笔人：冯伟；参审人员：纪苏、马超。

由于水平有限，书中难免有遗漏或欠妥之处，敬请谅解并提出宝贵意见。

中国石油化工集团有限公司职业技能鉴定指导中心

目录

第一部分　初级工

第二部分　中级工

第三部分　高级工

第四部分　技师/高级技师

第一部分

初　级　工

一 国家职业标准(初级工工作要求)

职业功能	工作内容	技能要求	相关知识
一、 安全生产	(一) 安全操作	1. 能识别安全警示标志 2. 能报火警 3. 能拨打急救电话 4. 能使用气防设施和急救器材进行急救和自救 5. 能使用消防器材扑灭初起火灾 6. 能防静电 7. 能对带电部位操作采取防触电措施 8. 能佩戴正压式空气呼吸器 9. 能进行心肺复苏等自救互救 10. 能发现并协助处理环保异常事件 11. 能使用个人劳动防护用品 12. 能使用装置冲洗保护设施 13. 能应急撤离 14. 能落实现场安全作业各项防范措施	1. 安全警示标志图例 2. 火灾现场情况说明 3. 人员受伤类型及情况说明 4. 消气防器材的种类、适用范围及使用方法 5. 装置防静电操作措施 6. 配电部位操作防触电的方法 7. 正压式空气呼吸器的型号、适用范围及佩戴方法 8. 心肺复苏等自救互救方法和操作要点 9. 环保异常事件处置的方法 10. 个人劳动防护用品及设施的使用方法 11. 现场应急疏散指示
	(二) 风险管控 与隐患排查	1. 能辨识生产操作过程中的风险 2. 能识别作业场所和工作岗位风险，并做好自我保护 3. 能识别并协助处理现场硫化氢泄漏 4. 能识别并协助处理现场可燃气体泄漏 5. 能按指令进行风险辨识 6. 能排查隐患	1. 安全理念、要求和健康、安全、环境(HSE)的管理制度 2. 装置工艺技术和设备原理 3. 主要量具、设施设备安全操作的注意事项 4. 风险的辨识方法 5. 自我保护及安全逃生的方法 6. 现场涉及的化学品危害特性 7. 隐患排查的要点
二、 工艺操作	(一) 开车准备	1. 能按指令准备开车的正常流程 2. 能使用蒸气、氮气、水和空气(风)等介质 3. 能完成排凝、排污、脱水 4. 能按指令采样 5. 能按指令完成装置吹扫、试漏操作 6. 能使用开车所需工器具	1. 装置流程 2. 原辅料、产品及公用工程介质的物理、化学性质 3. 岗位开车操作要点 4. 装置开车吹扫、试漏注意事项 5. 采样注意事项
	(二) 开车操作	1. 能确认压力、温度、流量、液位等仪表现场投用状况 2. 能操作离心泵、往复泵等单机设备 3. 能按指令完成开车能量隔离 4. 能按指令完成现场开车	1. 现场仪表的基本原理 2. 单机设备的操作注意事项 3. 装置工艺流程
	(二) 开车操作A	1. 能按指令投用反应助催化剂 2. 能按指令投用造粒助剂 3. 能按指令投用抗静电剂系统 4. 能按指令投用调温水系统 5. 能按指令投用反应器吹扫气 6. 能按指令启动掺混系统	1. 投用助催化剂系统注意事项 2. 造粒助剂的性能 3. 投用抗静电剂系统注意事项 4. 调温水系统投用注意事项 5. 反应器吹扫气投用注意事项 6. 掺混系统启动要点
	(二) 开车操作B	1. 能启动引发剂泵、调节剂泵等设备 2. 能按指令完成调节剂、引发剂投料 3. 能按指令完成液压油单元投用 4. 能完成挤压机筒体冷、热交换介质切换 5. 能按指令完成挤压机、造粒机开车 6. 能调整料仓风量 7. 能完成产品颗粒脱气	1. 引发剂泵、调节剂泵等操作注意事项 2. 开车条件确认要点 3. 液压油单元投用注意事项 4. 挤压机筒体冷、热交换介质切换要点 5. 产品颗粒脱气注意事项

续表

职业功能	工作内容	技能要求	相关知识
二、 工艺操作	（二） 开车操作C	1. 能完成乙烯、丙烯、1-丁烯、氢气、溶剂的接收 2. 能按指令完成各容器液位表的投用 3. 能完成反应系统的氮气脱水和溶剂脱水 4. 能完成开车所用溶剂、催化剂的加入 5. 能完成反应器的开车升温 6. 能完成化工投料开车 7. 能协同仪表完成各容器液位表的投用 8. 能完成干燥机循环气的投用 9. 能完成溶剂的联运 10. 能完成混炼挤压机润滑油等辅助单元的开车 11. 能完成混炼挤压机筒体清洗、水汽切换 12. 能完成粉末计量单元、助剂计量单元的开车 13. 能完成挤压造粒机的开车 14. 能完成溶剂储罐的投用 15. 能按指令完成聚乙烯蜡倒料、结片	1. 工艺流程和流程图上符号名称及意义 2. 乙烯、丙烯、1-丁烯、氢气、溶剂等物料接收的注意事项 3. 设备工作原理、操作注意事项 4. 开车步骤、操作注意事项 5. 溶剂、催化剂的作用 6. 氮气脱水和溶剂脱水注意事项 7. 化工投料步骤 8. 干燥机循环气的投用方法 9. 混炼挤压机润滑油等辅助单元操作注意事项 10. 粉末计量单元、助剂计量单元的开车注意事项 11. 聚乙烯蜡倒料、结片注意事项
	（二） 开车操作D	1. 能按指令完成反应器系统引丙烯 2. 能按指令完成环管反应器丙烯循环 3. 能完成反应器夹套升温 4. 能按指令完成气相反应器、循环气压缩机、汽提塔的单体置换及投用 5. 能完成向反应器加入氢气的要点 6. 能完成注入三乙基铝、给电子体和四氯化钛主催化剂 7. 能按指令完成丙烯进料罐引丙烯及循环 8. 能按指令完成汽蒸、干燥洗涤塔水循环 9. 能按指令完成干燥器氮气循环 10. 能按指令完成高压系统丙烯循环 11. 能按指令完成低压系统丙烯循环 12. 能完成闪蒸、汽蒸、干燥单元建料位 13. 能完成粉料输送单元的开车 14. 能完成挤压机系统的辅助单元的开车 15. 能完成粉末计量系统、添加剂计量系统的开车	1. 主、辅催化剂泵启动要点 2. 聚合系统开车前气密注意事项 3. 切粒机开车要点 4. 大轴流泵密封油的投用方法 5. 氮气鼓风机开车要点 6. 挤压机开车要点 7. 环管反应器夹套水的投用方法 8. 引液相丙烯的注意事项 9. 预聚反应器夹套水的投用方法 10. 催化剂预接触罐的开车方法 11. 气密检查 12. 主、辅催化剂系统开车要点
	（二） 开车操作E	1. 能按指令完成液相釜的进丙烯，建立液位 2. 能按指令连通聚合系统的丙烯大循环流程、氢气流程、乙烯流程、粉料输送流程 3. 能按指令完成向反应釜投入主、辅催化剂 4. 能按指令完成液相釜的夹套冷热水切换操作和气相釜换热器的冷热介质切换 5. 能完成粉末输送单元的开车 6. 能完成挤压机系统的辅助单元的开车 7. 能完成粉末计量系统、添加剂计量系统的开车	1. 聚合釜撤热的方式 2. 液相釜出料脉冲的作用 3. 引入原料丙烯的注意事项 4. 夹套水的切换要点 5. 造粒系统开车要点 6. 汽蒸干燥单元启动要点 7. 催化剂投放要点 8. 反应器料位控制方式及标准

续表

职业功能	工作内容	技能要求	相关知识
二、工艺操作	（二）开车操作F	1. 能按指令完成丙烯引料，建立液位 2. 能按指令连通聚合系统的丙烯大循环流程、氢气流程、乙烯流程、粉料输送流程 3. 能按指令启动聚合单元主要动设备 4. 能按指令完成种子粉料添加 5. 能按指令完成向反应釜投入主、辅催化剂 6. 能完成挤压机系统的辅助单元的开车 7. 能完成粉末计量系统、添加剂计量系统的开车	1. 主、辅催化剂加料泵类型 2. 种子粉料的作用及加入注意事项 3. 原料引入注意事项 4. 尾气压缩机的作用 5. 粉、粒料取样注意事项 6. 催化剂投放注意事项 7. 气锁器的作用 8. 反应釜料位的检测方式
	（二）开车操作G	1. 能接收苯乙烯、乙苯、矿物油、橡胶等物料 2. 能将导热油罐中导热油充填到指定液位 3. 能投用造粒系统设备 4. 能完成加热炉的点火准备工作	1. 苯乙烯、乙苯、矿物油、橡胶等原料的物性、用途 2. 导热油充填注意事项 3. 造粒设备投用注意事项 4. 加热炉点火注意事项
	（二）开车操作H	1. 能按指令配制分散剂、引发剂等化学品 2. 能按指令完成聚合釜进料 3. 能按指令完成聚合釜回收 4. 能按指令完成聚合釜出料 5. 能按指令完成聚合釜出料后水冲洗、涂壁 6. 能按指令完成汽提塔水运行及浆料切换 7. 能按指令完成离心机水运行及浆料切换 8. 能检查振动筛筛网 9. 能启动输送风机	1. 分散剂、引发剂的规格、特性 2. 分散剂、引发剂配制注意事项 3. 原材料氯乙烯的规格、特性 4. 聚合釜操作要点 5. 浆料汽提操作要点 6. 汽提干燥工艺参数 7. 离心机操作要点 8. 振动筛结构特点 9. 风机启动注意事项
	（二）开车操作I	1. 能完成化学助剂现场进料操作 2. 能按指令完成反应器放空操作 3. 能按指令开启循环液柱塞阀 4. 能按指令调整背压阀开度 5. 能按指令开启真空系统 6. 能按指令开启风送系统	1. 装置概况中关于化学助剂的注意事项 2. 反应器操作的注意事项 3. 原、辅料规格 4. 背压阀的常识 5. 循环液柱塞阀的常识 6. 真空系统、风送系统的常识
	（二）开车操作J	1. 能完成化学助剂现场进料操作 2. 能按指令完成聚合釜开车升温操作 3. 能按指令完成干燥器氮气循环操作 4. 能按指令完成挤出机预热升温操作	1. 聚合单元聚合釜开车升温操作要点 2. 掺合单元挤出机开车升温操作要点 3. 原、辅料规格
	（二）开车操作K	1. 能引原料液 2. 能向系统填充导热油 3. 能按指令确认加热炉的点火条件 4. 能启动切粒机、干燥机、振动筛 5. 能将条料送至切刀 6. 能启动催化剂系统 7. 能按指令完成挤压机的预热升温 8. 能完成添加剂的准备 9. 能投用蒸气 10. 能完成过滤器充液操作 11. 能按指令投用换热器	1. 设备启动注意事项 2. 引原料液注意事项 3. 投用疏水器的注意事项 4. 工艺流程 5. 切粒系统启用注意事项 6. 催化剂注入的注意事项 7. 投用换热器的注意事项 8. 填充导热油注意事项 9. 导热油炉点火条件 10. 过滤器充液的方法

续表

职业功能	工作内容	技能要求	相关知识
二、工艺操作	（二）开车操作L	1. 能按指令完成环氧氯丙烷的倒罐配料 2. 能按指令配制助剂 3. 能确认碱浓度 4. 能检查真空系统的气密性 5. 能按指令完成蒸气和热媒的开车 6. 能确认过滤器硅藻土铺设完成 7. 能按指令完成“三废”环保装置的开车 8. 能按指令完成造粒系统和结片系统的开车 9. 能完成树脂储罐打循环操作 10. 能确认原辅料量达到开车条件 11. 能启停脱溶剂系统齿轮泵 12. 能完成溶解、精制、水洗等简单工序系统的开车 13. 能检查各机泵机封冷却水 14. 能按指令确认冷凝器状态 15. 能确认脱溶剂伴热温度达到工艺指标	1. 原材料的物化性质及技术指标 2. 间歇生产的特点 3. 清洁生产的内容和要求 4. 开车注意事项 5. 硅藻土铺土注意事项 6. 树脂分层原理 7. 齿轮泵盘车启动注意事项 8. 工艺卡片 9. 环氧氯丙烷倒罐配料注意事项 10. 机封冷却水检查注意事项 11. 助剂的配制注意事项 12. 造粒系统和结片系统的开车注意事项
	（二）开车操作M	1. 能投运主要原料进料过滤器 2. 能按指令将机封液注入压力装置中 3. 能按指令冷冻机组开车 4. 能操作过滤机、振荡筛 5. 能将原料卸入储罐 6. 能操作灌装机充装环氧丙烷	1. 装置的单机设备的操作注意事项 2. 过滤机、振荡筛操作要点 3. 聚醚装置操作法
	（二）开车操作N	1. 能按指令完成装置系统清洗 2. 能按指令完成装置称重系统调校 3. 能完成投运螺杆泵密封水系统 4. 能完成投运搅拌器密封水系统 5. 能完成装置表面活性剂的配制 6. 能完成装置引发剂的接料和配制 7. 能完成装置还原剂的配制 8. 能完成装置单体乙酸乙烯酯（VAC）的接收转料	1. 系统清洗要点 2. 称重调校要点 3. 螺杆泵密封水操作要点 4. 搅拌器密封水操作要点 5. 原辅料配制方法 6. 间歇生产的特点
	（二）开车操作O	1. 能操作精馏塔现场加料 2. 能操作聚合釜现场加料 3. 能操作引发剂添加 4. 能操作热水系统的投运 5. 能操作助剂的添加 6. 能用氮气操作催化剂系统的升压 7. 能操作催化剂的加入 8. 能完成乙烯压缩机开车的操作	1. 精馏塔加料操作方法 2. 聚合釜加料注意事项 3. 引发剂添加操作步骤 4. 热水系统投运操作步骤 5. 助剂添加操作步骤 6. 催化剂系统升压操作方法 7. 催化剂加入操作步骤 8. 乙烯压缩机开车操作要点

续表

职业功能	工作内容	技能要求	相关知识
二、工艺操作	(二) 开车操作P	1. 能按指令完成1,4–丁二醇(BDO)槽车卸料 2. 能按指令完成精对苯二甲酸(PTA)槽车卸料 3. 能按指令完成切片输送系统的投运	1. 1,4–丁二醇(BDO)槽车卸料操作要点 2. 精对苯二甲酸(PTA)槽车卸料操作要点 3. 切片输送系统操作要点
	(三) 正常操作	1. 能完成日常的巡回检查 2. 能填写操作记录 3. 能发现异常工况并汇报 4. 能核对现场压力、温度、液(界)位、阀位等 5. 能操作控制阀副线 6. 能按指令采样 7. 能按要求交接班 8. 能进行水质检查 9. 能配制及加装系统助剂 10. 能完成清污分流 11. 能完成防冻防凝 12. 能进行手指口述操作 13. 能确认各管线内物料的名称及流向	1. 巡检内容及制度 2. 记录填写要求 3. 工艺指标 4. 交接班内容及要求 5. 采样要求及注意事项 6. 水质检查要求及注意事项 7. 冬季生产注意事项
	(三) 正常操作A	1. 能按指令进行物料的精制,并按工艺要求安排取样分析 2. 能按指令分析结果调节工艺参数 3. 能调节各反应器的温度、压力及催化剂、助催化剂、稀释剂、反应物料的进料量 4. 能按指令分析杂质对反应的影响,并能及时进行调节 5. 能按指令切换自然色和有色粒子的水力输送系统 6. 能按指令现场调节温度、压力、液位、流量等工艺参数 7. 能监护现场工艺管线运行情况 8. 能按指令手动吹扫反应器取压口 9. 能按指令更换终止剂钢瓶 10. 能按指令更换烷基铝钢瓶 11. 能按指令更换催化剂钢瓶 12. 能按指令调节挤压机负荷 13. 能按指令调节筒体温度 14. 能按指令调节切粒机转速 15. 能按指令均化粒料 16. 能按指令送料到包装	1. 仪表、阀门位置 2. 精制床有效性标准 3. 挤出机、切粒机调节负荷注意事项 4. 温度、压力、液位、流量等现场调节 5. 工艺参数标准,巡检要求 6. 再生操作注意事项 7. 手动吹扫注意事项 8. 终止剂钢瓶操作参数及更换操作注意事项 9. 烷基铝钢瓶操作参数及更换操作注意事项 10. 催化剂钢瓶操作参数及更换操作注意事项 11. 挤压机操作注意事项 12. 均化操作注意事项 13. 送料操作注意事项

续表

职业功能	工作内容	技能要求	相关知识
二、工艺操作	(三)正常操作B	1. 能按指令完成压缩机废油收集、排放 2. 能按指令完成压缩机框架油、冷却冲洗油过滤器切换、清理 3. 能按指令完成压缩机入口过滤器切换、清理 4. 能完成调节剂泵切换 5. 能按指令调节压缩机内部油注油量 6. 能按指令配制引发剂、添加剂 7. 能按指令完成高压循环气、低压循环气排蜡 8. 能按指令完成产品牌号的切换 9. 能按指令完成高压循环气、低压循环气换热器的切换、清理 10. 能按指令完成废引发剂的收集、清理 11. 能按指令完成蒸气冷凝液的外送 12. 能按指令根据产品牌号需要调节添加剂加料量 13. 能按指令完成料仓切换	1. 压缩机废油收集、排放注意事项 2. 冷却冲洗油过滤器切换注意事项 3. 压缩机入口过滤器切换、清理方法 4. 调节压缩机内部油注油量要点 5. 高压循环气、低压循环气排蜡注意事项 6. 高压循环气、低压循环气换热器的切换、清理注意事项 7. 引发剂、添加剂配制注意事项 8. 料仓切换、掺混、送料操作要点 9. 产品牌号切换要点
	(三)正常操作C	1. 能完成催化剂进料量的校对 2. 能按指令完成产品牌号的切换 3. 能调节公用工程波动、原料波动 4. 能对离心机密封油冲洗量、溶剂冲洗量进行调节 5. 能根据粉末湿含量，调节干燥机循环气温度 6. 能完成调节混炼机的负荷 7. 能判断颗粒外观合格 8. 能完成产品和助剂的切换 9. 能完成颗粒的进料、掺混和输送 10. 能调节溶剂储罐之间的物料平衡 11. 能根据化验分析结果，判断溶剂质量是否合格 12. 能完成低聚物系统的倒料	1. 催化剂进料量的校对要点 2. 产品牌号切换要点 3. 影响反应的因素及温度、压力、液位、流量等的调节方法 4. 离心机密封油冲洗量、溶剂冲洗量的调节要点 5. 干燥机循环气温度调节注意事项 6. 公用工程波动、原料波动的调节方法 7. 颗粒外观标准 8. 溶剂质量标准 9. 低聚物系统的倒料操作要点
	(三)正常操作D	1. 能完成三乙基铝、给电子体、主催化剂的加料操作 2. 能完成充填设备密封油 3. 能调整主、辅催化剂的比例 4. 能完成低压丙烯洗涤塔的退油、加油操作 5. 能完成加反应终止剂	1. 聚丙烯粉料的性能指标 2. 环管反应器内浆液的特性 3. 催化剂配制注意事项 4. 主、辅催化剂的计量方法 5. 三乙基铝系统日常操作注意事项 6. 等规度的概念 7. 预聚合反应原理 8. 丙烯闪蒸原理

续表

职业功能	工作内容	技能要求	相关知识
二、 工艺操作	(三) 正常操作E	1. 能完成催化剂进料量的校对 2. 能调节反应器的温度、压力及料位、催化剂、原料的进料量 3. 能根据化验分析结果和产品质量，调节氢气加入量 4. 能分析杂质对反应的影响，并进行调节 5. 能按指令完成产品牌号的切换 6. 能调节公用工程波动、原料波动对装置的影响 7. 能完成调节混炼机的负荷 8. 能完成颗粒的进料、掺混和输送 9. 能完成产品和助剂的切换	1. 新鲜丙烯进料注意事项 2. 氢气在聚合反应中的作用 3. 产品熔融指数的概念 4. 液相反应釜压差的控制标准 5. 反应釜温度的控制方式 6. 聚合釜风量控制原则 7. 催化剂活性的概念
	(三) 正常操作F	1. 能完成催化剂进料量的校对 2. 能调节反应器的温度、压力及料位、催化剂、原料的进料量 3. 能完成颗粒的进料、掺混和输送 4. 能分析杂质对反应的影响，并进行调节 5. 能按指令完成产品牌号的切换操作 6. 能调节公用工程波动、原料波动对装置的影响 7. 能完成调节混炼机的负荷 8. 能完成产品和助剂的切换	1. 主、辅催化剂的添加 2. 循环气压缩机最小回流的作用 3. 急冷液泵的流量控制原理 4. 催化剂配比的概念 5. 产品熔融指数的概念 6. 产率比的概念 7. 反应器的负荷控制
	(三) 正常操作G	1. 能检查罐区安全附件 2. 能完成贮罐的收料、切换 3. 能切换齿轮泵、换热器、过滤器等常用设备 4. 能判断颗粒外观合格	1. 日常操作注意事项 2. 现场设备操作要点 3. 设备日常维护注意事项 4. 产品质量控制要点
	(三) 正常操作H	1. 能按指令切换单体过滤器 2. 能按指令进行换热器的冲洗作业 3. 能按指令完成干燥单元热水罐的补水 4. 能清洗风机过滤网	1. 过滤器切换要点 2. 换热器冲洗注意事项 3. 干燥器热水系统工艺参数 4. 过滤网清洗注意事项
	(三) 正常操作I	1. 能完成胶液配制准备工作 2. 能切换主进料过滤器 3. 能完成料仓切换、粒料掺混与运输操作 4. 能匹配齿轮泵与切粒机的速度 5. 能按指令完成产品牌号切换工作 6. 能完成循环液移液操作 7. 能切换冷冻、热媒系统 8. 能更换熔体过滤器滤网	1. 丙烯腈-丁二烯-苯乙烯共聚物（ABS）生产原理中关于配胶、主进料过滤器的操作要点 2. 料仓切换、粒料掺混与输送程序 3. 齿轮泵转速与切粒机转速调整关系 4. 熔体过滤器操作要点 5. 冷冻、热媒系统的常识 6. 循环液系统的常识

续表

职业功能	工作内容	技能要求	相关知识
二、 工艺操作	(三) 正常操作J	1. 能校对催化剂等化学助剂进料量 2. 能调节干燥器循环氮气量及加热水温度 3. 能完成粉料及颗粒计量、掺混与输送 4. 能按指令完成产品牌号切换工作	1. 聚合单元催化剂的理化性质 2. 聚合单元药剂及原料进料量的计算常识 3. 凝聚单元药剂及原料进料量的计算常识 4. 掺合单元药剂及原料进料量的计算常识 5. 粉料及颗粒的计量、掺混与输送程序要点 6. 凝聚单元湿粉料干燥原理
	(三) 正常操作K	1. 能完成三剂的配制 2. 能确认颗粒外观合格 3. 能切换过滤器 4. 能完成脱挥冷阱操作 5. 能切换及再生真空泵 6. 能清理模头碳化物 7. 能完成过滤器的焙烧 8. 能完成取样 9. 能完成机泵盘车 10. 能完成脱挥孔低聚物的排放 11. 能操作冷阱运行程序	1. 三剂的种类 2. 冷阱操作注意事项 3. 过滤器切换注意事项 4. 脱挥孔低聚物排放注意事项 5. 模头碳化物清理的方法 6. 真空泵再生方法 7. 机泵盘车注意事项 8. 过滤器焙烧炉操作要点 9. 颗粒外观标准 10. 取样注意事项
	(三) 正常操作L	1. 能完成固废和危废的区分 2. 能完成工序之间的送料和接料的确认 3. 能按指令清理过滤器 4. 能按指令完成原料和三剂辅料进料量的校对 5. 能按指令进行汽提塔和精馏塔的负荷调整 6. 能按指令完成过滤器的硅藻土的铺土及过滤器的清理 7. 能按指令完成挥发性有机物(VOC)系统风机的切换 8. 能按指令调整脱溶剂生产负荷 9. 能完成工艺指标记录校核 10. 能进行精制分液 11. 能完成废水罐溢流	1. "三废"排放的有关规范 2. 仪表、阀门和机泵位置 3. 大过滤器清理和铺土注意事项 4. VOC系统风机切换操作步骤 5. 脱溶剂负荷调整要求及操作流程 6. 工艺管理规定记录规范要求 7. 小过滤器清理操作步骤及注意事项 8. 分液注意事项及分液流程
	(三) 正常操作M	1. 能接卸主要原料进入储罐 2. 能充装环氧丙烷 3. 能混配稀盐酸、稀硫酸、稀磷酸 4. 能向反应釜、中和釜中加入固体、液体物料 5. 能灌装产品	1. 聚醚装置内设备开车、停车操作 2. 聚醚装置常用危险化学品的物理性质及操作注意事项 3. 产品灌装操作要点

续表

职业功能	工作内容	技能要求	相关知识
二、 工艺操作	（三） 正常操作N	1. 能根据生产配方完成表面活性剂的配制 2. 能完成单体醋酸乙烯的接料、转料 3. 能完成乙烯系统的加料准备 4. 能完成装置现场过滤 5. 能完成过滤器除渣 6. 能完成引发剂的配制 7. 能完成还原剂的配制 8. 能完成辅助化工材料的配制	1. 间歇生产的特点 2. 装置加料基本步骤 3. 装置加料基本条件 4. 原辅料配制操作要点
	（三） 正常操作O	1. 能接收原材料的方法 2. 能清洗Y形过滤器、T形过滤器 3. 能切换离心泵	1. 能操作常规机泵 2. 机泵切换操作、过滤器的倒液和清洗方法 3. 离心泵单元操作
	（三） 正常操作P	1. 能按指令完成离心泵过滤器清洗 2. 能按指令完成液封槽滤网清理 3. 能按指令完成板式换热器清洗 4. 能按指令完成三股水滤网清洗 5. 能按指令完成精对苯二甲酸（PTA）风机过滤器清理 6. 能按指令完成旋风分离器排粉 7. 能按指令完成气相热媒脱气 8. 能按指令完成真空系统排渣 9. 能按指令完成精对苯二甲酸（PTA）管链盘片检查 10. 能按指令完成脱盐水滤布更换	1. 离心泵过滤器清洗操作要点 2. 液封槽滤网清理操作要点 3. 板式换热器清洗操作要点 4. 三股水滤网清洗操作要点 5. 精对苯二甲酸（PTA）风机过滤器清理操作要点 6. 旋风分离器排粉操作要点 7. 气相热媒脱气操作要点 8. 真空系统排渣操作要点 9. 精对苯二甲酸（PTA）管链盘片检查操作要点 10. 脱盐水滤布更换操作要点
	（四） 停车操作	1. 能按指令置换、吹扫工艺系统 2. 能停运离心泵、往复泵等单机设备 3. 能按指令完成退料、卸剂 4. 能按指令切断进料 5. 能按指令完成正常停车	1. 置换、吹扫要点 2. 离心泵、往复泵等单机设备停运注意事项 3. “三废”排放要点 4. 停车要点
	（四） 停车操作A	1. 能开停挤出机、切粒机、混炼机 2. 能切换旋转加料器、螺杆加料器、风送风机等设备 3. 能完成挤出机、切粒机、混炼机等设备检维修后的试运工作 4. 能排放压力容器压力 5. 能倒空均化仓 6. 能完成切粒水系统的停车 7. 能倒空催化剂系统 8. 能完成精制单元的停车 9. 能完成调温水系统的停车	1. 开停挤出机、切粒机、混炼机步骤及注意事项 2. 挤出机、切粒机、混炼机等设备检维修后的试运的条件 3. 精制区停车操作注意事项 4. 调温水系统停车操作注意事项 5. 挤压机自动停车操作注意事项 6. 退物料操作注意事项 7. 停工操作注意事项 8. 压力容器倒空操作注意事项

续表

职业功能	工作内容	技能要求	相关知识
二、工艺操作	（四）停车操作B	1. 能按指令切断引发剂进料 2. 能按指令停运引发剂泵、添加剂泵 3. 能按指令完成压缩机、引发剂泵及其相关管线的物料排放、倒空、吹扫、置换 4. 能按指令确认压缩机、引发剂泵等交出检修条件 5. 能按指令完成压缩机框架油、冷却冲洗油等停运 6. 能按指令完成挤压机、造粒机停车 7. 能按指令完成筛网、切刀更换 8. 能按指令完成离心干燥器、振动筛等停车 9. 能按指令完成混合风机、旋转阀等停运 10. 能按指令完成料仓物料送空确认 11. 能按指令完成混合风机入口、出口滤网更换	1. 压缩机保压和放空注意事项 2. 压缩机、引发剂泵检修交出要点 3. 引发剂泵、添加剂泵停运操作要点 4. 挤压机、造粒机停车注意事项 5. 筛网、切刀更换注意事项 6. 料仓物料送空确认要点 7. 混合风机口、出口滤网更换注意事项
	（四）停车操作C	1. 能现场切断反应器的各种进料，并能对催化剂线、母液线进行冲洗 2. 能按指令完成反应器的夹套保温 3. 能按指令打通反应器底部退料流程 4. 能按指令在紧急状态进行现场停车 5. 能根据停车程序停止设备进料 6. 能完成溶剂和母液之间的切换 7. 能完成干燥机的升温、降温 8. 能完成离心机、干燥机系统的隔离 9. 能完成混炼机的停车 10. 能完成混炼机的保温 11. 能完成筛网、切刀的更换 12. 能完成蒸馏塔、精馏塔的倒空	1. 反应器物料切断的注意事项 2. 催化剂线、母液线冲洗的操作要点 3. 反应器的夹套保温要点 4. 干燥机的升温、降温的步骤及注意事项 5. 溶剂和母液的切换步骤及要点 6. 离心机、干燥机进行氮气吹扫、置换注意事项 7. 混炼机的停车要点 8. 混炼机的保温步骤及要点 9. 筛网及切刀的更换注意事项 10. 蒸馏塔、精馏塔的倒空停车操作要点
	（四）停车操作D	1. 能完成依次停主、辅催化剂 2. 能完成催化剂管线及催化剂混合器的冲洗 3. 能完成环管反应器、气相反应器、循环气压缩机、汽提塔的停车 4. 能完成反应器浆液稀释退料 5. 能倒空闪蒸、汽蒸、干燥系统的物料 6. 能完成袋式过滤器、汽蒸罐的充氮保压	1. 丙烯干燥塔停车注意事项 2. 丙烯回流泵停车注意事项 3. 主、辅催化剂系统停车要点 4. 氮气鼓风机停车要点 5. 丙烯进料泵停车注意事项 6. 大、小轴流泵停车注意事项
	（四）停车操作E	1. 能按指令完成装置的停车 2. 能按规定步骤完成依次停主、辅催化剂、液相反应釜排泄丙烯及氢气的注意事项 3. 能按指令完成催化剂管线己烷洗涤、反应釜进行氮气置换、粉料清理 4. 能完成造粒停车	1. 主催化剂停加后切换己烷冲洗的作用 2. 停给电子体的时间 3. 停车时控制液相聚合釜压差的原因 4. 气相聚合釜粉料出空的依据 5. 液相釜夹套切换热水的目的 6. 液相反应器倒空的判断依据

续表

职业功能	工作内容	技能要求	相关知识
二、工艺操作	（四）停车操作F	1. 能按指令完成聚合的载料停车、倒空停车 2. 能按指令完成依次停主催化剂、烷基铝、改性剂 3. 能按指令完成载料停车、倒空停车后系统的倒空 4. 能完成造粒系统停车	1. 主催化剂泵停车后矿物油冲洗的作用 2. 催化剂系统停车顺序 3. 阻聚剂的作用 4. 装置的排放种类 5. 造粒系统停车注意事项
	（四）停车操作G	1. 能按指令完成加热炉停运 2. 能按指令完成贮罐退料和蒸煮 3. 能按指令完成反应系统、脱挥系统、真空系统等停运和退料 4. 能按指令完成造粒系统停运 5. 能按指令完成公用工程停运 6. 能按指令停止主、副线进料	1. 停车操作要点 2. 系统退料和置换方法
	（四）停车操作H	1. 能按指令完成切断物料、冲洗管线操作 2. 能按指令完成干燥器的降温 3. 能按指令完成振动筛的停车 4. 能按指令完成输送系统的停车	1. 物料切换及冲洗操作要点 2. 干燥器降温操作注意事项 3. 振动筛停机注意事项 4. 输送系统停车操作要点
	（四）停车操作I	1. 能按指令切换至聚苯乙烯程序 2. 能按指令完成反应器蒸煮、乙苯回收工作 3. 能按指令完成聚合脱挥系统降温操作 4. 能按指令完成聚合搅拌停用操作 5. 能按指令完成热媒系统停用操作 6. 能按指令完成冷冻系统停用操作	1. 丙烯腈-丁二烯-苯乙烯共聚物（ABS）切换聚苯乙烯要点 2. 反应器蒸煮要点 3. 聚合脱挥停车要点 4. 热媒系统停车要点 5. 冷冻系统停车要点
	（四）停车操作J	1. 能完成反应器夹套保温操作 2. 能完成离心机、干燥机停车时系统隔离 3. 能按指令完成挤出机系统停车、保温操作	1. 聚合反应釜停车操作要点 2. 离心机及干燥机停车操作要点 3. 挤出机停车操作要点
	（四）停车操作K	1. 能停反应釜进料 2. 能完成催化剂的切出 3. 能完成各反应釜聚合物排出 4. 能按照指令完成流程的切换 5. 能协同安装齿轮泵O形环 6. 能完成反应釜的充氮 7. 能完成反应釜降温 8. 能完成添加剂切出 9. 能完成聚合物过滤器的下线 10. 能完成切粒系统停机 11. 能完成挤压机各部位降温	1. 排净操作要点 2. 停止催化剂注入的注意事项 3. 停车过程中分子量调整的注意事项 4. 装置停原料的操作注意事项 5. 切粒系统停车要点 6. 反应釜及挤压机降温注意事项 7. 反应釜排聚合物的注意事项

续表

职业功能	工作内容	技能要求	相关知识
二、工艺操作	(四)停车操作L	1. 能完成汽提工序和精馏工序的冲洗回收 2. 能按指令完成"三废"处理设施的停车 3. 能按指令完成脱溶剂系统的降负荷及停车 4. 能按指令完成脱溶剂系统吹扫 5. 能按指令完成各工序的停车 6. 能按指令进行系统清洗操作	1. "三废"系统的操作要点 2. 吹扫清洗方案 3. 装置的停车方案及注意事项 4. "三废"排放要求 5. 系统清洗操作要点
	(四)停车操作M	1. 能按指令吹扫简单的工艺系统 2. 能停运离心泵、水环泵、齿轮泵、屏蔽泵等单机设备 3. 能按指令停运冷冻机组 4. 能按指令完成退料、吹扫、洗釜 5. 能按指令切断进料 6. 能按指令完成正常停车	1. 装置停车物料吹扫方法 2. 聚醚装置操作法 3. 装置各个系列停车处理方法 4. 停车方案 5. 冷冻机组停运注意事项
	(四)停车操作N	1. 能完成表面活性剂系统的清洗 2. 能完成引发剂系统的清洗 3. 能完成后处理系统的清洗 4. 能完成乙烯系统的置换 5. 能完成脱泡槽的清洗排水 6. 能完成过滤器的清洗排水	1. 表面活性剂系统清洗操作要点 2. 引发剂系统清洗操作要点 3. 后处理系统清洗操作要点 4. 乙烯系统置换操作要点 5. 脱泡系统清洗操作要点 6. 过滤器清洗操作要点
	(四)停车操作O	1. 能操作乙酸乙烯酯、甲醇、甲酯的倒料 2. 能操作乙酸乙烯酯、甲醇、甲酯储槽的清洗 3. 能按指令对聚合釜升、降负荷	1. 装置工艺流程与现场控制点 2. 停车过程中，乙酸乙烯酯、甲醇、甲酯的倒料注意事项 3. 储槽内壁黏附聚合物积垢的清洗注意事项 4. 聚合釜降负荷注意事项
	(四)停车操作P	1. 能按指令完成切粒机系统停运 2. 能按指令完成切片输送系统停运 3. 能按指令完成公用工程停运 4. 能按指令完成储罐排空 5. 能按指令完成压力容器停运	1. 切粒机系统停运操作要点 2. 切片输送系统停运操作要点 3. 公用工程停运操作要点 4. 储罐排空操作要点 5. 压力容器停运操作要点
三、设备使用与维护	(一)使用设备	1. 能调节现场手阀 2. 能开、停离心泵等动设备 3. 能操作换热器 4. 能投用液位计、安全阀、压力表等 5. 能看懂设备铭牌 6. 能正确使用可燃气体报警仪	1. 阀门结构、性能、特点 2. 泵的类型结构、原理、性能 3. 液位计、安全阀、压力表等的使用 4. 可燃气体报警仪操作说明 5. 设备的名称及在生产中的作用 6. 常用仪表、电气设备的作用 7. 转动设备使用常识
	(一)使用设备A	1. 能切换机组润滑油过滤器 2. 能投用装置的环保设施 3. 能操作鼓风机、引风机 4. 能操作往复式压缩机的油系统 5. 能启停旋转阀 6. 能启停罗茨风机 7. 能启停风送风机	1. 设备维护、保养及相关要求 2. 旋转阀启停操作注意事项 3. 罗茨风机启停操作注意事项 4. 风送风机启停操作注意事项

续表

职业功能	工作内容	技能要求	相关知识
三、设备使用与维护	(一)使用设备B	1. 能开停压缩机、调节剂泵、压缩机框架油泵、冷却冲洗油泵、内部油泵等设备 2. 能操作压缩机盘车器 3. 能切换引发剂泵、调节剂泵、压缩机框架油泵、冷却冲洗油泵等设备 4. 能完成引发剂压缩机、调节剂泵、压缩机框架油泵、冷却冲洗油泵等设备检修后的试运 5. 能开停热水泵、调温水泵、搅拌器、引发剂泵等设备 6. 能完成热水泵、调温水泵、引发剂泵等设备检修后的试运工作 7. 能开、停计量秤、添加剂计量加料泵、颗粒水泵、离心干燥器、振动筛、抽风机、搅拌器等设备 8. 能完成添加剂计量加料泵、颗粒水泵、搅拌器等设备检修后的试运 9. 能完成混合风机、旋转阀检修后的试运	1. 开停压缩机、调节剂泵、压缩机框架油泵、冷却冲洗油泵、内部油泵等设备的要点 2. 压缩机盘车的注意事项 3. 切换热水泵、调温水泵、引发剂泵等设备注意事项 4. 添加剂计量加料泵、颗粒水泵、搅拌器等使用要点 5. 设备检修后的试运注意事项 6. 混合风机、旋转阀检修后的试运要点
	(一)使用设备C	1. 能开停反应器等带搅拌的设备 2. 能开停罗茨风机、尾气压缩机等设备 3. 能指出反应器乙烯、丙烯、氢气、溶剂、母液控制阀及温度、氢气/乙烯比控制阀等主要控制点的位置 4. 能开停离心机、干燥机 5. 能开停、切换高速离心泵、粉末输送风机等设备 6. 能指出干燥机循环气风量控制阀、温度控制阀及压力控制阀等主要控制点的位置 7. 能开停粉末计量秤、助剂计量秤等设备 8. 能指出颗粒水流量控制阀等主要控制点的位置 9. 能指出蒸馏塔、精馏塔液位、压力控制阀等主要控制点的位置	1. 开停反应器等带搅拌的设备操作要点 2. 开停罗茨风机、尾气压缩机等设备操作注意事项 3. 离心机、干燥机所具备的性能 4. 切换高速离心泵、粉末输送风机步骤及注意事项 5. 开停粉末计量秤、助剂计量秤的注意事项 6. 设备检维修后的试运要点
	(一)使用设备D	1. 能按指令开、停齿轮泵、离心泵、隔膜计量泵、气动泵 2. 能按指令完成轴流泵、往复压缩机、离心压缩机的开、停操作 3. 能按指令开、停离心泵、高速泵 4. 能按指令开、停罗茨鼓风机、往复压缩机	1. 现场安全阀的投用要点 2. 离心泵的操作注意事项 3. 主、辅催化剂泵的操作程序 4. 气相反应器刮板器的作用 5. 丙烯进料泵的操作程序 6. 增压油泵的单机操作程序 7. 反应器夹套水循环泵的操作程序

续表

职业功能	工作内容	技能要求	相关知识
三、 设备使用 与维护	（一） 使用设备E	1. 能确定设备、主要仪表控制点的现场位置 2. 能按规定开、停设备 3. 能操作各种阀门 4. 能操作离心泵 5. 能操作罗茨鼓风机 6. 能操作隔膜计量泵 7. 能操作反应釜搅拌器 8. 能操作袋式过滤器 9. 能操作往复压缩机	1. 气缸阀、调节阀的结构 2. 屏蔽泵、隔膜泵、离心泵、往复压缩机、离心风机、罗茨鼓风机的基本原理 3. 疏水器的结构原理 4. 换热器的原理 5. 齿轮泵的工作原理 6. 转动设备密封油系统、干气密封系统的作用
	（一） 使用设备F	1. 能按指令完成压缩机、离心泵、隔膜计量泵、气动泵等启动前的检查 2. 能按指令完成静设备投用前的检查 3. 能按指令完成仪表投用检查 4. 能确定设备、主要仪表控制点的现场位置 5. 能操作罗茨鼓风机	1. 往复压缩机、离心压缩机、罗茨鼓风机、螺杆压缩机的结构、性能、原理及使用方法 2. 气缸阀的工作原理 3. 螺杆泵、隔膜泵、离心泵、气动泵的使用方法 4. 疏水器的结构原理 5. 齿轮泵的工作原理
	（一） 使用设备G	1. 能使用听针、测温测振仪等检测仪器 2. 能更换罗茨风机入口滤芯 3. 能按指令完成堵漏、换垫片、装换填料 4. 能开、停离心泵、齿轮泵、往复泵等常用设备 5. 能使用可手动操作的调节阀等特殊阀门	1. 设备检测仪器使用要点 2. 离心泵操作要点 3. 齿轮泵操作要点 4. 往复泵操作要点 5. 罗茨风机操作要点 6. 特殊阀门操作要点
	（一） 使用设备H	1. 能开停、切换计量泵及调节往复泵的行程 2. 能开停聚合釜搅拌设备及调节转速 3. 能开停抽真空设备 4. 能投用螺旋板换热器 5. 能开停离心机 6. 能开停筛分设备	1. 计量泵操作要点 2. 转速调节注意事项 3. 抽真空原理及操作要点 4. 螺旋板换热器操作要点 5. 离心机开停注意事项 6. 筛分原理及操作要点
	（一） 使用设备I	1. 能按指令操作冷冻机、热媒炉、切胶机、均化器等设备 2. 能完成支援配胶操作 3. 能完成过滤器清理操作 4. 能使用巡检设备	1. 冷冻机、热媒炉、切胶机、均化器等设备操作要点 2. 支援配胶设备使用及程序要点 3. 过滤器清理操作要点 4. 巡检设备使用要点
	（一） 使用设备J	1. 能操作螺旋送料器、搅拌器、高效混合器 2. 能切换隔膜泵、真空泵 3. 能按指令完成自动计量秤的调校 4. 能使用巡检设备	1. 螺旋送料器、搅拌器、高效混合器工作原理、性能及操作要点 2. 自动计量称操作要点 3. 隔膜泵及真空泵操作要点 4. 巡检设备使用要点

续表

职业功能	工作内容	技能要求	相关知识
三、 设备使用与维护	(一) 使用设备K	1. 能确认动静设备、仪表控制点、现场重要参数指示点的位置 2. 能启用布袋除尘器 3. 能操作冷阱、再沸器、冷凝器、空气预热器等 4. 能使用巡检器 5. 能确认自动阀门的工作状态 6. 能操作隔膜计量泵	1. 动静设备结构及工作原理 2. 设备维护、保养要求 3. 调节阀的结构
	(一) 使用设备L	1. 能掌握动静设备和仪表控制点位置及位号 2. 能操作常规手动阀 3. 能操作离心泵、齿轮泵、柱塞泵、真空泵、隔膜泵、屏蔽泵、真空机组等开机与停机 4. 能使用各种巡检工具 5. 能进行紧固法兰面 6. 能辨识各类气动阀门的开关位置或者行程 7. 能操作搅拌设备 8. 能掌握装置区域有毒可燃报警器分布	1. 压力表、温度计、球阀、蝶阀、截止阀、闸阀、疏水阀、仪表调节阀、开关阀操作要点 2. 常用法兰、阀门、管道及垫片的种类、规格及适用范围 3. 离心泵、齿轮泵、柱塞泵、真空泵、隔膜泵、屏蔽泵、真空机组的结构 4. 搅拌器的结构
	(一) 使用设备M	1. 能调节现场手阀 2. 能对设备进行物料倒空、吹扫及检维修时的监护 3. 能完成设备、管线检维修后的试漏、试压工作 4. 能操作搅拌、泵类等动设备 5. 能使用仪表、电气设备 6. 能操作换热器 7. 能投用液位计、安全阀、压力表等	1. 各种泵、风机、减速机、过滤机、振荡筛的结构、性能、铭牌所示的内容 2. 泵的类型结构、原理、性能 3. 液位计、安全阀、压力表等的使用 4. 设备的名称及在生产中的作用 5. 操作法
	(一) 使用设备N	1. 能切换连续乙酸乙烯酯加料泵 2. 能切换引发剂加料泵 3. 能投运隔膜泵 4. 能投运齿轮泵 5. 能投运液环压机 6. 能投运表面活性剂加料泵 7. 能投运初始乙酸乙烯酯加料泵 8. 能投运产品过滤机	1. 计量泵启动操作要点 2. 隔膜泵投运操作要点 3. 齿轮泵投运操作要点 4. 磁力泵投运操作要点 5. 产品过滤操作要点
	(一) 使用设备O	1. 能切换引发剂加料泵 2. 能切换助剂加料泵	1. 加料泵工作原理 2. 加料泵的结构 3. 加料泵的性能指标 4. 加料泵的用途

续表

职业功能	工作内容	技能要求	相关知识
三、 设备使用与维护	(一) 使用设备P	1. 能掌握动设备、静设备、仪表控制点、现场重要参数指示点的位置 2. 能看懂设备铭牌 3. 能使用听棒，测温、测振仪等检测仪器 4. 能投用液位计、安全阀、压力表 5. 能使用可燃气体报警仪 6. 能使用巡检设备 7. 能掌握装置区域有毒可燃报警器分布 8. 能操作各种阀门 9. 能操作离心泵 10. 能操作精对苯二甲酸（PTA）管链 11. 能操作隔膜计量泵	1. 压力表、温度计、球阀、蝶阀、截止阀、闸阀、疏水阀、仪表调节阀、开关阀操作要点 2. 听棒及设备检测仪器的操作要点 3. 液位计、安全阀、压力表的投用步骤 4. 可燃气体报警仪操作要点 5. 巡检设备操作要点 6. 常用法兰、阀门、管道及垫片的种类、规格及适用范围 7. 离心泵、齿轮泵、柱塞泵、真空泵、隔膜泵、屏蔽泵、真空机组的结构 8. 搅拌器的结构 9. 精对苯二甲酸（PTA）管链操作要点
	(二) 维护设备	1. 能对设备进行常规的检查、保养及维护 2. 能检查确认设备的润滑情况 3. 能使用常用维修工具 4. 能按指令拆、装低压管线更换垫片、阀门 5. 能按指令完成设备检维修前、后的系统隔离及设备置换 6. 能完成设备检维修时的监护 7. 能按指令完成设备、管道检维修后的置换、试压、试漏 8. 能按指令完成堵漏、换垫片、装换填料、加换盲板 9. 能按指令更换过滤网 10. 能维护设备及生产环境的整洁	1. 设备盘车的基本要求 2. 设备润滑的基本要求 3. 润滑油、润滑脂的型号、规格 4. 常用维修工具的名称、型号、规格及使用方法 5. 管线、阀门、垫片、螺栓等的规格 6. 监护注意事项 7. 设备、管线试压、试漏的注意事项 8. 设备常规检查、保养及维护要点
四、 事故判断与处理	(一) 判断事故	1. 能发现现场的工艺泄漏 2. 能发现设备运行异常 3. 能发现现场仪表的异常	1. 工艺介质的物化属性 2. 设备的正常运行指标
	(二) 处理事故	1. 能使用消防器材扑灭初期火灾 2. 能使用气防器材进行急救和自救 3. 能按指令处理跑、冒、滴、漏事故 4. 能报火警，打急救电话 5. 能按指令处理装置停原料、公用工程等各类突发事故 6. 能按指令处理离心泵的抽空、泄漏事故 7. 能处理界位、液位等仪表指示异常 8. 能按指令处理工艺、设备和可燃有毒气体报警	1. 跑、冒、滴、漏事故处理方法 2. 消防、气防器材使用规范 3. 消防、气防报警程序 4. 现场急救方法 5. 机泵密封原理 6. 液位计、界位计测量原理

续表

职业功能	工作内容	技能要求	相关知识
四、 事故判断与处理	(二) 处理事故A	1. 能按指令处理工艺事故，协助处理简单的设备事故 2. 能按指令处理紧急停车事故 3. 能按指令处理烷基铝泵的不上量、泄漏事故 4. 能处理出料系统故障 5. 能处理风送管线堵管	1. 工艺事故、设备故障处理方法 2. 紧急停车事故处理方法 3. 出料系统故障处理要点 4. 处理堵管注意事项
	(二) 处理事故B	1. 能用氮气或蒸气稀释乙烯气 2. 能按指令处理调节剂泵故障 3. 能按指令处理添加剂泵故障 4. 能按指令处理现场压力表、液位计、温度表等异常指示	1. 氮气使用注意事项 2. 调节剂泵、添加剂泵处理注意事项
	(二) 处理事故C	1. 能协同处理工艺事故、设备故障 2. 能扑救初期火灾事故，能使用报警设施报警 3. 能处理紧急停车事故	1. 消防、气防报警程序和方法 2. 物料泄漏处理的基本知识 3. 紧急停车事故处理方法
	(二) 处理事故D	1. 能按指令处理工艺管线堵塞 2. 能按指令处理丙烯、乙烯、氢气等泄漏事故 3. 能按指令处理离心泵的汽蚀现象、隔膜计量泵的不上量现象 4. 能按指令切换催化剂在线混合器并处理堵塞的在线混合器 5. 能按指令切换液相反应器出料管线和流化床粉料下料系统	1. 给电子体流量中断的处理注意事项 2. 计量油过滤器堵塞处理注意事项 3. 主催化剂储罐底部Y形过滤器清理注意事项 4. 催化剂预接触罐清洗注意事项 5. 三乙基铝流量中断的处理注意事项
	(二) 处理事故E	1. 能按指令处理催化剂管线堵塞、浆液管线堵塞、流化床反应器粉料下料系统堵塞的事故 2. 能按指令处理丙烯泵的汽蚀事故 3. 能按指令处理隔膜计量泵的不打量事故 4. 能按指令处理可燃性物料泄漏事故 5. 能按指令处理丙烯罐液位超标事故	1. 气、液相反应釜出料管线堵塞的处理注意事项 2. 程序出料线旋转阀停止的处理注意事项 3. 丙烯进料罐液位高处理注意事项 4. 离心泵汽蚀的处理注意事项 5. 隔膜泵流量波动的处理注意事项 6. 主催化剂泵压力波动的处理注意事项 7. 粉、粒料输送系统联锁的处理注意事项

续表

职业功能	工作内容	技能要求	相关知识
四、事故判断与处理	（二）处理事故F	1. 能按指令处理催化剂管线堵塞、反应釜出料线堵塞的事故 2. 能按指令处理丙烯泵的汽蚀事故 3. 能按指令处理隔膜计量泵的不打量事故 4. 能按指令处理可燃性物料泄漏事故 5. 能按指令处理丙烯罐液位超标事故	1. 第二反应釜出料管线堵塞的处理要点 2. 急冷液泵丙烯泄漏的处理要点 3. 离心泵汽蚀的处理要点 4. 旋转下料阀出料不好的处理注意事项 5. 主催化剂泵出口压力高的处理注意事项 6. 助催化剂流量波动的处理注意事项 7. 气锁器隔离后的重新启动注意事项
	（二）处理事故G	1. 能按指令处理工艺事故、设备故障 2. 能按指令处理供料中断事故 3. 能按指令处理加热炉排放异常故障 4. 能按指令开展消气防联动工作	1. 工艺参数和设备运行知识 2. 安全、消防、气防注意事项 3. 报警程序
	（二）处理事故H	1. 能处理过滤网堵塞事故 2. 能按指令处理旋转阀停运事故 3. 能处理振动筛堵塞事故 4. 能按指令处理压缩机废水外排故障	1. 风机异常处理操作要点 2. 旋转阀故障处理操作要点 3. 振动筛堵塞处理操作要点 4. 压缩机异常处理操作要点
	（二）处理事故I	1. 能按指令处理加热炉排放异常故障 2. 能按指令处理苯乙烯系统等危险部位泄漏事故 3. 能处理丙烯腈-丁二烯-苯乙烯共聚物（ABS）产品颗粒连粒、长条等异常情况 4. 能处理料条脱水效果差故障 5. 能处理丙烯腈中毒事故	1. 加热炉排放异常处理方法 2. 苯乙烯系统安全操作注意事项 3. 丙烯腈-丁二烯-苯乙烯共聚物（ABS）产品颗粒连粒、长条处理方法 4. 料条脱水效果差的处理方法 5. 丙烯腈中毒事故处理要点
	（二）处理事故J	1. 能按指令处理工艺事故、设备故障 2. 能按指令处理紧急停车事故	1. 工艺事故、设备故障处理方法 2. 紧急停车事故处理方法
	（二）处理事故K	1. 能处理机泵汽蚀问题 2. 能处理隔膜泵流量不足问题 3. 能处理真空压力波动故障 4. 能处理物料、导热油等泄漏事故 5. 能处理管线凝堵问题 6. 能按指令处理可燃气及火灾报警 7. 能处置风送系统故障	1. 离心泵、隔膜泵故障处理方法 2. 聚碳酸酯风送故障处理方法 3. 物料泄漏处理办法 4. 真空度不足时处理方法
	（二）处理事故L	1. 能按指令处理氧分仪故障 2. 能按指令处理加热炉排放异常故障 3. 能按指令处理离心泵故障 4. 能确认装置现场开关阀位状态 5. 能按指令处理隔膜泵故障 6. 能按指令处理邻甲酚、环氧氯丙烷，甲苯和甲基异丁基酮泄漏事故 7. 能按指令处理树脂泄漏事故 8. 能按指令处理废水和废聚物泄漏事故 9. 能按指令处理齿轮泵故障 10. 能按指令处理电机温度过高故障 11. 能处理泵超压异常情况 12. 能按指令落实双酚房防闪爆措施	1. 离心泵的操作流程 2. 隔膜泵的操作流程 3. 不同类型开关阀的工作原理 4. 报警参数清单 5. 明暗沟切换操作流程及清污分流阀门位置 6. 树脂泄漏处置要求及流程 7. 齿轮泵的操作流程 8. 电机正常运行温度参数 9. 邻甲酚、环氧氯丙烷、甲苯和甲基异丁基酮泄漏应急预案 10. 双酚房防闪爆操作要点

续表

职业功能	工作内容	技能要求	相关知识
四、事故判断与处理	（二）处理事故M	1. 能处理装置管线堵塞、泄漏事故 2. 能处理过滤器堵塞事故 3. 能处理装置跑、冒、滴、漏 4. 能辅助处理可燃性物料泄漏事故 5. 能处理机封泄漏事故	1. 安全、消防、气防基本要求 2. 聚醚装置操作规程 3. 操作法 4. 消防、气防器材使用规范 5. 机泵密封原理
	（二）处理事故N	1. 能处理反应器温度异常升高事故 2. 能处理反应器压力异常升高事故 3. 能处理高压乙烯储罐温度异常升高事故	1. 反应器温度控制范围和操作要点 2. 反应器压力控制范围和操作要点 3. 乙烯储罐温度控制范围和操作要点
	（二）处理事故O	1. 能处理聚合液输送困难事故 2. 能处理过滤网堵塞事故 3. 能处理加料旋转阀、风送事故 4. 能处理齿轮泵故障事故 5. 能处理醇解过滤器压差高事故	1. 聚合液输送流程 2. 醇解热水混合器温水系统调整要点 3. 加料旋转阀、风送工作原理 4. 齿轮泵的工作原理 5. 过滤器压差范围及操作要点
	（二）处理事故P	1. 能按指令处理精对苯二甲酸（PTA）料仓架桥事故 2. 能按指令处理精对苯二甲酸（PTA）输送管线堵塞事故 3. 能按指令处理1,4–丁二醇（BDO）流量波动事故 4. 能按指令处理浆料配制系统停止事故 5. 能按指令处理四氢呋喃（THF）加压塔压力异常事故 6. 能按指令处理四氢呋喃（THF）精馏塔蒸汽流量异常事故 7. 能按指令处理切粒机缠刀事故 8. 能按指令处理切片外观异常事故	1. 精对苯二甲酸（PTA）料仓架桥的处理方法 2. 精对苯二甲酸（PTA）输送管线堵塞的处理方法 3. 1,4–丁二醇（BDO）流量波动的处理方法 4. 浆料配制系统停止的处理方法 5. 四氢呋喃（THF）加压塔压力异常的处理方法 6. 四氢呋喃（THF）精馏塔加热蒸汽流量异常的处理方法 7. 切粒机缠刀的处理方法 8. 切片外观异常的处理办法
五、绘图与计算	（一）绘图	1. 能绘制工艺流程图 2. 能识读设备简图	绘图方法
	（二）计算	1. 能完成常用单位的换算 2. 能计算化工助剂的加入量	常用单位换算知识

二 理论知识鉴定要素细目表

——行业通用理论知识鉴定要素细目表——

鉴定范围			鉴定点	
一级	二级	三级	名称	重要程度
基本要求	基础知识	记录填写基础知识	运行记录的种类	X
			运行记录的填写要求	X
		识图基础知识	工艺流程图管线的表示方法	X
			工艺流程图管件的表示方法	X
			工艺流程图阀门的表示方法	X
			工艺流程图仪表电气控制点的表示方法	X

续表

鉴定范围			鉴定点	
一级	二级	三级	名 称	重要程度
基本要求	基础知识	安全环保基础知识	石化行业生产的不安全因素	X
			国家安全生产的方针	X
			三级安全教育的内涵	X
			头部的防护方法	X
			眼睛和面部的防护方法	X
			脚部的防护方法	X
			手部的防护方法	X
			耳部的防护方法	X
			口鼻的防护方法	X
			皮肤的防护方法	X
			机械设备对人体伤害的防护方法	X
			厂内交通安全知识	X
			石化行业防火防爆十大禁令的内容	X
			尘毒物质的分类	X
			职业中毒的种类	X
			急性中毒的现场抢救方法	X
			高处作业的防护措施	X
			石化行业污染的来源	X
			石化行业污染的途径	X
			石化行业污染的特点	X
			清洁生产的定义	X
			清洁生产的内容	X
			燃烧的三要素	X
			干粉灭火器的适用范围	X
			泡沫灭火器的适用范围	X
			气体灭火器的适用范围	X
			ISO14000系列标准的含义	X
			HSE管理体系的概念	X
			建立HSE管理体系的意义	X
			石化行业事故处理的原则	X
			职业健康监护的基本知识	X
			劳动防护安全用品知识	X
			尘毒噪声对人体的危害	X

续表

鉴定范围			鉴定点	
一级	二级	三级	名称	重要程度
基本要求	基础知识	安全环保基础知识	易燃易爆危险物品的消防管理制度	X
			用火作业安全知识	X
			放射作业安全知识	X
			高处作业安全知识	X
			临时用电安全知识	X
			起重作业安全知识	X
			进入受限空间作业安全知识	X
			“四不伤害”原则	X
			火场逃生知识	X
		质量基础知识	标准化的概念	X
			标准等级划分的类别	X
			标准的使用范围	X
			ISO9000族标准的特点	X
			产品的概念	X
			合格的概念	X
		计算机基础知识	计算机硬件的组成	X
			计算机的安全防护方法	X
			Word文档的录入与排版	X
			计算机浏览器的使用	X
			电子邮件的收发方法	X
		法律常识	《劳动法》关于劳动者权益的规定	X
			劳动合同包含的主要条款	X
			劳动争议解决的途径	X
			《劳动法》关于劳动者工作时间的规定	X
			《劳动法》关于劳动安全卫生的规定	X
			《产品质量法》关于生产者的产品质量责任	X
			《产品质量法》关于生产者的产品质量义务	X
			《安全生产法》对从业人员的规定	X
			《消防法》关于对公民责任的规定	X
			签订劳动合同的目的	X
			劳动合同订立的原则	X
			劳动合同的类型	X
			解除劳动合同的情形	X

续表

鉴定范围			鉴定点	
一级	二级	三级	名称	重要程度
基本要求	基础知识	法律常识	劳动者的休息休假制度	X
			《环境保护法》关于环境保护管理的规定	X
			《职业病防治法》关于职业病预防的规定	X
相关知识	培训与指导	鉴定与考评	职业技能鉴定的定义	X
			职业技能鉴定的目的	X
			职业资格等级的划分	X
			职业资格证书的用途	X
			职业、岗位与工种的关系	X

——职业通用理论知识鉴定要素细目表——

鉴定范围			鉴定点	
一级	二级	三级	名称	重要程度
基本要求	基础知识	化学基础知识	质量的概念	Y
			体积的概念	X
			物质的量的概念	X
			原子的内部结构	X
			气体的标准摩尔体积的概念	X
			气体密度的概念	X
			有机化合物的概念	Y
			溶解度的概念	X
			元素化合价的概念	X
			pH值的概念	Y
			结晶的概念	X
			烯烃的分子通式	X
			液体密度的概念	X
			放热反应的概念	X
			吸热反应的概念	X
			还原反应的概念	X
			烯烃的性质	X
			相对密度的概念	X
			相对分子质量的计算方法	X
			质量守恒定律的概念	X
			相对密度的概念	X

续表

鉴定范围			鉴定点	
一级	二级	三级	名称	重要程度
基本要求	基础知识	化工基础知识	表压的概念	X
			过滤的概念	X
			热量传递的基本方式	Z
			精馏的概念	Z
			导热基本概念	X
			对流基本概念	Y
			辐射基本概念	Y
			雷诺数概念	X
			蒸发的基本概念	X
			能量平衡概念	Y
			换热方式的种类	Z
			泡点的概念	Z
			露点的概念	Z
			沸点的概念	Z
			冷却的概念	Z
			冷凝的概念	Z
			气蚀的概念	X
			蒸馏的概念	X
			真空度的概念	X
		高分子化学知识	高分子化合物的概念	X
			高聚物的命名	X
			自由基聚合的概念	Y
			聚合物的分类	X
			聚合物分子量的概念	X
			聚合物熔融流动速率的概念	X
			聚合物中单体含量的意义	X
			聚合物的物理状态	X
			聚合物材料的机械强度	X
		电工基础知识	电流的概念	Z
			直流电的概念	X
			交流电的概念	X
			电阻的概念	Y
			电压的概念	Y

续表

鉴定范围			鉴定点	
一级	二级	三级	名称	重要程度
基本要求	基础知识	电工基础知识	串联电路	X
			并联电路	X
			电路的基本概念	X
			电功率的概念	X
			电感的基本概念	X
			静电的危害	X
			电磁感应的基本常识	X
			触电人员的救护	X
			装置电气设备灭火方法	X
		仪表基础知识	仪表误差的概念	Z
			简单调节系统的组成	X
			常用控制阀的分类	X
			压力测量仪表的分类	X
			流量测量仪表的分类	X
			常用液位计的种类	X
			温度测量仪表的分类	X
			仪表精度的概念	X
			仪表灵敏度的概念	X
			双金属温度计的测量原理	X
			DCS 概念	X
			ESD 概念	X
			PLC 概念	X
		化工机械与设备基础知识	往复泵的分类	X
			离心泵的主要性能参数	X
			常见压缩机的种类	Y
			换热器的种类	X
			常用阀门的种类	X
			常用阀门型号含义	X
			垫片的种类	X
			密封的概念	Z
			常用金属材料的种类	Z
			常用泵的种类	Z
			常用压力容器的种类	Z
			常用气体的输送设备的种类	Z
			常用法兰的种类	Z
			疏水器的种类	Z
			塔设备的分类	X
			安全附件的种类	X

工种理论知识鉴定要素细目表

鉴定范围			鉴定点	
一级	二级	三级	名称	重要程度
相关知识	工艺操作	开车准备	公用工程包含的项目	X
			管线吹扫目的	X
			气密目的	X
			安全附件种类	X
			液相法工艺概况	X
			装置的主要原料	X
			主催化剂的成分	Y
			烷基铝的化学结构	X
			给电子体的作用	X
			阻聚剂的作用	X
			丙烯的纯度	X
			氮气置换合格的标准	Z
			蒸汽系统分类	Y
			密封油系统分类	X
		开车操作	聚合釜撤热的方式	X
			种子粉料的作用	Y
			引入原料丙烯的注意事项	X
			加种子粉料前具备的条件	Y
			夹套水的切换位置	X
			造粒系统的开车方式	X
			反应釜启动搅拌的注意事项	X
			催化剂投放顺序	X
			程序控制出料阀的动作顺序	X
			反应器料位控制方式及标准	X
			液相釜出料脉冲的作用	X
			中循环路线	X
			催化剂加料泵类型	X
			烷基铝加料泵的类型	X
			给电子体的种类	Z
			给电子体加料泵的类型	X
			反应器料位控制方式	X

续表

鉴定范围			鉴定点	
一级	二级	三级	名称	重要程度
相关知识	工艺操作	开车操作	反应器料位控制标准	X
			压缩机出口用户	X
			挤压机的氮气冲洗用户	Y
			大循环的路线	X
			汽蒸干燥单元启动	X
		正常操作	新鲜丙烯进料位置	X
			烷基铝的性质	X
			烷基铝的稀释浓度	X
			液相反应釜压差的控制标准	X
			反应釜温度的控制方式	X
			干燥单元热氮的加入位置	X
			铝钛比的概念	X
			铝硅比的概念	X
			活性的概念	Y
			氢气在聚合反应中的作用	Z
			MFR 和颗粒水温度的关系	Y
			挤压机滤网的作用	Y
			调整聚合负荷的主要方式	X
			造粒粉料仓的储存能力	X
			粒料料仓的储存能力	X
			产品熔融指数的概念	X
			聚合釜风量控制原则	Y
			粉料取样注意事项	X
			干燥单元脱活剂的加入位置	X
			不同牌号的钛铝硅比	Z
			浆液洗涤罐的作用	Y
			汽蒸干燥单元主要作用	X
		停车操作	主催化剂停加后切己烷冲洗的作用	X
			停给电子体的时间	X
			液相釜稀释的作用	X
			液相釜稀释完成的标志	X
			己烷吹扫烷基铝管线的作用	X
			模板及切刀相关概念	X

续表

鉴定范围			鉴定点	
一级	二级	三级	名称	重要程度
相关知识	工艺操作	停车操作	停车时控制液相聚合釜压差的原因	X
			界区内氢气总管泄压的方法	X
			液相反应器倒空的判断依据	Y
			第三聚合釜留种子粉料的原因	X
			氢气压缩机的开停注意事项	X
			停止加入脱活蒸汽的依据	X
			判断气相聚合釜粉料出空的依据	X
			液相釜夹套切换热水的目的	X
			干燥单元设备联锁停车顺序	X
			返料注意事项	X
	设备使用与维护	使用设备	主要动设备作用	X
			主要静设备作用	X
			屏蔽泵的基础	Y
			隔膜泵的基础	Y
			离心泵的基础	X
			星形旋转阀的基础	X
			往复压缩机的基础	X
			离心风机的基础	X
			罗茨鼓风机的基础	X
			冲洗气的作用	X
			疏水器的结构原理	Z
			混炼机的作用	X
			转动设备密封油系统的作用	X
			旋转阀的作用	X
			齿轮泵的工作原理	Y
			气缸阀的工作原理	Y
			调节阀的结构	X
			主要动设备名称	X
			主要静设备名称	X
			调节阀的工作原理	Z
			疏水器的分类	Y
			换热器的原理	X

续表

鉴定范围			鉴定点	
一级	二级	三级	名 称	重要程度
相关知识	设备使用与维护	维护设备	三种密封油的正常压力标准	X
			设备盘车的基本原理	X
			袋式过滤器的工作原理	X
			常用维修工具的名称	X
			垫片的基础	X
			管线的基础	Y
			设备巡检的主要内容	X
			安全阀正常投用的标志	X
			作业监护的职责	X
			往复式压缩机工作原理	X
	事故判断与处理	判断事故	离心泵的汽蚀原因	X
			烷基铝流量的波动原因	Y
			主催化剂泵压力波动的原因	X
			给电子体流量波动原因	X
			密封油压力低的后果	X
			粉料输送系统压力波动原因	Y
			挤压造粒停车基本原因	X
			串块料产生的原因	X
			粉料输送系统联锁原因	X
			循环气压缩机联锁停车原因	Z
			粒料熔融指数升高的原因	Y
			循环水系统联锁的原因	X
			正压式呼吸器的使用方法	X
			离心泵密封泄漏的原因	X
			挤压机异常的原因	X
		处理事故	液相反应釜出料管线堵塞的处理方法	X
			气相反应釜出料系统堵塞的处理方法	X
			离心泵密封油泄漏的处理方法	X
			离心泵汽蚀的处理方法	X
			隔膜泵流量波动的处理方法	Y
			主催化剂泵压力波动的处理方法	X
			挤压造粒系统助剂下料不好处理措施	X
			气相釜出料系统清理后重新启用方法	X

续表

鉴定范围			鉴定点	
一级	二级	三级	名称	重要程度
相关知识	事故判断与处理	处理事故	粉料输送系统联锁的处理方法	X
			粒料输送风机电流超高处理方法	X
			混炼过程粒料降解的处理方法	X
			程序出料线旋转阀停止的处理方法	X
			丙烯进料罐液位高处理	X
			蒸汽安全阀起跳处理	Y
			粒料发黄处理	X
			粒料粘粒的原因	X
	绘图与计算（停用,归共有）	绘图	不带控制点工艺流程图的绘制	X
			流程图符号的意义	X
			识图知识	X
		计算	助剂下料量的计算方法	X
			装置负荷计算方法	X

三 理论知识试题

——行业通用理论知识试题——

判断题

1. 运行记录可以用铅笔填写。（ × ）

正确答案： 运行记录不能用铅笔填写。

2. 工艺流程图中，主要物料（介质）的流程线用细实线表示。（ × ）

正确答案： 工艺流程图中，主要物料（介质）的流程线用粗实线表示。

3. 盛装易燃易爆物品的容器倒空后，可以动火。（ × ）

正确答案： 盛装易燃易爆物品的容器倒空后，必须经安全处理后才可以动火。

4. 人耳开始感到疼痛的声音叫作痛阈。（ √ ）

5. 起重机司机无法联系起重作业指挥人，应停止所有操作。（ √ ）

6. 交通安全标志在任何工厂内均适用。（ × ）

正确答案： 部分交通安全标志在工厂适用。

7. 石化生产存在许多不安全因素，其中易有毒、有异味的物质较多是主要的不安全因素之一。（ × ）

正确答案：石化生产存在许多不安全因素，其中易燃、易爆、高温、高压、有毒有害是主要的不安全因素。

8. 从事高处作业应制定应急预案，现场人员没必要知道应急预案的内容。 （ × ）

正确答案：从事高处作业应制定应急预案，现场人员应熟知应急预案的内容。

9. 二氧化碳灭火器不适用于扑救B类火灾，如煤油、柴油、原油，甲醇、乙醇、沥青、石蜡等火灾。 （ × ）

正确答案：二氧化碳灭火器适用于扑救B类火灾，如煤油、柴油、原油，甲醇、乙醇、沥青、石蜡等火灾。

10. 在α、β、γ三种射线中，贯穿能力最强的是γ射线。 （ √ ）

11. 职业健康检查是法律赋予接毒接害人员的一项权利。 （ √ ）

12. 泡沫灭火器可用于扑灭电气火灾。 （ × ）

正确答案：泡沫灭火器不能用于扑灭电气火灾，可以用二氧化碳灭火器等扑灭。

13. 防护罩、安全阀等不属于安全防护设施。 （ × ）

正确答案：防护罩、安全阀等属于安全防护设施。

14. 女工在从事转动设备作业时必须将长发或发辫盘卷在工作帽内。 （ √ ）

15. CO_2无毒，所以不会造成污染。 （ × ）

正确答案：CO_2可以造成污染。

16. 燃点是指可燃物质在空气充足条件下，达到某一温度时与火源接触立即着火，并在移去火源后继续燃烧的最低温度。 （ √ ）

17. 一般情况下，应将转动、传动部位用防护罩保护起来。 （ √ ）

18. 休克病人应平卧位，头部稍高。昏迷病人应保持呼吸道畅通，防止咽下呕吐物。 （ × ）

正确答案：休克病人应平卧位，头部稍低。昏迷病人应保持呼吸道畅通，防止咽下呕吐物。

19. 一般事故由事故调查组提出处理建议，直属企业批准处理即可。 （ × ）

正确答案：一般事故由事故调查组提出处理建议和防范措施，由主管部门处理。

20. 口鼻的防护即口腔和鼻腔的防护。 （ × ）

正确答案：口鼻的防护即呼吸系统的防护。

21. ISO14000系列环境管理标准共101个标准号。 （ × ）

正确答案：ISO14000系列环境管理标准共100个标准号。

22. 清洁生产的核心是源头治理。 （ √ ）

23. “四不伤害”原则，体现了安全第一的安全生产方针。（√）

24. 有刺激性不属于石化行业污染特点。（×）

正确答案：有刺激性属于石化行业污染特点。

25. 密闭空间作业时可能发生的危害是缺氧、窒息、中毒、火灾、爆炸。（√）

26. 建立HSE管理体系不能控制HSE风险和环境影响。（×）

正确答案：建立HSE管理体系可有效控制HSE风险和环境影响。

27. 临时用电涉及的工程竣工后，电气施工人员必须立即拆除临时用电设施。（√）

28. 液化石油气站的危险特点是易燃、易爆炸。（√）

29. 专业从事机动车驾驶人员须戴黑色变色镜，保护眼睛。（×）

正确答案：专业从事机动车驾驶人员须戴有色变色镜，保护眼睛。

30. 石化行业污染的主要来源是化学反应中的副产品。（×）

正确答案：石化行业污染的主要来源是化学反应不完全。

31. 软件由信息组成，通常是无形产品并可以方法、论文或程序的形式存在。（√）

32. 标准化的主要效益在于为了产品、过程或服务的预期目的改进它们的适用性，促进贸易、交流以及技术合作。（√）

33. 合格就是满足产品标准的要求。（×）

正确答案：合格就是满足要求。

34. 中国大陆地区的顶级域名是“cn”。（√）

35. 劳动者因违反服务期约定，而解除劳动合同的，不用向用人单位支付违约金。（×）

正确答案：劳动者因违反服务期约定，而解除劳动合同的，应当按照约定向用人单位支付违约金。

36. 企业确因生产经营需要加班加点的，用人单位有权决定加班加点，不需要与工会和劳动者商量。（×）

正确答案：用人单位应当严格执行劳动定额标准，不得强迫或者变相强迫劳动者加班。

37. 订立劳动合同法的目的是明确劳动合同双方当事人的权利和义务，保护劳动者的合法权益，构建和发展和谐稳定的劳动关系。（√）

38. 《安全生产法》中明确规定：从业人员在发现直接危及人身安全的紧急情况时，有权停止作业或者在采取可能的应急措施后撤离作业场所。（√）

39. 用人单位招用劳动者时，为了保证劳动者不违反合同，可以扣押劳动者的居民身份证和其他证件。（×）

正确答案：用人单位招用劳动者时，不得为了保证劳动者不违反合同，扣押劳动者的居民身份证和其他证件。

40. 职业资格证书分一级、二级、三级、四级、五级五个级别。（√）

单选题

1. 在商业活动中，（ A ）不符合待人热情要求。

A. 严肃待客，表情冷漠　B. 主动服务，细致周到

C. 微笑大方，不厌其烦　D. 亲切友好，宾至如归

2. 下列记录中属于运行记录的是（ C ）记录。

A. 交接班　B. 值班　C. 设备点检　D. 安全活动

3. 现场操作原始记录由（ A ）填写。

A. 操作者　B. 单位指定专人　C. 值班长　D. 技术人员

4. 下列记录中不属于运行记录的是（ A ）记录。

A. 交接班　B. 设备点检　C. 工艺数据统计　D. DCS操作

5. 引起慢性中毒的毒物绝大部分具有（ A ）。

A. 蓄积作用　B. 强毒性　C. 弱毒性　D. 中强毒性

6. 从事易燃、易爆岗位的作业人员应穿（ C ）工作服。

A. 腈纶　B. 涤纶　C. 防静电　D. 防渗透

7. 身处高层建筑，下方发生火灾，不正确的做法是（ A ）。

A. 乘坐电梯逃离　B. 远离着火点

C. 将纺织物打湿捂住口鼻　D. 报警

8. 从事酸碱作业时，作业人员需戴（ C ）手套。

A. 布　B. 耐酸碱各种橡胶

C. 皮　D. 塑料

9. 不属于有毒气体的是（ C ）。

A. 氯气　B. 二氧化碳　C. 硫化氢　D. 一氧化碳

10. MF4型手提式干粉灭火器的灭火参考面积是（ B ）m^2。

A. 1.5　B. 1.8　C. 2.0　D. 2.5

11. 从事有（ B ）、热水、热地作业时应穿相应胶鞋。

A. 硬地　B. 腐蚀性　C. 检修作业　D. 机床作业

12. 清洁生产的内容包括清洁的能源、清洁的生产过程、清洁的产品、（ C ）。

A. 清洁的原材料　B. 清洁的服务

C. 清洁的资源　D. 清洁的工艺

13. 不能用于擦洗设备的是（ D ）。

A. 肥皂　　B. 洗衣粉　　C. 洗洁精　　D. 汽油

14. （ B ）不属于防坠落护具。

A. 安全带　　B. 安全网　　C. 安全帽　　D. 安全绳

15. HSE 管理体系是指实施安全、环境与（ C ）管理的组织机构、职责、做法、程序、过程和资源等而构成的整体。

A. 生命　　B. 过程　　C. 健康　　D. 资源

16. 厂级安全教育对象不包括（ B ）。

A. 新调入人员　　B. 临时工　　C. 厂内调动人员　　D. 外用工

17. 不是石化行业污染主要途径的是（ C ）。

A. 工艺过程的排放　　B. 成品运输

C. 设备和管线的滴漏　　D. 催化剂、助剂等的弃用

18. ISO9001：2015《质量管理体系要求》标准适用于（ D ）。

A. 小企业

B. 大中型企业

C. 制造业

D. 各种类型、不同规模和提供不同产品和服务的组织

19. 根据《中华人民共和国标准化法》的规定，我国的标准分为（ C ）四级。

A. 国际标准、国家标准、地方标准和企业标准

B. 国家标准、地方标准、行业标准和企业标准

C. 国家标准、行业标准、地方标准和企业标准

D. 国际标准、国家标准、行业标准和地方标准

20. 下列 ISO9000 族标准中，属于不可引用标准的是（ C ）。

A. ISO9001　　B. ISO8402　　C. ISO9002　　D. ISO9003

21. 在计算机应用软件 Word 中的编辑状态，进行字体设置操作后，按新设置的字体显示的文字是（ D ）。

A. 插入点所在段落中的文字　　B. 插入点所在行中的文字

C. 文档的全部文字　　D. 文档中被选择的文字

22. 为预防计算机被计算机病毒感染，下列做法不合理的是（ D ）。

A. 经常使用最新杀病毒软件检查　　B. 不使用来历不明的光盘、软盘

C. 不轻易打开陌生人的电子邮件　　D. 不上网

23. 键盘是计算机的一种（ D ）设备。

A. 控制　　B. 存储　　C. 输出　　D. 输入

24. 建设项目中防止污染的设施，必须与主体工程（ C ）。

A. 同时设计、同时预算

B. 分开设计、分别施工

C. 同时设计、同时施工、同时投产使用

D. 同时设计、分步施工

25. 我国《劳动法》规定的最低就业年龄是（ C ）周岁。

A. 18　　B. 17　　C. 16　　D. 15

26. 《劳动法》规定，劳动者连续工作（ A ）年以上的，享受带薪年休假。

A. 一　　B. 二　　C. 三　　D. 四

27. 依据《劳动法》的规定，发生劳动争议时，提出仲裁要求的一方应当自劳动争议发生之日起（ D ）日内向劳动争议仲裁委员会提出书面申请。

A. 三十　　B. 四十　　C. 十五　　D. 六十

28. 职业病危害严重的建设项目的防护设施设计，应当经（ B ）进行卫生审查，符合国家职业卫生标准和卫生要求的，方可施工。

A. 环境保护部门　　B. 医疗行政部门

C. 卫生行政部门　　D. 劳动部门

29. 《产品质量法》规定，承担产品质量责任的主体包括（ B ）。

A. 消费者　　B. 生产者和销售者

C. 工程建设者　　D. 仓储运输者

30. 劳动安全卫生工作“三同时”是指：（ D ）的劳动安全卫生设施必须与主体工程同时设计、同时施工、同时投入生产和使用。

A. 新建工程　　B. 改建工程

C. 扩建工程　　D. 新建、改建或扩建工程

31. 依据《劳动合同法》规定，劳动合同可以约定试用期。试用期最长不超过（ C ）个月。

A. 12　　B. 10　　C. 6　　D. 3

32. 违反《消防法》的规定，有下列行为之一的，处警告、罚款或者十日以下拘留，以下说法不正确的是（ D ）。

A. 违法使用明火作业或者在具有火灾、爆炸危险的场所违反禁令，吸烟、使用明火的

B. 阻拦报火警或者谎报火警的

C. 故意阻碍消防车、消防艇赶赴火灾现场或者扰乱火灾现场秩序

D. 火灾扑灭后，为隐瞒、掩饰起火原因、推卸责任，故意破坏现场或者伪造现场，尚不构成犯罪的

33. 下列各项不属于生产产品质量消极义务的是（ A ）。

A. 限期使用的产品，应当在显著位置清晰地标明生产日期和安全使用期或者失效日期

B. 生产者不得伪造产地，不得伪造或者冒用他人的厂名、厂址

C. 生产者生产产品，不得掺杂、掺假，不得以假充真、以次充好，不得以不合格产品冒充合格产品

D. 生产者不得生产国家明令淘汰的产品

34. 劳动合同期限三个月以上不满一年的，试用期不得超过（ C ）。

A. 三个月　B. 两个月　C. 一个月　D. 15天

35. 《劳动法》规定，所有劳动者的合法权益一律平等地受我国劳动法的保护，不应有任何歧视或差异。这体现了对劳动者权益（ B ）的保护。

A. 最基本　B. 平等　C. 侧重　D. 全面

36. 职业资格证书中级封面颜色是（ D ）。

A. 黄色　B. 紫色　C. 绿色　D. 蓝色

37. 职业技能鉴定考试的主要目的是（ A ）。

A. 为劳动者持证上岗和用人单位就业准入资格提供依据

B. 为劳动者提供就业证书

C. 检验劳动者的技能水平

D. 测量劳动者职业技能的等级

38. 以机动车驾驶技能为例，个人日常生活中驾驶属于（ C ）。

A. 职业技能　B. 操作技能　C. 生活技能　D. 肢体技能

39. 工种是根据劳动管理的需要，按照生产劳动的性质、工艺技术的特征或者服务活动的特点而划分的（ D ）。

A. 工作位置　B. 工作性质　C. 工作类别　D. 工作种类

职业通用理论知识试题

判断题

1. 在单回路反馈调节系统中没有调节器。 （ × ）

正确答案：单回路反馈控制系统主要由测量元件、变送器、调节器、执行器（调节阀）和被控过程等环节组成。

2. 调节流体流量及输送含颗粒物料时需选用截止阀、闸阀。 （ × ）

正确答案：调节流体流量的阀门选用流量调节阀，输送含颗粒物料的阀门选择旋塞阀。

3. 绝对误差是测量值与被测量的真实值之间的比值。 （ × ）

正确答案：绝对误差是测量值与真实值之差。

4. 冗余是指有指定的独立的N：1重元件，并且可以自动地检测故障，切换到后备设备上。 （ √ ）

5. DCS的集中管理部分有操作站、工程师站、上位计算机。 （ √ ）

6. 在蒸发操作中，如果把二次蒸气引到另一个蒸发器内作为加热蒸气，并将多个这样的蒸发器串联起来，这样的操作称为多效蒸发。 （ √ ）

7. 液体的沸点与压力有关系，压力增大，沸点升高。 （ √ ）

8. 在1atm下，纯水的泡点、露点、沸点为同一温度。 （ √ ）

9. 在传热过程中，热对流总是伴随着热传导，两者很难分开。 （ √ ）

10. 精馏适用于分离要求低、需将混合物分离为接近于纯物质的物系。 （ × ）

正确答案：精馏适用于分离要求高、需将混合物分离为接近于纯物质的物系。

11. 对于含有一定量水汽的空气，在气压不变的情况下降低温度使饱和水汽压降至与当时实际的水汽压相等的温度，称为露点。 （ √ ）

12. 辐射传热需要物质做媒介就可以传递热量。 （ × ）

正确答案：辐射传热不需要物质做媒介。

13. 同一物体在地球上和月球上的质量是不相同的。 （ × ）

正确答案：同一物体在地球上和月球上的质量是相同的。

14. 使用摩尔时，基本单元可以是分子、原子、离子、电子及其他粒子，或这些粒子的特定组合。 （ √ ）

15. 溶解在溶剂中的溶质微粒由于不断运动，被溶质表面吸引而重新回到溶质表面上来，这个过程叫作结晶。 （ √ ）

16. 化学反应过程中不管放出还是吸收的热量，都属于反应热。 （ √ ）

17. 含有C元素的化合物称为有机化合物。 （ × ）

正确答案：有机物必须含C元素，但是含C元素的化合物不一定是有机物。

18. 体积的国际单位是立方米。 （ √ ）

19. 有机化合物一般具有易于燃烧，熔点较低，难溶于水及反应速率较慢的特性。 （ √ ）

20. 比容是密度的倒数。 （ √ ）

21. 常用垫片按结构不同可分为板材裁制垫片、金属包垫片、缠绕式垫片和金属垫片。

（ √ ）

22. 套管式换热器一般用于传热面积较大、压力较高的场所。 （ √ ）

23. 常用的垫片材料有金属、非金属和金属与非金属共同结合。 （ √ ）

24. 容积泵根据运动部件运动方式的不同分为往复泵和回转泵两类。 （ √ ）

25. 压力容器是内部或外部承受气体或液体压力并对安全性有较高要求的密封容器。

（ √ ）

26. 阀门型号通常应包含阀门类型、驱动方式、连接形式、结构特点、公称压力、密封面材料、阀体材料等要素。 （ √ ）

27. 温度升高，一般来讲导体的电阻会减小。 （ × ）

正确答案：对于大多数导体来说，温度的升高会导致电阻增大。

单选题

1. 在DCS的操作画面中，AUTO表示（ A ）操作模式。

A. 自动　　B. 手动　　C. 串级　　D. 程序控制

2. 液柱式压力计的检测是以（ A ）原理为基础。

A. 流体静力学　　B. 弹性元件受力变形

C. 敏感元件受压　　D. 液压传送

3. 在一个简单反馈调节系统中有（ ）个被控对象、（ ）个控制阀、（ ）个测量机构、（ ）个调节器。下列选项正确的是（ C ）。

A. 1、2、1、1　　B. 2、1、1、2

C. 1、1、1、1　　D. 1、1、1、2

4. 工艺上如有下述选表要求：测量范围为0～300℃，最大绝对误差不能大于±4℃，则应选用（ C ）仪表。

A. 1.3级　　B. 1.5级　　C. 1.0级　　D. 2.5级

5. 所谓简单控制系统，通常是指由一个测量元件、一个变送器、一个控制器、一个控制阀和一个调节对象所构成的（ D ）控制系统。

A. 单开环　B. 双闭环　C. 双开环　D. 单闭环

6. 下面说法正确的是（A ）。

A. 仪表δ$_{允}$越大，准确度越低　B. 仪表δ$_{允}$越大，准确度越高

C. 仪表准确度与δ$_{允}$无关　D. 仪表δ$_{允}$越小，准确度越低

7. 工业上使用的喷洒式冷却塔的换热方式属于（ D ）。

A. 间壁式换热　B. 蓄热式换热　C. 热传导　D. 直接混合式换热

8. 沸点随外界压力变化而改变，压力低，沸点（ A ）。

A. 也低　B. 也高　C. 不变　D. 没关系

9. 在列管式换热器中，热量的传递主要是以（ B ）传热为主。

A. 传导　B. 对流　C. 辐射　D. 其他方式

10. 悬浮液的过滤操作中，通过多孔介质的物料称为（ D ）。

A. 料浆　B. 过滤介质　C. 滤饼　D. 滤液

11. 由于物体内部的分子或自由电子运动，将热能以动能的形式传给相邻温度较低的分子的过程，叫作（ D ）

A. 相变　B. 对流　C. 辐射　D. 传导

12. 直接混合式换热适用于两股流体（ D ）的场合。

A. 互不溶解　B. 不发生化学反应

C. 互不相容　D. 直接接触并混合

13. 在一个单相气体体系中，由于温度和压力的改变，系统中出现第一个（ A ）时的温度或压力称为露点。

A. 液滴　B. 晶体　C. 气泡　D. 固体

14. 下列选项中，不属于辐射传热特点的是（ B ）。

A. 不需要任何媒介　B. 流体质点发生宏观的相对位移

C. 能量以电磁波的形式传递　D. 存在能量的吸收和转换过程

15. 混合物的泡点与混合液中各组分的浓度有关，轻组分浓度越高，泡点（ B ）。

A. 越高　B. 越低　C. 不变　D. 与此无关

16. 在生产中，压力表上测量出来的是设备的（ C ）。

A. 绝压　B. 真空度　C. 表压　D. 大气压

17. 热传导时物体各部分之间没有（ C ）的相对位移。

A. 粒子　B. 微观　C. 宏观　D. 分子

18. 酚酞指示剂的变色范围是pH值在（ A ）的范围。

A. 8.0 ~ 10.0　　B. 2.9 ~ 4.0

C. 4.4 ~ 6.2　　D. 3.1 ~ 4.4

19. 有机化合物不具有的特点是（ D ）。

A. 一般热稳定性较差　　B. 绝大多数是非电解质

C. 绝大多数易于燃烧　　D. 大部分易溶于水

20. 物质的密度与（ D ）。

A. 质量成正比　　B. 体积成反比

C. 质量和体积均有关　　D. 质量和体积均无关

21. 原子在化学反应中得到电子，则化合价（ C ）。

A. 升高　　B. 不变　　C. 降低　　D. 不确定

22. 气体的相对密度是指该气体的密度与标准状况下空气密度的（ A ）。

A. 比值　　B. 积　　C. 和　　D. 差

23. 固体物质的溶解度随压力变化不大，绝大多数随温度升高而（ D ）。

A. 先减小再增大　　B. 减小

C. 先增大再减小　　D. 增大

24. 放热反应的宏观表现是温度（ A ），微观表现是反应物总能量高而生成物的总能量相对较低。

A. 升高　　B. 降低　　C. 先升高，再降低　　D. 不变

25. 一般输送高压蒸汽的管线都是（ C ）。

A. 有缝钢管　　B. 铸钢管　　C. 无缝钢管　　D. 铸铁管

26. 压力容器依其工作压力分为常压、低、中、高、超高五个压力等级，其中高压容器的压力范围为（ C ）MPa。

A. 5 ~ 40　　B. 1.6 ~ 10　　C. 10 ~ 100　　D. 10 ~ 200

27. 真空泵分干式和湿式两大类。干式真空泵产生的真空度比湿式真空泵产生的真空度（ C ）。

A. 大小不一定　　B. 小　　C. 大　　D. 相等

28. 下列选项中（ C ）属于动密封。

A. 垫密封　　B. 密封胶密封　　C. 旋转密封　　D. 直接接触密封

29. 下列选项中，不属于列管式换热器的是（ D ）。

A. 浮头式　　B. 固定管板式　　C. U形管式　　D. 套管式

30. 壳体与管束温差较大，冷热流体压差不大或壳程流体容易结垢时宜选用（ A ）换热器。

A. 浮头式　　B. 固定管板式　　C. U形管式　　D. 套管式

31. 当导线在磁场中（ B ）运动时，在导线两端不会产生感应电势。

A. 沿切割磁力线　　B. 沿磁力线方向　　C. 沿垂直磁力线方向　　D. 沿任意方向

32. 关于电流强度的概念，下列说法中正确的是（ C ）。

A. 通过导线横截面的电量越多，电流强度越大

B. 电子运动的速率越大，电流强度越大

C. 单位时间内通过导体横截面的电量越多，导体中的电流强度越大

D. 因为电流有方向，所以电流强度是矢量

33. 以下不属于化工厂一般防静电措施的是（ D ）。

A. 采取静电接地措施

B. 使用静电消除器

C. 穿防静电鞋、防静电工作服等

D. 合理选用设备材质，提高介质摩擦速度或流速

34. 发生触电事故的危险电压一般是从（ C ）伏开始。

A. 24　　B. 36　　C. 65　　D. 110

35. 对于法拉第电磁感应定律 ，下面理解正确的是（ B ）。

A. 穿过线圈的磁通量越大，感应电动势越大

B. 穿过线圈的磁通量变化越快，感应电动势越大

C. 穿过线圈的磁通量变化越大，感应电动势越大

D. 穿过线圈的磁通量为零，感应电动势一定为零

36. 以下关于静电说法错误的是（ A ）。

A. 因为绝缘体不能导电，所以绝缘体不能显现出带电现象

B. 静电是一种电能，它留存于物体表面

C. 静电是正电荷和负电荷在局部范围内失去平衡的结果

D. 静电是通过电子或离子的转移而形成的

37. 聚合物熔体流动速率的单位一般使用（ C ）。

A. g/min　　B. g/h　　C. g/10min　　D. g/10h

工种理论知识试题

判断题

1. 在Hypol工艺中烷基铝是给电子体。 （×）

正确答案：在Hypol工艺中硅烷是给电子体。

2. 催化剂能够改变化学反应的速度。 （√）

3. 丙烯的纯度对催化剂的活性有较大的影响。 （√）

4. 仪表风是氮气与空气的混合气。 （×）

正确答案：仪表风是经过干燥后的压缩空气。

5. 冷冻盐水主要由水和盐组成，其中的工业上常用氯化钠或者氯化钙水溶液或者乙二醇水溶液作为冷冻盐水，其主要作用是在0℃下仍能保持液态，从而传递冷量。 （√）

6. Hypol工艺的主催化剂是以$TiCl_4$为载体的固体催化剂。 （×）

正确答案：Hypol工艺的主催化剂是以$MgCl_2$为载体的固体催化剂。

7. 在大循环开始时，无须向第一液相反应器加入AT催化剂，AT催化剂可与主催化剂一起加入。 （×）

正确答案：在大循环开始时，需向第一液相反应器加入AT催化剂。

8. 在气相聚合釜的出料程序控制阀中，4阀是泄压阀。 （×）

正确答案：在气相聚合釜的出料程序控制阀中，5阀是泄压阀。

9. 气相反应器下料程序的CT（程序等待时间）越短，下料的速度越慢。 （×）

正确答案：气相反应器下料程序的CT（程序等待时间）越短，下料的速度越快。

10. 烷基铝可以消除系统中的有害物质，防止催化剂中毒。其主要原理是，烷基铝与有害物质络合而除去毒物。 （√）

11. OF催化剂加入太晚，会导致反应器中的无规物迅速增多，从而导致浆液太黏结块。 （√）

12. 氢气加料应该在催化剂加料之后。 （×）

正确答案：氢气加料应该在催化剂加料之前。

13. 当气相反应器中的种子粉料不处于流化状态时，必须启动搅拌，以保证粉料保持疏松。 （×）

正确答案：当气相反应器中的种子粉料不处于流化状态时，不允许启动搅拌。

14. 由于丙烯气化是放热反应，所以丙烯气化罐的换热器内要通入冷冻盐水。 （×）

正确答案：丙烯气化是吸热反应。

15. 液相反应器的出料线采用的是脉冲控制，它可以有效地防止管线发生堵塞现象。（√）

16. 造粒过程中，粉料熔融指数正常，但粒料熔融指数过大，其原因可能是系统进入空气引起树脂热氧降解。（√）

17. 丙烯、氢气、乙烯和己烷的质量都会对TK催化剂的活性造成影响。（√）

18. 反应器中加入氢气可以调节反应物的分子量，对催化剂的反应活性无明显影响。（×）

正确答案：反应器中加入氢气会影响催化剂的反应活性。

19. 液相聚合釜的压力可以直接进行控制。（×）

正确答案：液相聚合釜的压力必须通过温度控制。

20. 切粒机磨刀的主要目的是保持切刀的锋利度和切割效果，确保切粒过程顺利进行，并生产出高质量的颗粒产品。（√）

21. Hypol工艺中的第一气相反应釜（D203）的压力控制是通过控制反应釜凝液罐的冷凝量实现的。（√）

22. 当气相反应器的送料风机电流下降到一定值后持续不变时，说明气相反应器的粉料已经出空。（√）

23. 停止催化剂进料后，气相反应器的气相丙烯、冲洗丙烯等进料都要一起停止。（×）

正确答案：停止催化剂进料后，气相反应器的气相丙烯、冲洗丙烯要带出空反应釜后停止。

24. 一般螺杆各段的功能不同，大体可以分为三段：加料段、混炼段和出料段。（√）

25. 离心泵正常运行时，叶轮中心附近的液体受离心力作用而被甩向叶轮周围，这样就在叶轮中心附近形成了低压区。（√）

26. 蝶阀广泛地应用于液体和气体管道系统中，能够实现精确的流量控制。（×）

正确答案：蝶阀无法实现精确的流量控制。

27. 离心风机依靠机内活塞高速运动，使气体获得动能。（×）

正确答案：离心风机无活塞高速运动。

28. 疏水器根据工作原理的不同可分为机械型疏水器、热静力型疏水器、热动力型疏水器。（√）

29. 只要设备内部氧含量达到18%就可以进入作业，并可以不佩戴防毒面具。（×）

正确答案：设备内部氧含量达到18%可以进入作业，需要佩戴防毒面具。

30. 石棉垫可以用在高温高压的工况下。（×）

正确答案：石棉垫不可以用在高温高压的工况下。

31. 袋滤器布袋内外压差高表明不用更换过滤袋。 （ × ）

正确答案：袋滤器布袋内外压差高表明需要更换过滤袋。

32. 火炬管线由于在常温下工作，因此可以选用常温碳钢。 （ × ）

正确答案：火炬管线选用低温碳钢。

33. 切粒机的功率随物料熔融指数的增大而增大。 （ × ）

正确答案：切粒机的功率随物料熔融指数的增大而减小。

34. 由于聚丙烯颗粒在静电作用下会发生着火爆炸，所以粒料的输送气为氮气。 （ × ）

正确答案：粒料的输送气为空气。

35. 挤压机组停车顺序是先停止粉料下料，然后再停止齿轮泵、切粒机。 （ √ ）

36. 催化剂残余量多少不会影响聚丙烯树脂的黄色指数。 （ × ）

正确答案：催化剂残余量会影响聚丙烯树脂的黄色指数。

37. 造粒系统向混炼机加入粉料和助剂时，都必须有氮气保护才能进行。 （ √ ）

单选题

1. Hypol工艺所使用的主催化剂具有的特性是（ A ）。

A. 极高的活性、高的立体定向性

B. 对杂质不敏感

C. 无须助催化剂

D. 虽具极高活性，但产生的聚合物粉末颗粒大小不均匀

2. 在生产嵌段共聚物时，为防止粉料黏性太大，气相反应器中需加入（ A ）。

A. 低纯氮　　B. 氢气　　C. 空气　　D. 氧气

3. 开车前，氮气吹扫完成后，要求系统中氧的体积浓度应（ C ）。

A. ≤0.6%　　B. ≤0.8%　　C. ≤0.2%　　D. ≤0.5%

4. 工艺上常用（ D ）表示含水气体的水含量。

A. 百分比　　B. 密度　　C. 物质的量比　　D. 露点

5. 在开车前为了降低系统中的氧含量，从而使系统中的气体在爆炸范围之外，应用（ C ）对系统进行置换。

A. 空气　　B. 仪表风　　C. 氮气　　D. 二氧化碳

6. 下列物质中，（ B ）的纯度对催化剂的反应活性影响不大。

A. 氢气　　B. 氮气　　C. 乙烯　　D. 丙烯

7. 安全阀的校验周期一般为（ B ）年。

A. 半　　B. 一　　C. 两　　D. 三

8. 黄色指数是评价产品（ D ）的质量指标。

A. 电性能　B. 力学性能　C. 热性能　D. 外观性能

9. COD是表示水中（ D ）的指标。

A. 氧气含量　B. 空气含量　C. 溶解氧含量　D. 有机物相对含量

10. 在Hypol工艺中通常被作为反应阻聚剂的是（ D ）。

A. 氧气　B. 二氧化碳　C. 氮气　D. 一氧化碳

11. 液相反应器液位超高会导致（ A ）。

A. 换热器堵塞　B. 反应器温度下降

C. 反应器压力下降　D. 搅拌电流下降

12. 粉料在（ D ）中进行气固分离后，一部分气体经过袋滤器过滤后进入循环气压缩机。

A. 第一液相反应器　B. 第一气相反应器

C. 过滤器　D. 粉料分离器

13. 在气相聚合釜出料的程序控制阀中，1阀控制的是（ B ）。

A. 聚合釜向第一粉料罐出料　B. 第一粉料罐向聚合釜排气平衡

C. 第一粉料罐向第二粉料罐出料　D. 第二粉料罐向外泄压

14. 在DCS系统中，PV值是指（ A ）。

A. 测量值　B. 真实值　C. 最大值　D. 最小值

15. 第四反应釜的压力可通过改变第四反应釜的（ A ）控制粉末停留时间来进行调节。

A. 粉末料位　B. 温度

C. 气相丙烯加入量　D. 氢气加入量

16. 在Hypol工艺中，不属于聚合釜反应热撤除主要途径的是（ D ）。

A. 夹套冷却　B. 换热器撤热　C. 丙烯闪蒸　D. 加入气相丙烯

17. 在投催化剂前，液相反应器夹套内应该通入（ A ）。

A. 热水　B. 冷水　C. 冷冻盐水　D. 蒸气

18. 停催化剂泵的顺序是（ D ）。

A. 停止电机、关闭进出口阀、降冲程

B. 关闭进出口阀、停止电机、降冲程

C. 关进出口阀、降冲程

D. 降冲程、停止电机、关闭进出口阀

19. 烷基铝加料泵属于（ A ）。

A. 隔膜泵　B. 屏蔽泵　C. 离心泵　D. 齿轮泵

20. 在某些应急的情况下，可以暂时建立中循环，中循环是指将（ C ）孤立起来。

A. 第一液相反应器　B. 第二液相反应器

C. 第一气相反应器　　D. 丙烯洗涤器

21. 在DCS系统中，SV值是指（ B ）。

A. 最大值　　B. 设定值　　C. 输出值　　D. 最小值

22. 液相反应器的液位计冲洗是（ B ）。

A. 气态丙烯　　B. 液态丙烯　　C. 已烷　　D. 氮气

23. 反应器的夹套水应该从反应器的（ C ）加入。

A. 顶部　　B. 中部　　C. 底部　　D. 顶部和中部

24. 大循环建立前以下哪个步骤不是必须完成的？（ A ）

A. 丙烯置换　　B. 氢气加料

C. 第一气相反应釜加种粉　　D. 精制单元开车

25. 在大循环开始时为了除去反应器和管线中的水分，防止催化剂中毒，需用（ B ）对第一液相聚合釜进行洗涤。

A. OF催化剂　　B. AT催化剂　　C. TK催化剂　　D. 已烷

26. 第二液相反应器的压力主要靠（ C ）来控制。

A. 丙烯加入量　　B. 出料速度　　C. 聚合温度　　D. 进料速度

27. 聚丙烯的相对分子质量为20万～30万，则其聚合度在（ C ）。

A. 4142～7462　　B. 1442～4672　　C. 4762～7143　　D. 2441～7642

28. 颗粒水温度高对产品熔融指数的影响是熔融指数（ C ）。

A. 降低　　B. 升高　　C. 无影响　　D. 不一定

29. 当熔融指数低于规定值时应该（ D ）。

A. 提高乙烯加入量　　B. 降低乙烯加入量

C. 降低氢气加入量　　D. 提高氢气加入量

30. 下列选项中，会造成切粒时出现缠刀或“灌肠”现象的是（ A ）。

A. 物料先于颗粒水到达切粒室　　B. 颗粒水先于物料到达切粒室

C. 模板温度过低　　D. 颗粒水温度过低

31. 通常所说的铝钛比是指铝和钛的（ D ）。

A. 质量比　　B. 密度比　　C. 体积比　　D. 物质的量比

32. 液相反应釜换热器的热交换效率取决于反应釜中（ A ）的浓度。

A. 氢气　　B. 丙烯　　C. 乙烯　　D. 浆液

33. 检修后，液相反应器进液态丙烯前，进行置换和升压使用的是（ B ）。

A. 新鲜液相丙烯　　B. 新鲜气相丙烯

C. 循环丙烯　　D. 已烷

34. 质量浓度为15%的烷基铝催化剂，其物质的量浓度是（ C ）。

A. 0.15mol/L　　B. 8.8mol/L　　C. 0.88mol/L　　D. 1.5mol/L

35. 在聚丙烯树脂加工过程中会出现“鱼眼”，即在制品中产生白点，这是因为（ C ）。

A. 加工过程中混入气体

B. 聚丙烯树脂的拉伸强度不符合质量规定

C. 相混合的几批产品的熔融指数相差太大

D. 产品的灰分太高

36. 液相反应器进液相丙烯之前，先要进行气相丙烯置换，主要目的是（ C ）。

A. 降温　　B. 驱除有害物

C. 防止反应器低温结霜　　D. 降压

37. 使用新鲜液态丙烯的是（ A ）。

A. 液相釜搅拌器冲洗　　B. 催化剂管线的置换

C. 催化剂预聚合　　D. 气相釜搅拌冲洗

38. 在浆液洗涤塔中，部分较轻催化剂和聚丙烯细粉随循环丙烯从（ C ）出来，返回液相釜继续反应。

A. 上部　　B. 下部　　C. 顶部　　D. 上部和顶部

39. 掺合的目的是（ C ）。

A. 产品质量均匀稳定　　B. 不同质量的产品分离

C. 产品颗粒外观一致　　D. 颗粒表面光滑

40. 气相丙烯用于（ B ）。

A. 干燥后粉料的输送　　B. 部分转动设备的冲洗

C. 催化剂管线的置换　　D. 液相聚合釜的降温

41. 网后树脂压力升高的原因可能是（ D ）。

A. 树脂温度高　　B. 熔融指数过高　　C. 进料速度偏高　　D. 模板孔堵塞

42. Hypol工艺中，催化剂预聚合温度应控制在（ B ）。

A. ≥15℃　　B. ≤15℃　　C. ≤25℃　　D. ≤5℃

43. 汽蒸罐中通入脱活剂的位置是（ D ）。

A. 中段　　B. 上段　　C. 粉料出料口　　D. 中下段

44. 烷基铝不能溶于（ D ）。

A. 己烷　　B. 甲醇　　C. 乙醚　　D. 水

45. 下列选项中，可能造成网前树脂压力过高的是（ C ）。

A. 树脂温度高　　B. 熔融指数过高　　C. 滤网堵塞　　D. 进料速度偏低

46. 汽蒸罐中作为脱活剂的蒸气需与热氮一起加入，其目的是（ C ）。

A. 给蒸汽加压　　B. 给蒸汽保温

C. 稀释蒸汽至露点以下　　D. 增强其脱活性

47. 下列选项中，可以反映出PP等塑料的平均分子量的是（ D ）。

A. 拉伸强度　　B. 挠曲模量　　C. 等规度　　D. 熔融指数

48. 干燥单元的联锁停车顺序是（ A ）。

A. 送料风机、汽蒸罐下料阀、干燥器下料阀、干燥器

B. 干燥器、干燥器下料阀、汽蒸罐下料阀、送料风机

C. 干燥器下料阀、干燥器、汽蒸罐下料阀、送料风机

D. 汽蒸罐下料阀、送料风机、干燥器下料阀、干燥器

49. 干燥单元送料风机出口压力高时，设置风机联锁停车是为了防止（ C ）。

A. 粉料输送管线在真空下操作　　B. 粉料输送管线被空气污染

C. 风机机械性损坏　　D. 前一单元发生堵塞

50. 在汽蒸罐中下部通入蒸汽和氮气的混合气，其中蒸汽作（ A ）。

A. 脱活剂　　B. 干燥剂　　C. 阻聚剂　　D. 阻垢剂

51. 切粒机开车前，要在模板与切刀上涂抹（ B ）。

A. 密封油　　B. 硅油　　C. 润滑油　　D. 液压油

52. 流化床反应器的流化气体速度太低，会导致（ A ）。

A. 聚合物结块　　B. 扬析

C. 夹带　　D. 循环气管线中细粉堆积

53. 离心泵的入口管线直径应 （ A ）出口管线直径。

A. 大于　　B. 小于　　C. 等于　　D. 小于等于

54. 造粒单元混炼机的作用是（ C ）。

A. 单独传送物料

B. 通过加热使粉料和助剂熔融

C. 通过螺杆挤压混炼使粉料与助剂熔融

D. 通过螺杆前后移动使粉料与助剂熔融

55. 为防止出料线旋转阀在使用中被粉料堵塞，应（ B ）。

A. 加大压力出料　　B. 为阀门通入冲洗气

C. 提高旋转阀转速　　D. 降低旋转阀转速

56. “汽蚀”现象发生在（ C ）类设备上。

A. 压缩机　　B. 鼓风机　　C. 离心泵　　D. 隔膜泵

57. 生产某种牌号的聚丙烯时，投入反应的丙烯量是10000千克/时，尾气测出未参加反应的丙烯是500千克/时。反应中丙烯的转化率是（ D ）。

A. 80%　　B. 85%　　C. 90%　　D. 95%

多选题

1. 润滑油在设备中的作用有（ ABCD ）。

A. 较少磨损　　B. 冷却作用　　C. 增加零件强度　　D. 防腐防锈

2. 聚合反应釜浆液浓度升高时应该（ AD ）。

A. 增加丙烯进料量　　B. 降低丙烯进料量

C. 增加催化剂进料量　　D. 降低催化剂进料量

3. 离心泵按照叶轮结构可以分为（ ABC ）。

A. 敞开式叶轮离心泵　　B. 半开式叶轮离心泵

C. 封闭式叶轮离心泵　　D. 多级式叶轮离心泵

4. 按照结构形式来分，安全阀可以分为（ ABC ）。

A. 重锤杠杆式　　B. 弹簧式　　C. 脉冲式　　D. 微启式

5. 产品粒料发黄时应该检查（ ABC ）。

A. 造粒机组各氮气是否加入正常　　B. 干燥单元是否进水

C. 助剂质量是否合格　　D. 颗粒水是否合格

四 操作技能鉴定要素细目表

鉴定范围			鉴定点
一级	二级	三级	名称
釜式法	工艺操作	开车准备	低纯氮系统的检查
			丙烯储罐进料前的检查
			催化剂系统的检查
			催化剂预聚合前的检查确认
			阻聚剂钢瓶的连接操作
		开车操作	液相反应器的丙烯加料
			投催化剂的操作
			聚合单元蒸汽的引入
			开车时液相釜温度控制
			气相丙烯置换的操作
			润滑油系统的投用

续表

鉴定范围			鉴定点
一级	二级	三级	名称
釜式法	工艺操作	开车操作	造粒系统蒸汽投用
			液相釜夹套冷却水切换热水的操作
			颗粒输送系统开车操作
			筒体冷却水系统的投用
		正常操作	颗粒水泵的切换
			浆液排出管线的切换
			挤压机换网器的切换
			密封油的补油操作
			粒料输送风机的切换
			挤压机负荷的调整
		停车操作	停主催化剂的操作
			停烷基铝的操作
			造粒机停车后的检查清理操作
			氢气管线及丙烯管线的泄压操作
			第一气相釜出料线倒空操作
	设备使用与维护	使用设备	旋转阀的操作
			尾气压缩机的开停
			离心泵的操作
			过滤器的检查和清理
		维护设备	过滤被的更换
			设备盘车的操作
			垫片的更换
			切刀的更换
			设备润滑油位的检查
			造粒润滑油泵滤芯的切换
	事故判断与处理	判断事故	造粒润滑油泵滤芯的切换
			干燥单元联锁的判断
			粒料中气泡多的原因判断
			催化剂泵不上量的判断
			风机皮带断裂的判断
			换热器堵塞的判断

续表

鉴定范围			鉴定点
一级	二级	三级	名称
釜式法	事故判断与处理	处理事故	颗粒切面不平行的处理
			离心泵“汽”蚀处理
			干燥单元连锁的处理
			隔膜泵不打量处理
			浆液管线堵塞处理
			旋转下料阀停止的处理
	绘图与计算	绘图	不带控制点的简单工艺流程图的绘制
			工艺流程图的识读

五 操作技能试题

试题1：液相反应器的丙烯加料

配分与评分标准：　　　　考核时间：15min

序号	考试内容	评分要素	配分	评分标准	最大扣分	步长	检测结果	扣分	得分	备注
1	准备工作	穿戴劳保用品	3	未穿戴整齐扣3分	3	3				
		工具、用具准备	2	工具选择不正确扣2分	2	2				
2	检查确认工作	确认液相反应器已用气态丙烯密封，循环水切断，校对联锁给定值，确认进料系统已运行，循环气鼓风机已运行	25	未检查液相反应器已经用气态丙烯密封扣5分	5	5				
				未确认通往换热器和夹套的循环水切断扣5分	5	5				
				未校对给定联锁值扣5分	5	5				
				未确认丙烯进料系统已运行扣5分	5	5				
				未确认循环气鼓风机运行扣5分	5	5				

续表

序号	考试内容	评分要素	配分	评分标准	最大扣分	步长	检测结果	扣分	得分	备注
3	丙烯进料	向备用催化剂管线、液位计冲洗管线及釜底加丙烯冲洗	20	未向现场各液位计加丙烯冲洗扣5分	5	5				
				未向备用催化剂管线加丙烯冲洗扣5分	5	5				
				未向釜底加丙烯冲洗扣5分	5	5				
				未按规定量加入丙烯冲洗扣5分	5	5				
		打开液相反应器的进料切断阀，将丙烯通入液相反应器	15	未打开液相反应器的进料切断阀扣5分	5	5				
				未采取手动、慢慢打开进料控制阀的方式进料扣10分	10	10				
		液位达到规定值时，启动搅拌器，停止进料	20	未确认液相反应器液位达到规定值扣5分	5	5				
				达到规定值后未按规定将搅拌器启动扣10分	10	10				
				未手动关闭进料控制阀扣5分	5	5				
4	注意事项	正常生产时，加有TK催化剂的管线不加冲洗，只加在备用线上	10	正常生产时，在加有TK催化剂的管线加冲洗扣10分	10	10				
5	使用工具	使用工具	2	工具使用不正确扣2分	2	2				
		维护工具	3	工具乱摆乱放扣3分	3	3				
6	安全及其他	按国家法规或企业规定		违规一次总分扣5分	100	5				
				严重违规停止操作	100	100				
		在规定时间内完成操作		每超时1min总分扣5分，超时3min停止操作	15	5				
合计			100							

试题2：投催化剂的操作

配分与评分标准：　　　　　　　　　　　　　　　　　　　　　　考核时间：15min

序号	考试内容	评分要素	配分	评分标准	最大扣分	步长	检测结果	扣分	得分	备注
1	准备工作	穿戴劳保用品	3	未穿戴整齐扣3分	3	3				
		工具、用具准备	2	工具选择不正确扣2分	2	2				
2	TK泵启动	启动己烷泵	10	未按规定启动扣10分	10	10				
		启动TK催化剂泵	10	未按操作规定启动TK催化剂泵扣5分	5	5				
				未将己烷加入第一液相釜扣5分	5	5				
3	确认管线畅通	确认催化剂贮罐至催化剂进料罐的管线畅通	10	未冲洗催化剂贮罐至催化剂进料罐的管线扣5分	5	5				
				未确认管线畅通扣5分	5	5				
4	OF及AT泵启动	启动OF催化剂泵	10	未向第一液相釜加OF-CAT扣5分	5	5				
				OF-CAT未按规定流量加入扣5分	5	5				
		启动AT催化剂泵	10	未在30min后启动AT催化剂泵扣5分	5	5				
				未按规定量向第一液相釜加AT-CAT扣5分	5	5				
5	确认管线畅通	确认催化剂进料罐至TK催化剂泵进口管线畅通	10	未检查催化剂进料罐至TK催化剂泵入口管线扣5分	5	5				
				未确认管线畅通扣5分	5	5				
6	己烷切至TK-CAT并打开进料罐管线	催化剂泵从己烷切至TK-CAT	10	未等待AT催化剂注入5min后将TK催化剂泵从己烷切至TK-CAT扣5分	5	5				
				未按规定流量向第一液相釜加TK-CAT扣5分	5	5				
		打开催化剂贮罐至催化剂进料罐的管线	10	防止D103被抽空	10	10				
		停止己烷泵	10	未按程序和操作规定停止扣10分	10	10				
7	使用工具	使用工具	2	工具使用不正确扣2分	2	2				
		维护工具	3	工具乱摆乱放扣3分	3	3				

续表

序号	考试内容	评分要素	配分	评分标准	最大扣分	步长	检测结果	扣分	得分	备注
8	安全及其他	按国家法规或企业规定		违规一次总分扣5分	100	5				
				严重违规停止操作	100	100				
		在规定时间内完成操作		每超时2min总分扣5分，超时5min停止操作	15	5				
合计			100							

试题3：聚合单元蒸汽的引入

配分与评分标准：　　考核时间：15min

序号	考试内容	评分要素	配分	评分标准	最大扣分	步长	检测结果	扣分	得分	备注
1	准备工作	穿戴劳保用品	3	未穿戴整齐扣3分	3	3				
		工具、用具准备	2	工具选择不正确扣2分	2	2				
2	检查	检查管线是否畅通，各用户的入口阀关闭	10	未检查管线是否畅通扣5分	5	5				
				未确认各用户的入口阀关闭扣5分	5	5				
		检查总蒸汽调节阀旁通是否关闭，安全阀是否打开	10	未关闭总蒸汽调节阀旁通扣5分	3	3				
				未打开安全阀扣5分	3	3				
				未将各蒸汽调节阀旁通关闭扣5分	2	2				
				未检查保护阀扣5分	2	2				
		检查现场压力表是否完好	10	未检查现场压力表完好情况扣10分	10	10				
3	排出蒸汽	检查各疏水器旁通是否打开	10	未将疏水器旁通打开扣5分	10	10				
4	管线内凝液水	检查蒸汽管线内有无积水	10	未检查蒸汽管线内有无积水情况扣5分	10	10				
		检查低压凝液水线出装置阀门是否打开	10	未将低压凝液水线出装置阀门打开扣5分	5	5				
				造成低压凝液水线积水扣5分	5	5				
		检查各装置凝液水线是否畅通	10	未检查各装置凝液水线保持畅通扣10分	10	10				
5	打开总蒸汽调节阀	蒸汽管线内积水排净后，关闭沿线疏水器旁通阀，缓慢打开总蒸汽调节阀	20	未确认蒸汽管线内积水排净扣5分	5	5				
				未关闭沿线疏水器旁通扣5分	5	5				
				打开总蒸汽调节阀时过快扣10分	10	10				

续表

序号	考试内容	评分要素	配分	评分标准	最大扣分	步长	检测结果	扣分	得分	备注
6	使用工具	使用工具	2	工具使用不正确扣2分	2	2				
		维护工具	3	工具乱摆乱放扣3分	3	3				
7	安全及其他	按国家法规或企业规定		违规一次总分扣5分	100	5				
				严重违规停止操作	100	100				
		在规定时间内完成操作		每超时1min总分扣5分，超时3min停止操作	15	5				
合计			100							

试题4：液相釜夹套冷却水切换热水的操作

配分与评分标准：　　　　考核时间：15min

序号	考试内容	评分要素	配分	评分标准	最大扣分	步长	检测结果	扣分	得分	备注
1	准备工作	穿戴劳保用品	3	未穿戴整齐扣3分	3	3				
		工具、用具准备	2	工具选择不正确扣2分	2	2				
2	启动热水泵并控温	能正确启动热水泵	15	未能正确启动热水泵，扣15分	15	15				
		清楚现场热水温度的设定方法，并能够正确设定热水温度	20	不清楚现场热水温度的设定方法扣10分	10	10				
				未正确设定热水温度扣10分	10	10				
3	停止循环水	将循环冷却水停止，关闭循环水进口阀前关闭出口阀	15	未在关闭循环水进口阀前关闭出口阀扣15分	15	15				
4	通入热水	通入热水时要在打开热水出口阀前打开进口阀	15	未在打开热水出口阀前打开进口阀扣15分	15	15				
5	与控制室联系	与控制室联系，确保反应器的温度、压力稳定	25	在操作过程中未及时与控制室联系扣10分	10	10				
				未确保反应器的温度压力稳定扣15分	15	15				
6	使用工具	使用工具	2	工具使用不正确扣2分	2	2				
		维护工具	3	工具乱摆乱放扣3分	3	3				
7	安全及其他	按国家法规或企业规定		违规一次总分扣5分	100	5				
				严重违规停止操作	100	100				
		在规定时间内完成操作		每超时1min总分扣5分，超时3min停止操作	15	5				
合计			100							

试题5：颗粒输送系统开车操作

配分与评分标准：　　　　考核时间：15min

序号	考试内容	评分要素	配分	评分标准	最大扣分	步长	检测结果	扣分	得分	备注
1	准备工作	穿戴劳保用品	3	未穿戴整齐扣3分	3	3				
		工具、用具准备	2	工具选择不正确扣2分	2	2				
2	检查确认	开车前的检查确认	30	未确认系统联锁正常扣8分	8	8				
				未确认颗粒料斗下部旋转阀运转正常扣7分	7	7				
				未确认闸板阀运转正常扣7分	7	7				
				未确认颗粒输送风机过滤器运行正常扣8分	8	8				
3	颗粒输送风机的检查、启动	接通颗粒输送风机和颗粒料仓	15	未选择好准备接料的料仓扣7分	7	7				
				未在控制室转动双通阀使颗粒输送风机和选择好的料仓接通扣8分	8	8				
		颗粒输送风机启动前的检查	15	未检查颗粒输送风机的循环水是否通入扣7分	7	7				
				未检查输送风机润滑油油位处于正常状态扣8分	8	8				
		启动颗粒输送风机	20	启动前未手动盘车扣8分	8	8				
				未将风机进出口阀打开扣7分	7	7				
				未按规定启动风机扣5分	5	5				
		观察风机运转情况	10	未观察风机是否运转正常扣10分	10	10				
4	使用工具	使用工具	2	工具使用不正确扣2分	2	2				
		维护工具	3	工具乱摆乱放扣3分	3	3				
5	安全及其他	按国家法规或企业规定		违规一次总分扣5分	100	5				
				严重违规停止操作	100	100				
		在规定时间内完成操作		每超时1min总分扣5分，超时3min停止操作	15	5				
合计			100							

第二部分

中 级 工

一 国家职业标准(中级工工作要求)

职业功能	工作内容	技能要求	相关知识
一、 安全生产	(一) 安全操作	1. 能处置流血、烫伤等外伤 2. 能现场救治中暑、中毒人员 3. 能使用装置消防水灭火 4. 能处理环保异常事件 5. 能制止他人违章 6. 能佩戴安全带 7. 能对高危部位进行风险识别	1. 外伤的类型及包扎方法 2. 中暑、中毒的救治方法 3. 装置消防水和蒸汽使用操作法 4. 设备缺陷判断的方法 5. 安全带的规格、使用方法及注意事项 6. 风险类型及等级划分
	(二) 风险管控与隐患排查	1. 能识别相关危险化学品的风险 2. 能处理现场可燃气体泄漏事件 3. 能处理现场硫化氢泄漏事件 4. 能分析机械伤害典型案例 5. 能分析触电典型案例 6. 能分析火灾爆炸典型案例 7. 能分析一氧化碳、硫化氢中毒典型案例 8. 能检查装置地下含油污水工况 9. 能检查装置挥发性有机物(VOC)治理设施工况 10. 能针对风险采取防控措施	1. 火灾爆炸的定义、分类及产生原因 2. 中毒的定义、分类及产生原因 3. 事件、事故的分类分级 4. 典型事件、事故案例 5. 机械伤害的定义、分类及产生原因 6. 触电的定义、分类及产生原因 7. 地下含油污水系统操作法 8. 装置挥发性有机物(VOC)治理设施注意事项 9. 风险点源的防控措施 10. 危险化学品安全技术说明书(MSDS)
二、 工艺操作	(一) 开车准备	1. 能引水、汽、空气(风)、氮气、燃料气等介质进装置 2. 能按指令开车 3. 能协同仪表工对联锁进行确认、完成常规仪表联校 4. 能看懂分析单内容	1. 全装置工艺流程 2. 开车方案 3. 一般工艺、设备联锁原理 4. 原辅料及产品指标
	(二) 开车操作	1. 能操作分散控制系统(DCS) 2. 能调整温度、压力、流量等工艺参数 3. 能操作现场设备 4. 能按指令启动大型机组	1. 分散控制系统(DCS)操作注意事项 2. 工艺参数调整注意事项 3. 现场设备操作注意事项 4. 大型机组启动注意事项
	(二) 开车操作A	1. 能调节精制系统 2. 能完成反应器升温 3. 能控制反应器压力 4. 能控制反应器温度 5. 能引入反应器物料和建立物料平衡 6. 能启动出料系统 7. 能启动脱气仓系统 8. 能建立气相组成 9. 能投用催化剂引发反应 10. 能调节反应气相组成 11. 能启动尾气回收系统 12. 能启动挤压机系统 13. 能调节颗粒质量外观	1. 原、辅材料的性质、规格、作用 2. 开车准备及注意事项 3. 催化剂、助催化剂的特性 4. 精制系统操作要点 5. 开工操作注意事项 6. 工艺参数基本控制方法 7. 反应器内气相组成运算方法 8. 挤压机系统启动操作注意事项 9. 粒料质量调整操作注意事项

续表

职业功能	工作内容	技能要求	相关知识
二、工艺操作	（二）开车操作B	1. 能按指令完成压缩机、挤压机等大型机组启动 2. 能完成压缩机、反应器升压（降压）操作 3. 能完成高压循环气、低压循环气、返回气建立 4. 能完成反应系统、换热系统冷却、加热介质切换 5. 能完成调整剂、引发剂、添加剂加料操作 6. 能调节反应器夹套热水量	1. 压缩机组、挤压机组启动要点 2. 循环气、返回气建立要点 3. 换热器类型及介质流向 4. 调整剂、引发剂、添加剂种类及作用 5. 反应负荷控制注意事项
	（二）开车操作C	1. 能打通工艺流程 2. 能完成接、送料及建立物料循环 3. 能根据开车方案调整生产 4. 能完成化工投料开车 5. 能完成投料后至系统正常的调整	1. 开车方案、操作程序注意事项 2. 设备单机操作方法 3. 产品、半成品的性质、规格、质量、指标、控制方法 4. 反应器内初始浓度的概念 5. 反应器的工作原理、特征及关系
	（二）开车操作D	1. 能建立丙烯冷循环 2. 能调整各环管反应器和流化床反应器的氢气浓度，调节主、辅催化剂的进料比例 3. 能完成汽蒸、干燥系统水循环及氮气循环 4. 能完成聚合下游设备投用待料 5. 能完成由均聚向共聚牌号过渡时气相反应器单元的开车	1. 丙烯精制塔开车要点 2. 尾气压缩机开车方法 3. 配油脂的注意事项 4. 循环丙烯洗涤塔开车要点 5. 氮气、氢气、乙烯压缩机开车方法 6. 大、小轴流泵密封油系统投用方法 7. 汽蒸罐投用方法
	（二）开车操作E	1. 能调整液相釜液位、建立丙烯大循环 2. 能调整各液相釜和流化床反应釜的氢气进料量和浓度 3. 调节主、辅催化剂的进料量 4. 能调整液相和气相反应釜循环风机的循环量	1. 循环气压缩机开车方法 2. 丙烯汽化器的加热要点 3. 气相釜出料系统的投用方法 4. 气相釜循环风机启动注意事项 5. 气相丙烯的用户 6. 建立U形液封的方法 7. 建立大循环的方法
	（二）开车操作F	1. 能完成丙烯引料，建立液位 2. 能连通聚合系统的丙烯大循环流程、氢气流程、乙烯流程、粉料输送流程 3. 能启动聚合单元主要动设备 4. 能调整聚合反应器关键工艺参数 5. 能完成向反应釜投入主、辅催化剂 6. 能完成牌号过渡时气相反应器单元的控制	1. 丙烯引入精制塔的注意事项 2. 丙烯汽化器的加热要点 3. 开车加热线的作用 4. 气锁器系统的循环过程 5. 湿氮系统的投用注意事项 6. 铝洗操作的作用

续表

职业功能	工作内容	技能要求	相关知识
二、工艺操作	（二）开车操作G	1. 能配制引发剂、添加剂 2. 能确认输送皮带、切胶机、溶胶罐及其搅拌等设备完好 3. 能完成切胶、溶胶操作 4. 能投用模头排烟系统 5. 能投用换热器 6. 能调整切粒机切刀和夹辊转速 7. 能完成导热油系统冷/热运	1. 原料配制设备的使用注意事项 2. 换热器投用注意事项 3. 导热油系统投用注意事项 4. 造粒系统运行注意事项
	（二）开车操作H	1. 能完成分散剂、引发剂等化学品的输送加料 2. 能调整聚合釜温度 3. 能完成聚合釜手动回收操作 4. 能完成聚合釜手动放料操作 5. 能调整汽提塔负荷 6. 能调整离心机负荷 7. 能调整干燥器床压 8. 能切换输送料仓	1. 分散剂、引发剂输送加料注意事项 2. 聚合釜温度调整注意事项 3. 聚合釜手动回收注意事项 4. 聚合釜手动放料操作要点 5. 汽提操作注意事项 6. 离心机结构特点 7. 干燥器工艺参数 8. 料仓切换注意事项
	（二）开车操作I	1. 能按配方调整搅拌器转速 2. 能按指令完成聚合、脱挥系统开车 3. 能按指令完成冷冻系统开车 4. 能按指令完成热媒系统开车 5. 能完成添加辅料操作 6. 能开启真空系统、后处理设备	1. 聚合系统开车注意事项 2. 脱挥系统开车注意事项 3. 真空系统、风送系统开车注意事项 4. 冷冻系统开车注意事项 5. 热媒系统开车注意事项 6. 添加辅料注意事项
	（二）开车操作J	1. 能调整搅拌器转速 2. 能完成胶乳聚合、丙烯腈-丁二烯-苯乙烯共聚物（ABS）聚合开车 3. 能完成凝聚系统开车 4. 能完成掺混系统开车 5. 能通知分析部门取样、检查开车期间控制指标 6. 能进行化学助剂预热操作	1. 化学助剂配制要点 2. 聚合系统开车操作要点 3. 凝聚系统开车操作要点 4. 掺混系统开车操作要点
	（二）开车操作K	1. 能完成反应釜抽真空 2. 能完成反应釜升温 3. 能确认冷阱工作状态 4. 能完成导热油炉点火操作 5. 能完成挤压机启动准备 6. 能完成导热油系统冷循环操作 7. 能调整搅拌转速 8. 能启用齿轮泵 9. 能完成精馏系统全循环 10. 能启用挤压脱挥系统 11. 能启用聚碳酸酯风送	1. 反应釜抽真空的注意事项 2. 聚碳酸酯风送工作原理 3. 调整搅拌转速的要点 4. 反应釜升温注意事项 5. 导热油系统开车方法 6. 挤压机启动注意事项 7. 齿轮泵的操作要点 8. 精馏原理

续表

职业功能	工作内容	技能要求	相关知识
二、工艺操作	（二）开车操作L	1. 能完成环氧氯丙烷的倒罐配料 2. 能调整真空系统 3. 能完成蒸汽系统或者热媒系统的开车 4. 能清理过滤器 5. 能配制助剂 6. 能完成“三废”环保设施的开车 7. 能完成精馏塔和汽提塔的开车 8. 能完成造粒系统和结片系统的开车 9. 能设置包装机、喷码机和绕膜机参数 10. 能按指令完成脱溶剂系统的开车 11. 能完成开车前溶解釜、预反应釜和反应釜的氮气置换 12. 能投用系统电伴热 13. 能完成预反应、环氧氯丙烷处理、包装等系统的开车	1. 吹扫、试压、试漏注意事项 2. 三剂辅料的物化性质和技术指标 3. 精馏塔和汽提塔的操作方法 4. 包装机、喷码机和绕膜机操作方法 5. 清理过滤器的操作要点 6. 脱溶剂系统的开车步骤及要求 7. 助剂配制操作要点 8. 不同产品牌号对助剂含量的要求 9. 氮气置换的操作要点 10. 电伴热操作要点 11. 水环式真空泵工作原理、性能及操作规程 12. “三废”物质的来源
	（二）开车操作M	1. 能确认各类机泵、搅拌、减速机等设备完好 2. 能调整反应釜的温度、压力、流量等工艺参数 3. 能操作集散控制系统（DCS） 4. 能操作离心泵、齿轮泵、水环泵等动设备 5. 能启动冷机组 6. 能独立操作过滤机、振动筛	1. 操作法 2. 工艺参数调整注意事项 3. 现场设备操作注意事项 4. 冷冻机组启动注意事项
	（二）开车操作N	1. 能完成表面活性剂的加料 2. 能完成乙酸乙烯酯的加料 3. 能完成乙烯的加料 4. 能完成引发剂的加料 5. 能完成氧化剂的加料 6. 能完成还原剂的加料 7. 能完成辅助化工料的加料 8. 能完成乙酸乙烯酯管道的投运 9. 能完成液环压机的启动	1. 主要原料的加料操作要点 2. 主要辅料的加料操作要点 3. 主要原料的加料基本条件 4. 主要辅料的加料基本条件 5. 液环压机启动操作要点
	（二）开车操作O	1. 能判断聚合反应器运行状态 2. 能操作各塔升温预热 3. 能投运精馏塔 4. 能投运添加液系统 5. 能投运醇解系统 6. 能投运干燥系统 7. 能调节循环水、冷冻水温度 8. 能投运药液搅拌器 9. 能投运造粒系统	1. 聚合釜操作要点 2. 各塔升温预热注意事项 3. 精馏塔操作要点 4. 添加液系统操作要点 5. 醇解投料注意事项 6. 干燥系统操作要点 7. 循环水、冷冻水温度调节原理 8. 药液搅拌注意事项 9. 造粒操作要点

续表

职业功能	工作内容	技能要求	相关知识
二、 工艺操作	（二） 开车操作P	1. 能完成酯化釜充液 2. 能完成液封槽充液 3. 能完成液环泵充液 4. 能完成1,4–丁二醇（BDO）蒸发器充液 5. 能完成催化剂系统配制 6. 能完成浆料配制 7. 能完成四氢呋喃（THF）灌装机的装桶 8. 能完成熔体过滤器滤芯清洗	1. 酯化釜充液操作要点 2. 液封槽充液操作要点 3. 液环泵充液操作要点 4. 1,4–丁二醇（BDO）蒸发器充液操作要点 5. 催化剂系统配制操作要点 6. 浆料配制操作要点 7. 四氢呋喃（THF）灌装机操作要点 8. 熔体过滤器滤芯清洗操作要点
	（三） 正常操作	1. 能调整产品质量 2. 能调节工艺参数 3. 能检查分散控制系统（DCS）、仪表安全系统（SIS）状态 4. 能完成流程切换	1. 产品质量指标 2. 工艺参数 3. 分散控制系统（DCS）、仪表安全系统（SIS）操作原理 4. 工艺规程
	（三） 正常操作A	1. 能完成产品牌号的切换及相应的参数调整 2. 能根据要求对反应进行小终止 3. 能完成产品料仓切换 4. 能调节精制系统参数 5. 能调节生产负荷 6. 能调节反应压力 7. 能调节反应温度 8. 能分析化验分析数据 9. 能调节出料系统 10. 能调节转产过程 11. 能完成微型杀死反应 12. 能确认分散控制系统（DCS）报警 13. 能投用、停用操作联锁 14. 能调整均化仓接料	1. 工艺控制指标 2. 分析项目、取样点、频度、控制值 3. 产品的物性指标、质量控制指标和产品质量与操作参数的关系 4. 工艺参数控制指标 5. 分散控制系统（DCS）操作注意事项 6. 出料系统调节注意事项 7. 转产操作注意事项 8. 终止系统操作注意事项 9. 分散控制系统（DCS）报警管理注意事项 10. 联锁工作原理及管理注意事项 11. 均化操作注意事项
	（三） 正常操作B	1. 能完成压缩机负荷调整 2. 能调节反应器的温度、压力 3. 能调节剂量、返回气量 4. 能根据颗粒外观调节颗粒水温度、挤压机转速、切粒机转速 5. 能完成高压分离器、低压分离器在线清洗 6. 能完成分散控制系统（DCS）操作 7. 能完成料仓接送料	1. 调节压缩机负荷注意事项 2. 聚合反应控制要点 3. 产品的质量控制指标 4. 颗粒外观标准

续表

职业功能	工作内容	技能要求	相关知识
二、工艺操作	(三)正常操作C	1. 能根据分析结果，调节工艺参数 2. 能平衡好生产负荷 3. 能操作分散控制系统（DCS） 4. 能根据负荷量与组成变化进行工艺调节 5. 能完成产品质量动态分析 6. 能投用、停用联锁 7. 能完成产品牌号的切换及相应的参数调整 8. 能调节反应器的温度、压力及溶剂、催化剂、原料的进料量 9. 能根据化验分析结果，判断产品质量是否合格，并能及时调节氢气与乙烯的比值及催化剂、共聚单体的进料量 10. 能判断杂质对反应的影响，并能及时进行调节	1. 工艺参数调节方法 2. 工艺控制指标的内容 3. 分析项目、取样点、频度、控制值的内容 4. 产品的物性指标、质量控制指标内容 5. 产品质量与操作参数的关系 6. 计算机操作及分散控制系统（DCS）基本原理 7. 仪表报警联锁原理 8. 工艺参数调节注意事项 9. 氢气和乙烯的比值与产品质量的关系 10. 杂质对反应的影响因素
	(三)正常操作D	1. 能对工艺参数进行调整 2. 能处理装置的工艺波动 3. 能按指令完成装置产品牌号的切换 4. 能调整产品的熔融指数 5. 能进行助剂的配制、加入	1. 蒸气系统日常巡检注意事项 2. 三乙基铝压料操作规程 3. 生产负荷调整方法 4. 产品熔融指数调整 5. 低压脱气系统安全操作注意事项 6. 避免催化剂中毒的方法 7. 影响聚合反应的因素
	(三)正常操作E	1. 能根据分析结果，调节装置的工艺参数，包括反应釜温度、压力、料位 2. 能调整各反应釜产品的熔融指数 3. 能进行助剂的配制、加入，调整进料量 4. 能完成同类产品牌号的切换	1. 烷基铝、改性剂流量控制 2. 过渡时料仓切换 3. 提升聚合负荷的操作 4. 反应釜温度对聚合反应的影响 5. 粉料橡胶中乙烯含量的概念 6. 聚合釜温度控制 7. 总乙烯含量的概念 8. 气相反应釜压力对粉料流化的影响
	(三)正常操作F	1. 能进行工艺参数调节 2. 能进行产品质量的控制、调节 3. 能完成装置产品牌号的切换 4. 能按指令调整因工艺、仪表或外界因素的影响所造成的工艺波动 5. 能按指令完成丙烯脱水塔的再生	1. 主、辅催化剂流量控制 2. 反应釜压力、温度、料位的控制 3. 丙烯脱水塔再生操作注意事项 4. 粉料熔融指数的调整 5. 产率比的调整方法 6. 气液比的控制
	(三)正常操作G	1. 能按指令调整生产负荷 2. 能切换产品牌号 3. 能调控造粒系统的参数	1. 装置生产负荷调整要点 2. 产品牌号切换要点 3. 造粒控制操作要点

续表

职业功能	工作内容	技能要求	相关知识
二、工艺操作	(三)正常操作H	1. 能完成分散剂、引发剂等化学品的加料 2. 能完成聚合釜的投料操作 3. 能调整精馏单元的负荷 4. 能调整汽提单元的负荷 5. 能调整干燥单元的负荷 6. 能切换干燥输送料仓	1. 分散剂、引发剂加料程序操作要点 2. 聚合单元操作要点 3. 精馏单元操作要点 4. 汽提干燥单元操作要点
	(三)正常操作I	1. 能完成推荐的产品牌号切换工作 2. 能调节反应器温度、压力及主进料量 3. 能按指令调整产品熔融指数、粒径 4. 能调整水浴冷却水温度 5. 能调整模头温度	1. 影响产品质量的因素 2. 反应器控制程序的常识 3. 冷却水槽水温调节步骤 4. 料条出料的影响因素及调整方法
	(三)正常操作J	1. 能完成推荐的产品牌号切换工作 2. 能调节聚合釜温度、压力及陈化时间 3. 能调整控制束条冷却水温度 4. 能调节冷却水槽温度	1. 影响产品质量的因素 2. 聚合釜控制程序 3. 冷却水槽水温调节步骤
	(三)正常操作K	1. 能处理生产波动 2. 能按生产指令切换牌号 3. 能使用集散控制系统(DCS)调整工艺参数 4. 能切换添加剂 5. 能确认联锁的投用状态 6. 能切换原料 7. 能调整原料物质的量比 8. 能切换料仓 9. 能调整生产负荷 10. 能调整聚碳酸酯颗粒粒型 11. 能开具包装指令单	1. 生产异常时的处理方法 2. 切换牌号操作方法 3. 添加剂的作用 4. 联锁投用注意事项 5. 包装指令单批号规则要求 6. 不同态原料的切换要点 7. 调整生产负荷时的要点 8. 粒型的影响因素
	(三)正常操作L	1. 能通过集散控制系统(DCS)执行开车操作 2. 能判断过程产品质量 3. 能启动和复位仪表联锁 4. 能完成过滤器清理更换 5. 能完成三剂辅料进料量的校对 6. 能调整汽提塔和精馏塔的负荷 7. 能调整包装机、喷码机和绕膜机参数 8. 能调整钢带的冷却水流量 9. 能操作“三废”处理设施 10. 能完成大过滤器的硅藻土的铺土操作及过滤器的清理 11. 能调整钢带转速 12. 能调整包装机的包装参数 13. 能完成挥发性有机物(VOC)系统风机的切换 14. 能看懂集散控制系统(DCS)顺控程序 15. 能调整脱溶剂系统生产负荷 16. 能对真空机组进行换水 17. 能完成产品标识及防护操作 18. 能对环氧氯丙烷、甲苯和甲基异丁基酮长输管线进行泄压 19. 能判断反应异常	1. 过程控制指标 2. 工艺控制对过程产品质量的影响 3. “三废”处理设施的工作原理 4. 三剂的指标要求 5. 硅藻土的指标要求 6. 过滤纸的指标要求 7. 顺控语言基本语句规范 8. 集散控制系统(DCS)流程图 9. 下料网更换要求 10. 真空机组操作步骤 11. 产品标识及防护要求 12. 夏季生产方案 13. 溢流操作流程

续表

职业功能	工作内容	技能要求	相关知识
二、工艺操作	（三）正常操作M	1. 能根据中间产品调整投料配方 2. 能调节装置运行工艺参数 3. 能完成交接班规定的现场检查要求 4. 能完成过滤机滤渣的清理操作 5. 能发现异常工况并汇报处理 6. 能完成振荡筛的滤渣清理 7. 能完成物料在各个储罐之间的输送	1. 聚醚装置产品质量指标 2. 集散控制系统（DCS）操作要点 3. 过滤机、振荡筛操作要点 4. 聚醚装置工艺卡片 5. 储罐接、转料操作要点
	（三）正常操作N	1. 能完成表面活性剂的加热、溶解 2. 能完成引发剂的补充配制 3. 能完成反应器升温 4. 能完成反应器升压 5. 能完成反应进入整理期阶段 6. 能完成反应器脱泡 7. 能完成产品后处理加料	1. 表面活性剂配制操作要点 2. 引发剂配制操作要点 3. 整理期控制注意事项 4. 反应器脱泡操作要点 5. 产品后处理操作要点 6. 内操反应器控温操作要点
	（三）正常操作O	1. 能清洗熔体过滤器 2. 能操作成型助剂配制 3. 能切换计量泵 4. 能操作常规搅拌器的密封液补充和压力调节	1. 常规机泵操作要点 2. 各配料槽的DCS操作要点 3. 计量泵切换操作要点 4. 机械密封原理，密封液平衡罐补液与氮封控制要点
	（三）正常操作P	1. 能完成辅剂配制 2. 能完成催化剂配制 3. 能完成切粒机投运 4. 能完成装置产品牌号切换 5. 能完成熔体过滤器切换	1. 辅剂配制操作要点 2. 催化剂配制操作要点 3. 切粒机投运操作要点 4. 装置产品牌号切换操作要点 5. 熔体过滤器切换操作要点
	（四）停车操作	1. 能完成正常停车 2. 能按指令停运大型机组 3. 能完成置换、吹扫工艺系统 4. 能完成退料、卸剂	1. 停车注意事项 2. 大型机组停运注意事项 3. 置换、吹扫注意事项
	（四）停车操作A	1. 能置换反应器中的终止剂 2. 能倒空系统冷剂操作 3. 能完成终止反应 4. 能倒空反应器床层 5. 能切断反应器催化剂和物料供应 6. 能完成反应器降温 7. 能完成反应器泄压 8. 能完成反应器氮气置换 9. 能完成出料系统停车 10. 能完成脱气仓回收系统停车	1. 倒空置换注意事项 2. 精制区停车退料操作注意事项 3. 反应器停车操作规程 4. 调温水系统停车操作注意事项 5. 挤压机系统停车操作注意事项 6. 退物料操作注意事项 7. 各系统停工操作注意事项 8. 设备管线吹扫清洗注意事项

续表

职业功能	工作内容	技能要求	相关知识
二、工艺操作	（四）停车操作B	1. 能完成停运压缩机组 2. 能完成物料排放、倒空、吹扫、置换 3. 能完成挤压机、造粒机停运 4. 能完成反应系统隔离工作 5. 能完成系统导通热循	1. 停车注意事项 2. 倒空、吹扫、置换注意事项 3. “三废”排放指标及处理要点 4. 系统导通热循要点
	（四）停车操作C	1. 能完成设备的退料 2. 能完成停止进料后的工艺调整 3. 能完成临时停车、倒空停车及吹扫、置换等工作 4. 能协同完成反应紧急停车操作 5. 能完成废液、废气、废渣的排放	1. 停车方案中的操作步骤及注意事项 2. 倒空、置换注意事项 3. “三废”排放注意事项 4. 设备、管线吹扫、清洗方法
	（四）停车操作D	1. 能完成待料停车 2. 能完成倒空停车 3. 能完成系统退料及氮气吹扫和置换 4. 能完成倒空停车后管线、设备的吹扫和清洗操作	1. 丙烯脱水塔的停车注意事项 2. 丙烯脱砷塔的停车注意事项 3. 丙烯脱硫塔的停车注意事项 4. 循环丙烯洗涤塔的停车要点 5. 汽蒸罐停车注意事项 6. 大、小轴流泵密封油系统的停车注意事项 7. 闪蒸系统的停车注意事项 8. 氮气压缩机的停车要点 9. 氢气压缩机的停车要点
	（四）停车操作E	1. 能完成载液停车、倒空停车 2. 能完成液相反应釜循环推料、气相釜下料倒空 3. 能完成造粒机组的排料 4. 能完成停车操作后的催化剂管线己烷冲洗、反应釜倒空后的氮气置换	1. 混炼机筒体保温目的 2. 停催化剂的顺序 3. 气相釜出料线停车注意事项 4. 阻聚剂注入注意事项 5. 反应器断开的方法 6. 停主催化剂后己烷冲洗的目的
	（四）停车操作F	1. 能完成装置的载料停车、倒空停车 2. 能完成倒空停车后管线、设备的吹扫和清洗操作	1. 急冷液泵流量调整要点 2. 反应器停车调节冲洗流量的要点 3. 循环气压缩机回流调整要点 4. 阻聚剂注入注意事项 5. 反应器隔离要点 6. 混炼机筒体保温目的
	（四）停车操作G	1. 能完成贮罐退料和蒸煮 2. 能完成反应系统、脱挥系统、真空系统等停运和退料 3. 能完成造粒系统停运 4. 能完成公用工程停运 5. 能完成停止主、副线进料 6. 能完成装置停车退油 7. 能按指令完成安全用火	1. 装置的停车方案及注意事项 2. 物料倒空注意事项 3. 安全用火的管理要求

续表

职业功能	工作内容	技能要求	相关知识
二、工艺操作	（四）停车操作H	1. 能切断进料 2. 能完成停止进料后的工艺调整 3. 能完成临时停车 4. 能完成精馏塔的停车	1. 停车注意事项 2. 倒空、置换操作要点 3. 精馏塔的停车注意事项
	（四）停车操作I	1. 能在集散操作系统（DCS）或可编程操作系统上进行停进料操作、停生产程序操作 2. 能完成反应器乙苯加注操作、反应器蒸煮、乙苯回收操作 3. 能完成聚合脱挥系统的降温操作 4. 能完成聚合搅拌停用操作	1. 平板换热器、聚合釜清洗步骤 2. 搅拌操作要点 3. 系统降温要点
	（四）停车操作J	1. 能在集散操作系统（DCS）或可编程操作系统上进行停进料操作、停生产程序操作 2. 能完成挤出机降温、降量操作	1. 集散操作系统（DCS）操作聚合单元聚合釜投料、生产、出料要点 2. 集散操作系统（DCS）操作凝聚单元聚合釜投料、生产、退料要点 3. 挤出机操作要点
	（四）停车操作K	1. 能完成联锁切旁路操作 2. 能完成向各反应釜内输送清洗原料液的引液 3. 能完成原料液的排放 4. 能完成向反应釜引入清洗苯酚 5. 能完成各反应釜气相线的清洗 6. 能完成挤压机的退料停机 7. 能切换聚合物在不同排口的排料	1. 停车过程中的要点 2. 联锁逻辑 3. 原料液清洗与苯酚清洗要点 4. 挤压机停机要点 5. 清洗物料排放的注意事项
	（四）停车操作L	1. 能停运蒸汽系统和热媒系统 2. 能完成“三废”处理设施的停车 3. 能在集散控制系统（DCS）上执行停进料、停生产程序 4. 能完成“三废”环保设施的停车 5. 能完成精馏塔和汽提塔的停车 6. 能完成造粒系统和结片系统的停车 7. 能完成包装机、喷码机、机械手和绕膜机参数设置和停车 8. 能完成预反应、反应、精制、脱溶剂系统的停车 9. 能完成系统清洗操作 10. 能完成水联运的确认	1. 蒸汽和热媒停运的注意事项 2. 造粒机和结片机停运的注意事项 3. 包装机、喷码机、机械手和绕膜机停运的注意事项 4. 预反应、反应、精制、脱溶剂系统停车操作及注意事项 5. 水联运操作要点
	（四）停车操作M	1. 能停运冷冻机组 2. 能停用环保设施 3. 能退净设备、管道内的物料并完成吹扫、清洗、置换 4. 能完成装置停车、退料 5. 能停用动设备	1. 聚醚装置操作法 2. 储罐清理注意事项 3. 吹扫、清洗、置换注意事项 4. 停车注意事项

续表

职业功能	工作内容	技能要求	相关知识
二、 工艺操作	（四） 停车操作N	1. 能完成高压乙烯储罐的泄压排放 2. 能完成乙酸乙烯酯系统的物料转空 3. 能完成乙酸乙烯酯系统的清洗置换	1. 乙烯系统泄压排放操作要点 2. 乙酸乙烯酯系统转料及清洗操作要点 3. 停工方案乙烯系统泄压置换注意事项 4. 停工方案乙酸乙烯酯系统转料置换注意事项
	（四） 停车操作O	1. 能操作贮槽的洗涤水配制 2. 能操作聚合、醇解、造粒工序的停车 3. 能操作搅拌器的停运 4. 能操作搅拌器的平衡罐排空和清洗	1. 配制洗涤水的方法和操作注意事项 2. 聚合、醇解、造粒工序的降负荷、停车、清洗注意事项 3. 停机械密封搅拌器的操作注意事项 4. 机械密封搅拌器的平衡罐的泄压、排液和清洗操作注意事项
	（四） 停车操作P	1. 能完成真空系统喷淋停运 2. 能进行真空系统充氮 3. 能完成热媒系统降温 4. 能完成系统热媒退线 5. 能完成催化剂系统停运 6. 能完成浆料配制系统的停车 7. 能完成酯化釜的停车 8. 能完成预缩釜的停车 9. 能完成终缩釜的停车	1. 停运真空系统喷淋的注意事项 2. 真空系统充氮的注意事项 3. 热媒系统降温的注意事项 4. 系统热媒退线的注意事项 5. 催化剂系统停运的注意事项 6. 浆料配制系统停车操作要点 7. 酯化釜停车操作要点 8. 预缩釜停车操作要点 9. 终缩釜停车操作要点
三、 设备使用与维护	（一） 使用设备	1. 能开、停、切换常用机泵等设备 2. 能使用测速、测振、测温等仪器 3. 能投用塔、罐、反应器等设备 4. 能加润滑油、润滑脂 5. 能操作常规仪表、电气设备	1. 机泵的操作方法 2. 测速、测振、测温等仪器使用方法 3. 塔、罐、反应器等设备的功能、工作原理 4. 加润滑油、润滑脂的注意事项 5. 常规仪表、电气设备使用方法
	（一） 使用设备A	1. 能完成设备清洗 2. 能完成反应单元设备临时停车 3. 能按指令完成造粒单元设备的紧急停车 4. 能确认分散控制系统（DCS）启停循环气压缩机的联锁条件 5. 能确认分散控制系统（DCS）启停尾气回收压缩机的联锁条件 6. 能确认分散控制系统（DCS）启停氮气压缩机的联锁条件	1. 相关岗位设备的功能、工作原理 2. 相关岗位设备的操作注意事项 3. 相关岗位简单的仪表、电气知识 4. 设备联锁使用要点
	（一） 使用设备B	1. 能操作挤压机、造粒机等大型设备 2. 能完成离心泵、柱塞泵、齿轮泵、螺杆泵、混合风机等设备切换	1. 挤压机、造粒机启停注意事项 2. 离心泵、引发剂泵、混合风机等设备的工作原理及操作注意事项

续表

职业功能	工作内容	技能要求	相关知识
三、设备使用与维护	(一)使用设备C	1. 能开、停、切换机泵等设备 2. 能使用仪表、电气设备 3. 能完成计量设备的调整 4. 能进行大型机组润滑油泵的切换操作	1. 设备的功能、结构 2. 设备的操作注意事项 3. 仪表、电气知识
	(一)使用设备D	1. 能完成压缩机、离心泵、隔膜计量泵、柱塞式计量泵等启动前的检查 2. 能完成静设备投用前的检查 3. 能完成仪表投用检查	1. 挤压机日常巡检维护规程 2. 气相反应器循环气压缩机的作用 3. 过滤器的应用范围 4. 冲洗油泵的结构 5. 主催化剂进料泵的结构 6. 管道法兰密封面的种类 7. 真空泵的操作维护程序
	(一)使用设备E	1. 能完成压缩机、离心泵、隔膜计量泵、气动泵等启动前的检查 2. 能完成静设备投用前的检查 3. 能完成仪表投用检查	1. 桨式干燥器的结构 2. 气相反应器分布板构造 3. 高速离心泵的使用注意事项 4. 往复式压缩机的使用注意事项 5. 浆液线的切换注意事项 6. 程序出料线的切换注意事项 7. 高速离心风机的使用注意事项
	(一)使用设备F	1. 能完成压缩机、离心泵、隔膜计量泵、气动泵等启动前的检查 2. 能完成静设备投用前的检查 3. 能完成仪表投用检查	1. 脱气仓底部加料阀冲洗气的作用 2. 尾气压缩机负荷调节范围 3. 旋风分离器的作用 4. 急冷液泵冲洗的作用 5. 循环气风机的密封形式 6. 沉降器顶部压缩机的负荷控制范围 7. 膨胀式袋滤器尾气循环压缩机开车线的作用
	(一)使用设备G	1. 能检查仪表投用状态 2. 能使用安全阀、背压阀、液位计、压力表等安全附件 3. 能投用设备的冷却介质	1. 仪表投用要点 2. 安全阀、背压阀、液位计、压力表等安全附件操作要点
	(一)使用设备H	1. 能操作搅拌器 2. 能操作回流冷凝器 3. 能操作风机 4. 能操作精馏塔 5. 能操作离心机 6. 能开停氯乙烯压缩机	1. 搅拌器结构及操作要点 2. 回流冷凝器结构及操作要点 3. 风机结构及操作要点 4. 精馏塔结构及操作要点 5. 离心机工作原理及操作要点 6. 压缩机工作原理及操作要点
	(一)使用设备I	1. 能操作罗茨风机 2. 能投用聚合釜 3. 能使用切胶设备	1. 罗茨风机的工作原理、性能及操作要点 2. 聚合釜操作要点 3. 切胶设备使用要点

续表

职业功能	工作内容	技能要求	相关知识
三、设备使用与维护	(一)使用设备J	1. 能操作喷射清洗器及自动清洗器 2. 能投用聚合釜	喷射清洗器、自动清洗器、聚合釜工作原理
	(一)使用设备K	1. 能切换反应及脱挥真空泵系统 2. 能启动卧式搅拌系统、挤压机系统 3. 能操作干气密封泵 4. 能确认设备运转状态	1. 干气密封的原理 2. 真空泵切换注意事项 3. 卧式搅拌、挤压机启动要点
	(一)使用设备L	1. 能操作脱溶剂蒸发器 2. 能调节变频器转速 3. 能操作薄膜蒸发器和降膜蒸发器 4. 能投用流量计和计量秤 5. 能操作真空机组，并对水环泵进行换水操作 6. 能操作罗茨风机 7. 能启停非联动和非程序控制的设备 8. 能操作结片机和造粒机 9. 能操作包装机、码垛机、绕膜机、喷码机等 10. 能完成喷码机批次修改及批号编辑 11. 能完成内循环空调机组和全新风空调机组的基本操作和温度参数设定	1. 降膜蒸发器和薄膜蒸发器操作方法 2. 流量计、双酚A计量秤等控制仪表的使用方法 3. 罗茨风机的工作原理、性能及操作要点 4. 搅拌设备的结构 5. 包装机、码垛机、绕膜机、喷码机的操作规程 6. 安全阀、呼吸阀、爆破片等安全附件的工作原理 7. 空调机组的操作要点 8. 真空机组的操作要点
	(一)使用设备M	1. 能开、停、切换常用机泵、减速机等设备 2. 能使用仪表、电气设备 3. 能使用安全阀、液位计、压力表等 4. 能投用罐、反应器等设备 5. 能加润滑油、润滑脂	1. 聚醚装置操作法 2. 测速、测振、测温等仪器使用方法 3. 塔、罐、反应器等设备操作使用注意事项 4. 加润滑油、润滑脂注意事项 5. 常规仪表、电气设备使用方法
	(一)使用设备N	1. 能测试连续乙酸乙烯酯泵速率 2. 能测试引发剂泵速率 3. 能投运连续乙酸乙烯酯加料泵 4. 能投运引发剂加料泵	1. 计量泵速率测试操作要点 2. 计量泵投运操作要点
	(一)使用设备O	1. 能操作乙烯压缩机的润滑油系统 2. 能操作隔膜计量泵 3. 能操作聚合釜密封液系统	1. 机组润滑油系统流程 2. 隔膜计量泵的结构、原理 3. 聚合釜密封液站流程 4. 聚合釜结构
	(一)使用设备P	1. 能切换热媒炉 2. 能操作搅拌器 3. 能操作离心风机 4. 能操作液环泵	1. 热媒炉操作要点 2. 搅拌器操作要点 3. 离心风机操作要点 4. 液环泵操作要点

续表

职业功能	工作内容	技能要求	相关知识
三、设备使用与维护	(二)维护设备	1. 能发现设备存在的问题并处理 2. 能完成管线法兰的紧固及管件、阀门的维修 3. 能清理过滤器 4. 能拆、装现场压力表、温度计 5. 能完成设备检维修前、后的倒空、置换、吹扫、系统隔离、试压	1. 主要设备的工作原理、结构以及使用注意事项 2. 常用管线、阀门、法兰、管件及垫片的类型、材质 3. 清理过滤器的注意事项 4. 压力表、温度计的规格、类型及拆装注意事项
四、事故判断与处理	(一)判断事故	1. 能发现工艺、设备事故 2. 能发现控制仪表的故障	1. 工艺、设备事故的分析判断方法 2. 控制仪表的工作原理
	(二)处理事故	1. 能处理压力容器的泄漏 2. 能处理阀门、机泵常见故障 3. 能完成装置事故停车处理 4. 能处理工艺、设备和可燃有毒气体报警	1. 有毒、有害气体中毒机理及救护方法 2. 仪表、电气基本原理 3. 紧急停车注意事项
	(二)处理事故A	1. 能分析设备运行异常的原因，并根据操作、分析数据采取措施 2. 能处理停水、停电、停蒸汽、停氮气、停仪表风的事故 3. 能进行安全和事故隐患排查，提出整改建议 4. 能处理泄漏事故 5. 能按指令处理产品质量事故	1. 工艺、设备事故处理的相关要求 2. 装置常见事故的处理方法 3. 紧急处理事故的预案 4. 仪表控制方案 5. 泄漏事故的处理方法
	(二)处理事故B	1. 能发现超温、超压、超液位、聚合反应波动等异常现象 2. 能发现压缩机、引发剂泵、挤压造粒机等主要设备常见故障 3. 能发现现场安全隐患、风险 4. 能发现高压分离器、低压分离器液位异常波动	1. 生产过程中易燃易爆物质的物性、燃点及爆炸极限常识 2. 放射源工作原理
	(二)处理事故C	1. 能处理原料中断的事故 2. 能处理产品质量事故	1. 常见事故的处理方法 2. 产品质量事故处理预案
	(二)处理事故D	1. 能处理装置催化剂中断，原料丙烯、乙烯中断，氢气中断的事故 2. 能处理预聚反应器、聚合反应器温度异常升高的事故 3. 能处理反应器下游设备发生故障的事故 4. 能处理闪蒸单元出料不畅的事故 5. 协助专业人员处理仪表、电气事故	1. 主催化剂管线压力低的处理方法 2. 挤出粒子大小粒、黏粒、碎屑多的处理方法 3. 风送管线堵塞的处理 4. 反应器夹套水循环泵停车后的处理 5. 预聚反应器夹套水循环泵停车后的处理 6. 添加剂下料不畅的处理方法

续表

职业功能	工作内容	技能要求	相关知识
四、事故判断与处理	（二）处理事故E	1. 能处理浆液管线堵塞的事故 2. 能处理粉料下料程序及控制阀的故障 3. 能处理袋式过滤器、丙烯过滤器堵塞的故障 4. 能处理聚合反应温度、压力波动的事故 5. 能处理颗粒外观不合格的事故 6. 能处理界区原料中断的事故	1. 添加剂下料不畅的处理方法 2. 浆液线堵塞的处理注意事项 3. 液相釜风机停止的处理措施 4. 液相釜搅拌突然停止的处理措施 5. 反应釜料位异常原因分析 6. 界区丙烯压力低的处理注意事项 7. 程序出料线堵塞处理注意事项
	（二）处理事故F	1. 能按指令处理常见的工艺和设备事故 2. 能处理气相反应釜出料线堵塞事故 3. 能处理粉料下料程序及控制阀的故障 4. 能处理聚合反应温度、压力波动的事故 5. 能处理颗粒外观不合格的事故 6. 能处理界区原料中断的事故	1. 第二反应釜出料管线堵塞处理要点 2. 沉降器压缩机停止处理要点 3. 反应器搅拌电机停止处理要点 4. 循环气压缩机停止处理注意事项 5. 颗粒大小不一致的处理注意事项 6. 界区丙烯压力低的处理注意事项 7. 粉料旋转下料阀卡停的处理注意事项
	（二）处理事故G	1. 能按指令处理热油泵的泄漏事故 2. 能处理原料带水异常情况 3. 能处理停电、水、气、风等突发事故 4. 能处理加热炉不能正常点火及点火后不能正常燃烧故障 5. 能按指令处理加热炉熄火故障 6. 能处理主火嘴燃烧波动故障 7. 能处理切粒机及风送管线堵塞故障 8. 能处理储罐泄漏事故	1. 物料泄漏的处理原则 2. 公用工程停运事故处理方法 3. 加热炉故障处理方法 4. 造粒系统故障处理方法
	（二）处理事故H	1. 能处理聚合放料过滤网堵塞事故 2. 能处理破碎机堵塞停运事故 3. 能处理聚合加水调节阀故障 4. 能处理废水系统外排故障	1. 聚合放料异常处理操作要点 2. 破碎机切换处理操作要点 3. 聚合加水操作注意事项 4. 废水汽提异常处理操作要点
	（二）处理事故I	1. 能处理风送系统堵塞故障 2. 能处理真空系统氧含量故障 3. 能处理加热炉排放异常故障	1. 风送系统堵塞处理方法 2. 真空系统异常处理方法
	（二）处理事故J	1. 能处理丙烯腈-丁二烯-苯乙烯共聚物（ABS）产品颗粒白茬、空心等事故 2. 能进行丁二烯聚合、丙烯腈-丁二烯-苯乙烯共聚物（ABS）聚合紧急停车操作 3. 能处理干燥器干粉料含水量高的故障	1. 丙烯腈-丁二烯-苯乙烯共聚物（ABS）产品颗粒白茬、空心事故的处理方法 2. 丁二烯聚合、丙烯腈-丁二烯-苯乙烯共聚物（ABS）聚合紧急停车操作要点 3. 干燥器干粉料含水量高的处理方法

续表

职业功能	工作内容	技能要求	相关知识
四、事故判断与处理	（二）处理事故K	1. 能按指令处理公用工程中断事故 2. 能处理工艺波动，设备故障 3. 能处理尾气、污水超标故障 4. 能处理模头异常排地事故 5. 能按指令完成紧急停车 6. 能处理添加剂下料不畅故障 7. 能处理真空泵故障	1. 紧急停车功能 2. 公用工程停供应急预案 3. 污水、尾气排放标准及应急预案 4. 模头异常排地的处理方法 5. 添加剂流量波动的处理方法 6. 真空泵故障处理方法
	（二）处理事故L	1. 能处理邻甲酚、环氧氯丙烷、甲苯和甲基异丁基酮泄漏事故 2. 能处理树脂泄漏事故 3. 能处理脱溶剂系统异常情况 4. 能处理预反应釜和反应釜温度急剧升高异常情况 5. 能处理废水和废聚物泄漏事故 6. 能处理集散控制系统（DCS）画面黑屏事故 7. 能处理储罐压力偏高或者偏低异常现象 8. 能处理电机温度过高故障 9. 能处理装置停原料、公用工程等各类突发事故 10. 能落实双酚房防闪爆措施	1. 齿轮泵的工作原理 2. 离心泵的工作原理 3. 隔膜泵的工作原理 4. 罗茨风机及水环泵的工作原理 5. 水、电、汽、气公用工程中断的应急预案 6. 计算机黑屏应急预案 7. 储罐压力报警操作要点 8. 公用工程动力指标 9. 粉尘爆炸机理
	（二）处理事故M	1. 能配合处理各种原料的泄漏事故 2. 能处理物料火灾事故 3. 能处理停电、晃电、停水、停气、停仪表风等突发事故 4. 能处理物料输送故障 5. 能查看集散控制系统（DCS）趋势图表 6. 能处理反应釜、中和釜、物料管道的泄漏事故 7. 能处理阀门、机泵常见故障 8. 能按指令完成装置事故停车处理 9. 能对有毒、易燃气体的报警进行处理	1. 原料、成品泄漏处理原则 2. 常见事故处理方法 3. 有毒、有害气体中毒机理及救护方法 4. 仪表、电气基本原理 5. 紧急停车注意事项
	（二）处理事故N	1. 能处理高压气态乙烯轻微泄漏事故 2. 能处理反应器高压阶段泄漏事故 3. 能处理换热器高压阶段泄漏事故 4. 能处理反应器还原剂漏配事故	1. 高压乙烯储罐泄漏事故预案 2. 反应系统泄漏应急预案 3. 还原剂漏配处理操作步骤
	（二）处理事故O	1. 能处理精馏塔液泛、液漏和塔压差高事故 2. 能处理冷凝器满料事故 3. 能处理干燥系统负压事故 4. 能处理加料温度波动大的情况 5. 能处理风机异常的情况 6. 能处理自动包装机故障 7. 能处理齿轮泵外漏的故障	1. 精馏塔原理 2. 冷凝器液位调整要点 3. 干燥机负压体系原理 4. 加料温度调节要点 5. 风机工作原理 6. 自动包装线结构、原理 7. 齿轮泵的工作原理及切换操作要点

续表

职业功能	工作内容	技能要求	相关知识
四、事故判断与处理	（二）处理事故P	1. 能处理浆料密度异常情况 2. 能处理催化剂分析浓度异常事故 3. 能处理精对苯二甲酸（PTA）日料仓呼吸阀起跳事故 4. 能处理酯化热媒系统故障 5. 能处理工艺塔热媒系统故障 6. 能处理预聚热媒系统故障 7. 能处理预聚熔体泵故障 8. 能处理终聚釜热媒系统故障 9. 能处理终聚熔体泵故障	1. 浆料密度异常的处理方法 2. 催化剂分析浓度异常的处理方法 3. 精对苯二甲酸（PTA）日料仓呼吸阀起跳的处理方法 4. 酯化热媒系统故障的处理方法 5. 工艺塔热媒系统故障的处理方法 6. 预聚热媒系统故障的处理方法 7. 预聚熔体泵故障的处理方法 8. 终聚釜热媒系统故障的处理方法 9. 终聚熔体泵故障的处理方法
五、绘图与计算	（一）绘图	1. 能绘制装置工艺流程图 2. 能识读设备结构简图	设备结构简图知识
	（二）计算	1. 能计算转化率、收率、空速、回流比等 2. 能完成班组经济核算 3. 能完成简单物料平衡计算	1. 转化率、收率、空速、回流比等的基本概念、意义 2. 班组经济核算方法 3. 物料平衡计算方法

二 理论知识鉴定要素细目表

——行业通用理论知识鉴定要素细目表——

鉴定范围			鉴定点	
一级	二级	三级	名称	重要程度
基本要求	基础知识	记录填写基础知识	岗位交接班记录的填写要求	X
			关键设备巡检记录的填写要求	X
		识图基础知识	正投影的特点	X
			三视图的特点	X
			三视图的作图方法	X
			零件图的作用	X
		安全环保基础知识	石化行业安全检查的内容	X
			尘毒物质危害人体的主要因素	X
			化工污染的控制方法	X
			清洁生产的理论基础	X
			清洁生产审核的目的	X
			灭火的机理和方法	X
			ISO14001标准的特点	X
			ISO14001环境因素识别的状态、时态和类型	X

续表

鉴定范围			鉴定点	
一级	二级	三级	名称	重要程度
基本要求	基础知识	安全环保基础知识	ISO14001环境因素识别的步骤	X
			ISO14001识别环境因素的方法	X
			HSE审核的概念	X
			HSE审核的目的	X
			HSE危害的概念	X
			废水治理的常识	X
			废气治理的常识	X
			废渣处理的常识	X
			防冻防凝的知识	X
			夏季四防的知识	X
			职业病的概念	X
			职业病的种类	X
			石化行业事故的分类	X
			石化行业事故分级的规定	X
			HSE不符合的概念	X
			HSE事故的定义	X
			职业病危害因素	X
			放射性防护的知识	X
			高毒物品的防护方法	Y
			尘毒噪声的防护方法	Y
			进入受限空间的作业程序	Y
			高处作业的安全程序	Y
			施工作业的安全程序	Y
			用火作业的安全程序	Z
			临时用电的安全程序	X
			起重作业的安全程序	X
			安全色的含义及用途	X
			常见现场伤害的急救要点	X
		质量基础知识	标准化的意义	X
			质量认证的概念	X
			全面质量管理的特点	X

续表

鉴定范围			鉴定点	
一级	二级	三级	名称	重要程度
基本要求	基础知识	质量基础知识	ISO9000质量管理体系基础的内容	X
			质量管理PDCA动态循环的意义	X
			ISO9000族标准的核心标准	X
			ISO9000族标准“质量”的意义	X
			ISO9001标准的八项管理原则	X
		计算机基础知识	Word文字处理软件的基础知识	Y
			Word表格处理知识	Y
			Excel工作表的建立方法	Y
			Excel的排版方法	Y
		法律常识	合同的形式	Y
			合同法关于无效合同的规定	Z
			劳动合同的订立	X
			劳动合同的内容	X
			劳动合同的履行与变更规定	X
			劳动合同的终止条件	X

——职业通用理论知识鉴定要素细目表——

鉴定范围			鉴定点	
一级	二级	三级	名称	重要程度
基本要求	基础知识	化学基础知识	阿伏伽德罗定律的概念	Y
			可逆反应的基本概念	X
			化学平衡常数概念	X
			理想气体状态方程的概念	X
			气体溶解度的影响因素	X
			离子键的概念	X
			共价键的概念	Z
			溶液质量物质的量浓度的概念	Y
			化学反应速率的概念	X
			烷烃的命名	X
			质量分数的概念	X
			烷烃的化学性质	X
			电离平衡的概念	X

续表

鉴定范围			鉴定点	
一级	二级	三级	名称	重要程度
基本要求	基础知识	化工基础知识	流体流动的基本形态	X
			传热的基本原理	Z
			提高换热器传热速率的途径	Z
			对流传热系数的影响因素	Y
			稳定流动流体的物料衡算	Y
			填料的主要性能参数	X
			干燥的方式	X
			非均相物系的概念	X
			流体产生阻力的原因	X
			强化传热的途径	X
			伯努利方程的意义	X
			相对挥发度的概念	X
			液体密度的计算	X
			气体密度的计算	X
		高分子化学知识	聚合物分子量的概念	X
			玻璃化温度的概念	X
			自由基聚合的机理	X
			阻聚的概念	X
			Ziegler–N1tt1 聚合机理	X
			影响高聚物物理性能的因素	Z
			高聚物老化的分类	X
			影响高聚物熔体黏度的因素	Y
			聚合物熔融流动速率的概念	X
			聚合物等规指数的概念	X
		电工基础知识	正弦交流电的概念	X
			并联电路电阻的计算	X
			串联电路电阻的计算	X
			装置设备接地线的概念	Y

续表

鉴定范围			鉴定点	
一级	二级	三级	名称	重要程度
基本要求	基础知识	电工基础知识	直流电路的基本计算	Y
			全电路欧姆定律	X
		仪表基础知识	联锁的基本概念	X
			控制阀的种类	X
			压力仪表的测量原理	X
			温度仪表的测量原理	Y
			流量仪表的测量原理	X
			物位仪表的测量原理	Y
			DCS 系统的基本概念	X
			仪表的精度特性	Y
			PID 基本知识	X
		化工机械与设备基础知识	离心泵的基本结构	X
			机械密封工作原理	X
			管壳式换热器的结构形式	X
			压力容器的概念	X
			往复压缩机工作原理	X
			干燥过程知识	X
			化学腐蚀的概念	Z
			换热器的分类	X
			常用阀门的类型	Y
			常用塔的种类	X

工种理论知识鉴定要素细目表

鉴定范围			鉴定点	
一级	二级	三级	名称	重要程度
相关知识	工艺操作	开车准备	氮气置换合格的标准	X
			管线吹扫标准	X
			气密试验合格标准	X
			公用工程包含的项目	X
			蒸汽系统分类	X
			催化剂系统的检查项目	X
			聚合系统流程确认	X
			造粒系统流程确认	X
			助剂系统检查项目	Y
			反应器的升温升压方法	X
			设定丙烯循环路线的作用	X
			气相聚合釜丙烯置换注意事项	Y
			干燥单元流程确认	X
			蒸汽系统用户	X
			反应器升温升压方法	X
		开车操作	引丙烯注意事项	Y
			丙烯汽化器的加热介质	X
			加种粉注意事项	X
			丙烯循环气压缩机用户	X
			气相丙烯的用户	X
			新鲜液相丙烯的用户	X
			循环液相丙烯的用户	X
			浆液洗涤罐的作用	X
			混炼机小电机的作用	X
			气相釜循环风机启动注意事项	X
			催化剂投料前的确认事项	Y
			气相釜出料系统的启动方法	X
			袋滤器的作用	X
			密封油的种类及压力标准	X
			建立大循环的方法	X
			束状挤压操作的作用	X
			振动筛的作用	Y
			建立U形液封的方法	X
			调整闸门开度的作用	X

续表

鉴定范围			鉴定点	
一级	二级	三级	名称	重要程度
相关知识	工艺操作	开车操作	引入氢气注意事项	X
			加种子粉料前具备的条件	X
			造粒系统开车方式	X
			密封油的种类	X
			密封油的压力标准	X
			循环气压缩机开车方法	X
		正常操作	烷基铝流量控制方式	X
			改性剂流量控制方式	X
			提升聚合负荷的操作方式	X
			粉料MFR的调整方法	X
			低纯氮的配比	X
			牌号的命名方式	Y
			总乙烯含量的概念	X
			分子筛再生方法	X
			反应釜温度对聚合反应的影响	X
			气相反应釜压力对粉料流化的影响	X
			程序出料压力平衡的作用	X
			程序出料泄压的作用	Y
			造粒系统液压油用户	X
			造粒工艺水用户	X
			聚合釜加入乙烯前的确认事项	Y
			过渡时料仓切换的方法	X
			粉料橡胶中乙烯含量的概念	Y
			聚合釜温度控制方法	X
			催化剂比例对产品质量的影响	X
			三乙基铝系统着火的灭火方法	X
		停车操作	停车时各物料停加顺序	X
			停催化剂的顺序	X
			气相釜出料线停车方法	X
			全线停车按钮的作用	X
			反应器断开的方法	Y
			停主催化剂后己烷冲洗的目的	X
			液体过氧化物系统氮气冲洗的作用	X
			混炼机筒体保温目的	Z
			阻聚剂注入方法	X

续表

鉴定范围			鉴定点	
一级	二级	三级	名称	重要程度
相关知识	设备使用与维护	使用设备	液相反应器的搅拌类型	X
			气相反应器的搅拌类型	X
			高速离心泵的使用方法	X
			往复式压缩机的使用方法	X
			密封油系统的用户	X
			程序出料线旋转阀调速的依据	Y
			高速离心风机的使用方法	X
			压缩机入口汽化器的作用	X
			挤压机的氮气冲洗用户	X
			转向器的加热介质	X
			挤压机防爆膜的位置	X
			浆液线的切换方法	X
			程序出料线的切换方法	X
			浆式干燥器的结构	Y
			挤压造粒机组润滑油系统用户	X
			挤压造粒机组液压油用户	X
			气相反应器分布板构造	X
		维护设备	液相反应器的构造特点	X
			气相反应器的构造特点	X
			袋滤器的切换方法	X
			丙烯过滤器的清理方法	X
			循环气压缩机的报警项目	X
			高速离心风机的报警项目	X
			旋转阀的内部构造	X
			挤压机闸门的作用	X
			静电接地的作用	X
			设备防腐知识	Z
			设备巡检的主要内容	X
			离心泵的工作原理	Y
			润滑油的作用	Y
			转动设备密封油泄漏的检查方法	X
			引入蒸汽的方法	X
			隔膜泵的构造	X

续表

鉴定范围			鉴定点	
一级	二级	三级	名　称	重要程度
相关知识	事故判断与处理	判断事故	循环水系统联锁原因	X
			液相聚合釜联锁原因	X
			反应釜温度波动原因	Y
			程序出料线旋转阀跳闸的原因	X
			粉料分离器压力高的原因	Z
			粉末输送系统压力波动的原因	X
			反应负荷波动的原因	X
			粉料发黏的原因	Z
			干燥单元积料的原因	X
			仪表指示失真的原因	Z
			颗粒大小不均匀的原因	X
			循环气压缩机联锁原因	X
			主催化剂泵出口管线堵塞的判断	X
			造粒混炼强度不够的原因	X
			气相聚合釜联锁的原因	X
			气相反应釜出料系统堵塞的原因	X
			液相釜搅拌停止的原因	X
			粒料黄指数高的原因	X
		处理事故	主催化剂堵管处理方法	X
			仪表指示失真处理方法	Z
			第三聚合釜温度异常高的处理方法	X
			给电子体流量波动处理方法	X
			火炬罐报警处理方法	X
			界区丙烯压力低的处理方法	Y
			程序出料线堵塞处理方法	X
			干燥单元积料处理方法	X
			颗粒大小不均匀的处理方法	X
			仪表风中断事故处理方法	Y
			离心泵密封油泄漏的处理方法	X
			液相釜风机停止的处理措施	Y
			浆液浓度高的处理方法	X
			浆液线堵塞的处理方法	X
			液相釜搅拌突然停止的处理措施	X
			程序出料线旋转阀停止的处理方法	X
			反应釜料位异常原因分析	X

续表

鉴定范围			鉴定点	
一级	二级	三级	名称	重要程度
相关知识	绘图与计算（停用，归共有）	绘图	带控制点工艺流程图的绘制	X
			识读设备结构简图	X
			工艺配管单线图的读识	X
		计算	简单物料衡算	X
			物耗的计算	X
			能耗的计算	X
			简单的催化剂相关计算	X

三 理论知识试题

——行业通用理论知识试题

判断题

1. 设备停机后不需要巡检。（ × ）

正确答案：设备停机后也需要巡检。

2. 在三视图中，能够反映物体上下、左右位置关系的视图为俯视图。（ × ）

正确答案：在三视图中，能够反映物体上下、左右位置关系的视图为主视图。

3. 零件图是直接指导制造零件和检验零件的图样。（ √ ）

4. 投影线都相互平行的投影称为平行投影。（ √ ）

5. 零件图的作用是指导识读零件的结构。（ × ）

正确答案：零件图的作用是直接指导制造零件和检验零件的图样。

6. 强调相关方的观点是ISO14001标准的主要特点之一。（ √ ）

7. 爱岗敬业的具体要求：树立职业理想、强化职业责任、提高职业技能。（ √ ）

8. 在生产工艺、劳动过程、作业环境中存在的危害从业人员健康的因素，称为职业病危害因素。（ √ ）

9. 强酸、强碱的烧伤一般要立即用大量清水长时间冲洗强酸、强碱沾染部位。（ √ ）

10. 临时用电许可证的有效期限可以使用多个班次。（ × ）

正确答案：在非易燃易爆区进行临时用电作业，临时用电许可证的有效期限为一个作业周期；在易燃易爆区临时用电许可证的有效期限与用火作业许可证有效期限相同。

11. 第二方审核是直属企业作为受审方，由取得相应资格的单位进行HSE体系审核。 （ × ）

正确答案：第三方审核是直属企业作为受审方，由取得相应资格的单位进行HSE体系审核。

12. 在防冻防凝工作中，可以用高压蒸汽取暖。 （ × ）

正确答案：在防冻防凝工作中，严禁用高压蒸汽取暖，严防高压蒸汽进入低压系统。

13. 目前清洁生产审计中应用的理论主要是能量守恒原理。 （ × ）

正确答案：目前清洁生产审计中应用的理论主要是物料平衡和能量守恒原理。

14. HSE管理体系规定，公司应建立事故报告、调查和处理管理程序，所制定的管理程序应保证能及时地调查、确认事故（未遂事故）发生的根本原因。 （ √ ）

15. 对已冻结的铸铁管线、阀门等可以用高温蒸汽迅速解冻。 （ × ）

正确答案：对已冻结的铸铁管线、阀门等不得急剧加热，只允许温水或少量蒸汽缓慢解冻，以防骤然受热损坏。

16. 质量事故不属于生产事故。 （ × ）

正确答案：质量事故属于生产事故。

17. 皮肤被氢氟酸污染后，应立即用大量清水冲洗，然后用5%碳酸氢钠水溶液中和洗涤，再涂以悬浮剂，消毒包扎。 （ √ ）

18. 地球上到处存在着放射性危害。 （ √ ）

19. 高毒作业场所应当设置蓝色区域警示线、警示标识和中文警示说明，并设置通信报警设备。 （ × ）

正确答案：高毒作业场所应当设置红色区域警示线、警示标识和中文警示说明，并设置通信报警设备。

20. HSE评审的目的是检验HSE管理体系的适用性、必要性和有效性。 （ × ）

正确答案：HSE评审的目的是检验HSE管理体系的适用性、充分性和有效性。

21. 从事办公室工作的人员不会形成职业病。 （ × ）

正确答案：从事办公室工作的人员也会形成相应的职业病。

22. 问卷调查法是环境因素识别的主要方法之一。 （ × ）

正确答案：问卷调查法不是环境因素识别的主要方法。

23. 动火作业必须经过动火分析并合格后方可进行。 （ √ ）

24. 清洁生产审核的目的是，通过清洁生产审计判定生产过程中不合理的废物流和物、能耗部位，进而分析其原因，提出削减它的可行方案并组织实施，从而减少废弃物的产生和排放，达到实现本轮清洁生产目标。 （ √ ）

25. 碳氢化合物中，直链化合物的毒性与支链化合物的毒性相同。 （ × ）

正确答案：碳氢化合物中，直链化合物的毒性比支链化合物的毒性要小。

26. 起重机在吊重作业中绝对禁止起落起重臂。 （ × ）

正确答案：起重机在吊重作业中可以起落起重臂。

27. ISO9000族标准中，质量不仅包括产品和服务质量，还扩展到了过程、活动、组织乃至它们的组合质量。 （ √ ）

28. 质量管理体系是指在质量方面指挥和控制组织的管理体系，它是组织若干管理体系的一个。 （ √ ）

29. 生产制造过程的质量管理是全面质量管理的中心环节。 （ √ ）

30. 企业质量体系认证依据的标准是ISO9001《质量管理体系要求》。 （ √ ）

31. 标准化的重要意义是改进产品、过程或服务的适用性，防止贸易壁垒，并促进技术合作。 （ √ ）

32. 企业标准化的基本任务就是通过制订和贯彻标准，使企业的生产、技术、经营活动合理化，改进质量，提高效率，降低成本，以最少的投入实现企业的目标。 （ √ ）

33. ISO9000族标准中，质量仅指产品质量。 （ × ）

正确答案：ISO9000族标准中，质量不仅包括产品和服务质量，还扩展到了过程、活动、组织乃至它们的组合质量。

34. PDCA循环是全面质量管理的科学方法，可用于企业各个方面、各个环节的质量管理活动。 （ √ ）

35. 在计算机应用软件Excel中的打印可实现放大或缩小比例打印。 （ √ ）

36. 计算机应用软件Word不仅可以进行文字处理，还可以插入图片、声音等，但不能输入数学公式。 （ × ）

正确答案：计算机应用软件Word不仅可以进行文字处理，还可以插入图片、声音等，也可输入数学公式。

37. 在计算机应用软件Excel中选择不连续单元格的功能键是Alt。 （ × ）

正确答案：在计算机应用软件Excel中选择不连续单元格的功能键是Ctrl。

38. 在使用计算机应用软件Word的“查找”功能查找文档中的字串时，可以使用功能符。 （ × ）

正确答案：在使用计算机应用软件Word的“查找”功能查找文档中的字串时，可以使用通配符。

39. 用人单位与劳动者应当按照劳动合同的约定，全面履行各自的义务。 （ √ ）

40. 在实践中，口头形式是当事人最为普遍采用的一种合同约定形式。（ × ）

正确答案：在实践中，书面形式是当事人最为普遍采用的一种合同约定形式。

41. 用人单位招用劳动者时不得要求劳动者提供担保或者以其他名义向劳动者收取财物。（ √ ）

42. 不动产的买卖合同一般采用登记形式。（ √ ）

单选题

1. 在三视图中，反映物体前后、上下位置关系的视图为（ C ）。

A. 主视图　　B. 俯视图
C. 左视图　　D. 在三个视图中都有可能

2. 在工程制图中应用较多的投影法是（ D ）投影法。

A. 中心　　B. 平行　　C. 斜　　D. 正

3. 画三视图时，主视图和俯视图的关系是（ A ）。

A. 长对正　　B. 高平齐　　C. 宽相等　　D. 无关系

4. 画三视图时，左视图和俯视图的关系是（ C ）。

A. 长对正　　B. 高平齐　　C. 宽相等　　D. 无关系

5. 重大危险的施工作业，应有（ A ）同时派出安全监护人。

A. 区域管理单位、施工单位　　B. 施工单位、监理单位
C. 施工单位、设计单位　　D. 区域管理单位、监理单位

6. （ C ）色表示提醒人们注意。

A. 红　　B. 蓝　　C. 黄　　D. 绿

7. 与化工生产密切相关的职业病是（ B ）。

A. 耳聋　　B. 职业性皮肤病　　C. 关节炎　　D. 眼炎

8. 一般粉尘粒径在（ D ）以上可选用离心集尘装置。

A. 5μm　　B. 10μm　　C. 15μm　　D. 20μm

9. 污染物的回收方法包括（ D ）。

A. 蒸发　　B. 干燥　　C. 排放　　D. 吸收

10. 废水治理的方法有物理法、（ A ）法和生物化学法等。

A. 化学　　B. 过滤　　C. 沉淀　　D. 结晶

11. 通常将（ A ）可燃液体表面着火视为初期灭火范围。

A. $1m^2$　　B. $1.5m^2$　　C. $2m^2$　　D. $3m^2$

12. “夏季四防”包括防暑降温、防汛、（ A ）、防倒塌。

A. 防雷电　　B. 防霉变　　C. 防跌滑　　D. 防干旱

13. 在ISO14001标准体系中，为了确保环境因素评价的准确性，在识别环境因素时应考虑的三种时态是（ A ）。

A. 过去、现在和将来　　B. 开车、停机和检修

C. 正常、异常和紧急　　D. 上升、下降和停止

14. 在HSE管理体系中，（ B ）是指与组织的职业健康安全绩效有关的或受其职业健康安全绩效影响的个人或团体。

A. 目标　　B. 相关方　　C. 事件　　D. 不符合

15. 废渣的处理大致采用（ D ）、固化、陆地填筑等方法。

A. 溶解　　B. 吸收　　C. 粉碎　　D. 焚烧

16. 公司HSE管理体系中的第三方审核一般每（ B ）年进行一次。

A. 两　　B. 三　　C. 四　　D. 一

17. 碳氢化合物中，直链化合物的毒性比支链化合物的毒性（ B ）。

A. 小　　B. 大　　C. 无可比性　　D. 相同

18. 企业质量体系认证是认证机构作为（ C ）对企业的质量保证和质量管理能力依据标准所作的综合评价。

A. 第一方　　B. 第二方　　C. 第三方　　D. 政府

19. 按ISO9001：2015标准建立质量管理体系，鼓励组织采用（ D ）方法。

A. 管理的系统　　B. 全员参与的

C. 基于事实的决策　　D. 过程

20. PDCA循环是实施ISO9000族标准（ B ）原则的方法。

A. 系统管理　　B. 持续改进

C. 过程方法　　D. 以事实为决策依据

21. 可以用于审核和第三方认证的标准是（ B ）。

A. ISO9000　　B. ISO9001　　C. ISO9004　　D. ISO10012

22. 下列关于PDCA动态循环标准的论述中，正确的是（ A ）。

A. 2015年版ISO9001《质量管理体系要求》采用了PDCA的动态循环标准

B. PDCA的动态循环只能用于单个过程

C. PDCA的动态循环只能用于整个网络集成管理

D. PDCA中的A指的是“检查”

23. 产品质量认证活动是（ D ）开展的活动。

A. 生产方　　B. 购买方

C. 生产和购买双方　　D. 独立于生产方和购买方之外的第三方机构

24. ISO9000标准的核心标准不包括（ C ）。

A. ISO9001　　B. ISO9004　　C. ISO/TR10013　　D. ISO19011

25. PDCA循环的四个阶段八个步骤的第四个步骤是（ D ）。

A. 总结　　B. 效果的确认

C. 分析问题原因　　D. 拟订对策并实施

26. 质量是一组（ D ）满足要求的程度。

A. 特性　　B. 内在特性和外在特性

C. 赋予特性　　D. 固有特性

27. （ C ）应当是任何一个企业的永恒目标。

A. 以顾客为关注焦点　　B. 全员参与

C. 持续改进总体业绩　　D. 管理的系统方法

28. 在计算机应用软件Word中，若要计算表格中某行数值的总和，可使用的统计函数是（ A ）。

A. Sum　　B. Total　　C. Count　　D. Average

29. 在计算机应用软件Excel工作表中，可按需拆分窗口，一张工作表最多拆分为（ B ）个窗口。

A. 3　　B. 4　　C. 5　　D. 任意多

30. 在计算机应用软件Word中，可用于计算表格中某一数值列平均值的函数是（ C ）。

A. Abs　　B. Count　　C. Average　　D. Total

31. 计算机应用软件Word2000为新建的文档自动添加的扩展名为（ A ）。

A. DOC　　B. TXT　　C. WRI　　D. BMP

32. 建立劳动关系时，应当订立（ B ）。

A. 口头劳动合同　　B. 书面劳动合同　　C. 要约　　D. 劳动协议

33. 下列（ B ）情形的，劳动合同终止。

A. 单位效益下滑，发不出工资的　　B. 用人单位被依法宣告破产

C. 劳动者因病暂时不能工作的　　D. 劳动者因公负伤的

多选题

1. 在ISO14001标准体系中，环境因素识别的步骤包括（ ABD ）。

A. 划分和选择组织过程　　B. 确定选定过程中存在的环境因素

C. 初始环境评审　　D. 明确每一环境因素对应的环境影响

2. 属于一般事故的是（ BCD ）。

A. 一次事故造成10人及以上重伤

B. 一次事故造成1~2人死亡

C. 一次事故造成直接经济损失100万~1000万元

D. 一次事故造成1~9人重伤

3. 在三视图中，与宽度有关的视图是（ BC ）。

A. 主视图　　B. 俯视图

C. 左视图　　D. 三个视图都有关系

4. 在三视图中，能够反映物体前后位置关系的视图为（ BC ）。

A. 主视图　　B. 俯视图

C. 左视图　　D. 在三个视图中都有可能

5. 属于平行投影的投影法是（ ACD ）投影法。

A. 平行　　B. 中心　　C. 斜　　D. 正

6. 尘毒物质对人体的危害与工作环境的（ ABC ）等条件有关。

A. 温度　　B. 湿度　　C. 气压　　D. 高度

7. HSE管理体系规定，事故的报告、（ ABC ）、事故的调查、责任划分、处理等程序应按国家的有关规定执行。

A. 事故的分类　　B. 事故的等级

C. 损失计算　　D. 事故的赔偿

8. 关于火灾中烧伤患者急救说法，正确的是（ ABCD ）。

A. 迅速扑灭火灾烧伤患者的火点

B. 拨打120急救电话

C. 危重病人应就地抢救，清除口鼻内异物，保持呼吸道通畅

D. 心跳呼吸停止者立即行心肺复苏

9. 施工作业前，应重点对（ ABCD ）进行危害辨识。

A. 作业环境　　B. 作业对象

C. 作业过程　　D. 作业时机

10. 在ISO14001标准体系中，为了确保环境因素评价的准确性，在识别环境因素时除应考虑土地污染、对社区的影响、原材料与自然资源的使用、其他地方性环境问题外，还应考虑（ ABC ）问题。

A. 大气排放　　B. 水体排放

C. 废物管理　　D. 材料的利用

11. 在HSE管理体系中，不符合项按严重程度可分（ BC ）。

A. 非常严重不符合项　　B. 严重不符合项

C. 一般不符合项　　D. 较严重不符合项

12. 工业废水的生物处理法包括（ BD ）法。

A. 过滤　　B. 好氧　　C. 结晶　　D. 厌氧

13. 关于急性化学中毒患者急救的说法，正确的是（ CD ）。

A. 在中毒现场立即救治

B. 迅速脱去或剪去被毒物污染的衣物，保留内衣内裤

C. 进入有毒环境急救的人员需戴防毒面具及安全带并避免处于下风向

D. 经口中毒者，毒物为非腐蚀性者，应立即用催吐或洗胃方法清除

14. （ ABCD ）是物理因素所致职业病。

A. 中暑　　B. 减压病　　C. 高原病　　D. 航空病

15. 不属于夏季四防范畴的是（ ABD ）。

A. 防冻雨　　B. 防冰雹　　C. 防汛　　D. 防涝

16. 改革生产工艺是控制化工污染的主要方法，包括（ ABC ）等。

A. 改革工艺　　B. 改变流程

C. 选用新型催化剂　　D. 更新设备

17. 石化生产过程中排出的废气的控制方法包括（ ABCD ）等。

A. 吸收法　　B. 吸附法　　C. 静电法　　D. 燃烧法

18. 炼化企业气态污染物治理的主要对象包括（ ABCD ）等。

A. 甲苯　　B. 硫化氢　　C. 二氧化硫　　D. 有机废气

19. 下列选项中，（ ABCD ）符合起重作业要求。

A. 起重机司机有合格的资质

B. 有资质的起重机检查人员

C. 在起重机司机或其他指定人员知晓的情况下，加油工也可进入驾驶室从事职责范围内的作业

D. 学习满半年以上的实习起重机司机可以在有资质的司机直接监督下作业

20. 有下列（ ABCD ）情况之一的，劳动合同终止。

A. 劳动合同期满的

B. 劳动者开始依法享受基本养老保险待遇的

C. 劳动者死亡，或者被人民法院宣告死亡或者宣告失踪的

D. 用人单位被依法宣告破产的

——职业通用理论知识试题——

判断题

1. 聚合物的等规指数是指等规聚合物所占的比例。（ √ ）

2. 由于氧具有显著的阻聚效果，因此聚合反应都必须在排除氧的条件下进行。（ × ）

正确答案：氧虽具有显著的阻聚效果，但并不是所有的聚合反应都必须在排除氧的条件下进行。

3. 熔体流动速率的定义是热塑性树脂试样在一定温度、恒定压力下，熔体在10min内流经标准毛细管的质量值，单位是g/10min。（ √ ）

4. 高分子材料在加工、储存和使用过程中，由于受内外因素的综合作用，其性能逐渐变坏，以致最后丧失使用价值，这种现象就是老化。（ √ ）

5. 对于稳定流动，流体流经任意截面上的质量流量相等。（ √ ）

6. 流体的流动类型有层流、过渡流和湍流。（ √ ）

7. 伯努利方程是计算管内流体流动机械能的衡算式。（ √ ）

8. 电气设备外壳接地一般通过接地支线连接到接地干线，再通过接地干线连接到接地体。（ √ ）

9. 达到化学平衡的可逆反应，反应物和生成物浓度不再发生变化，但一定相等。（ × ）

正确答案：达到化学平衡的可逆反应，反应物和生成物浓度不再发生变化，但不一定相等。

10. 固定管板式换热器的使用条件是两流体的温差较大、腐蚀性较大的物料。（ × ）

正确答案：固定管板式换热器适用于壳程流体清洁且不结垢，两流体温度不大或温差较大但壳程压力不高的场合。

11. 差压式流量计是根据动压能和电能相互转换的原理来测量流量的。（ × ）

正确答案：差压式流量计是根据动压能和静压能相互转换的原理来测量流量的。

单选题

1. 玻璃化温度是无定型聚合物使用的（ C ）温度。

A. 正常　　B. 下限　　C. 上限　　D. 标准

2. 聚合物分子链的刚性增大，则黏流温度（ B ）。

A. 降低　　B. 升高　　C. 不确定　　D. 基本不变

3. 通过测定聚合物分子规整程度，能够了解分子的结晶性能。结晶度越高，则（ B ）。

A. 表面硬度越小　　B. 拉伸强度越高　　C. 耐热性能越差　　D. 机械性能越差

4. 以下关于聚合物分子量，说法错误的是（ C ）。

A. 数均分子量是按照分子数的统计平均　B. 质均分子量是按照质量的统计平均

C. 数均分子量可用光散射法测得　D. 黏均分子量可用溶液黏度法测得

5. 液体在管道中流动时，会造成能量损失，这是由于液体具有（ B ）。

A. 质量　B. 黏性　C. 静压力　D. 重量

6. 理想溶液中两组分的相对挥发度越接近，说明该两组分溶液（ B ）。

A. 无法通过精馏方法进行分离

B. 通过普通精馏方法分离将更加困难

C. 只能通过萃取进行分离

D. 只能通过吸附分离的方法进行分离

7. 填料的（ C ）对吸收操作是有利的。

A. 比表面积大　B. 比表面积小

C. 空隙率大　D. 空隙率小

8. 在稳定流动时，流体的流速与导管截面积的关系是（ B ）。

A. 成正比关系　B. 成反比关系　C. 成倒数关系　D. 无关系

9. 关于对流传热系数，下列说法正确的是（ D ）。

A. 流体的温度对对流传热系数无影响

B. 湍流时的对流传热系数比滞流时小

C. 黏度越大，对流传热系数越大

D. 流体的导热系数大，对流传热系数就大

10. 下列选项中，不属于非均相物系的是（ A ）。

A. 溶液　B. 悬浮液　C. 乳浊液　D. 含尘气体

11. 不能提高精馏塔顶冷凝器传热系数的措施是（ D ）。

A. 提高冷剂的流量

B. 定期对冷凝器的管程进行清洗

C. 定期对冷凝器的壳程进行清洗

D. 改变塔的操作压力

12. 两只额定电压相同的电阻并联接入电路中，电阻较大的发热量（ B ）。

A. 较大　B. 较小　C. 相同　D. 不发热

13. 有一照明线路，电源端电压为220伏，负载电流为100安，线路的总阻抗为0.2欧姆，那么负载端电压为（ D ）伏。

A. 170　B. 180　C. 190　D. 200

14. 烷烃常用的命名方法是（ D ）。

A. 习惯命名法　B. 一般命名法　C. 衍生物命名法　D. 系统命名法

15. 烷烃在空气中燃烧是（ A ）反应。

A. 氧化　B. 还原　C. 异构化　D. 卤代

16. 化学反应进行的快慢程度是以（ C ）来表示的。

A. 反应物浓度变化　B. 产物浓度变化

C. 反应速率　D. 反应物与产物的质量变化

17. 在一定条件下，弱电解质的离子化速率（即电离速率）（ D ）其分子化速率（即结合速率）。

A. 不等于　B. 大于　C. 小于　D. 等于

18. 质量分数指溶液中溶质质量与溶液质量（ D ）。

A. 之差　B. 之积　C. 之和　D. 之比

19. 离子半径与正负离子间引力的关系是（ B ）。

A. 离子半径越大，正负离子间的引力越大

B. 离子半径越小，正负离子间的引力越大

C. 离子半径不变，正负离子间的引力不变

D. 无关系

20. （ B ）换热器适用于壳程介质清洁，不易结垢以及两种流体温差不大的场合。

A. 套管式　B. 固定管板式　C. 浮头式　D. 填料函式

21. 湿空气在预热过程中不变的参数是（ C ）。

A. 焓　B. 相对湿度　C. 露点温度　D. 湿球温度

22. 能降低由于两种流体温差较大而造成的壳体和管子中的轴向应力的换热器是（ D ）。

A. 浮头式换热器　B. 填料函式换热器

C. U形管式换热器　D. 带膨胀节的固定管板式换热器

23. 机械密封不与轴同时转动的是（ B ）。

A. 动环密封面　B. 静环

C. 波纹管或压紧弹簧　D. 动环与轴之间的密封垫

24. 机械密封的动静环之间的密封属于（ B ）。

A. 静密封　B. 动密封　C. 泄漏密封　D. 填充密封

25. 设计压力在0.1MPa和1.6MPa之间的容器为（ C ）。

A. 高压容器　B. 中压容器　C. 低压容器　D. 超高压容器

26. 玻璃液位计是根据（ C ）原理工作的。

A. 液体膨胀　　B. 固体膨胀　　C. 连通器　　D. 静压

27. 化学键按原子间的相互作用力的方式和强度不同，可分为（ B ）和配位键。

A. 共价键　　B. 离子键　　C. 电离键　　D. 金属键

多选题

1. 影响聚合物熔体黏度的因素有（ ABCD ）。

A. 剪切应力　　B. 剪切速率　　C. 分子量　　D. 分子形状

2. 化合物的价键异裂后可以产生的基团，称为（ CD ）。

A. 自由基　　B. 共价键　　C. 阴离子　　D. 阳离子

3. 影响气体密度的因素有（ ABD ）。

A. 压强　　B. 温度　　C. 体积　　D. 物质的量

4. 强化传热的途径有（ ABCD ）。

A. 防止设备结垢　　B. 增大总传热系数

C. 增大平均温差　　D. 增大传热面积

5. 下列属于非均相物系的是（ ABCD ）。

A. 含尘气体　　B. 含雾气体　　C. 泡沫液　　D. 乳浊液

6. 关于设备接地线的说法，正确的是（ ACD ）。

A. 油罐的接地线主要用于防雷防静电保护

B. 电机的接地线主要用于防过电压保护

C. 管线的接地线主要用于防静电保护

D. 独立避雷针的接地线主要用于接闪器和接地体之间的连接

7. 在发生短路时，由于故障设备和某些非故障设备通过很大的短路电流会产生（ BC ），使设备遭到破坏和损伤。

A. 化学效应　　B. 热效应　　C. 电动力　　D. 机械力

8. 一个反应的平衡常数越小，则（ AB ）。

A. 正向反应进行的程度越小

B. 平衡时的转化率越低

C. 平衡时的转化率越高

D. 正向反应进行的程度越大

9. 金属材料的腐蚀按照腐蚀的机理，可分为（ AD ）。

A. 化学腐蚀　　B. 均匀腐蚀　　C. 非均匀腐蚀　　D. 电化学腐蚀

工种理论知识试题

判断题

1. 在进行氮气置换过程中，不需注意排放阀、设备和管线死角处留下的氧气、水等杂物。 (×)

正确答案： 在进行氮气置换过程中，必须注意排放阀、设备和管线死角处留下的氧气、水等杂物。

2. 蒸汽和氮气一样具有吹扫的效果，所以蒸汽和氮气都可以用于吹扫任何易燃气体混合物。 (×)

正确答案： 蒸汽和氮气吹扫效果不一样。

3. 将各种助剂按先加重组分，后加轻组分的顺序按比例加入稳定剂配制罐里进行配制。 (×)

正确答案： 将各种助剂按先加轻组分，后加重组分的顺序按比例加入稳定剂配制罐里进行配制。

4. 闸门的开度要根据树脂特性、树脂混炼情况，结合生产工艺和生产负荷等情况综合调节。 (√)

5. 将种子粉输送到气相釜时要使用气相丙烯。 (×)

正确答案： 将种子粉输送到气相釜时要使用氮气。

6. 大循环运行也称为第三阶段油运行。 (√)

7. 每个密封油系统都由密封油罐、密封油泵、密封油冷却器组成。 (√)

8. 低压密封油系统投入使用时，首先开动低压密封油泵进行回流操作，使用户一个接一个投入运行，并从各用户的压力表排放阀将气体排出，然后将密封油的流量调节到一定值。 (√)

9. 催化剂投料前不必将催化剂的浓度调整好，可以根据反应情况边加入边调整。 (×)

正确答案： 催化剂投料前必须将催化剂的浓度调整好。

10. 当共聚时，乙烯比例升高，树脂的熔点则降低。 (√)

11. TK催化剂和氢气的量都会影响聚合反应量的多少，因此可以通过调整二者的量来调整聚合反应量。 (×)

正确答案： 不可以通过调整氢气加入的量来调整聚合反应量。

12. 聚合单元粉料MFR高出范围时，可以在降氢的同时，气相釜适当放空，以使MFR较

快地回到控制指标。 （√）

13. 气相釜出料旋转阀是间歇开停下料的。 （×）

正确答案：气相釜出料旋转阀是连续下料的。

14. 分子筛的再生过程既是一个解吸或脱附的过程，也是一个升温的过程。 （√）

15. 催化剂的效率严重降低时将会导致产品灰分含量超标的质量事故。 （√）

16. 加入过量的低纯氮将会造成气相釜中催化剂活性的下降，要小心使其加入量不超过给定值。 （√）

17. 产品中的乙烯含量大则产品的拉伸屈服强度增加。 （×）

正确答案：产品中的乙烯含量大则产品的拉伸屈服强度降低。

18. 气相釜的出料是由程序顺控阀的开关来实现的，每一个顺控阀都有其定好的开阀时间。 （√）

19. 循环水中水垢形成的条件是：较高的水温和较高的流速、盐类浓缩及高 pH 值等因素。 （×）

正确答案：循环水中水垢形成的条件是：较高的水温和较低的流速、盐类浓缩及高 pH 值等因素。

20. 自动信号联锁保护是石油化工生产过程自动化的类型之一，它实际上包括信号报警和联锁保护两个方面的内容。 （√）

21. 气相釜粉料排出后最后应将换热器的蒸汽停掉并将蒸汽泄压。 （√）

22. 在造粒期间可以加入过氧化物，使树脂降解，可以获得非常高的熔融流动速率，但同时也使树脂的刚性降低。 （√）

23. 从第一气相反应釜出来的循环气可直接进入压缩机循环。 （×）

正确答案：从第一气相反应釜出来的循环气需要经过控制流量后进入压缩机循环。

24. 液压油黏度的选择一般应根据系统的工作压力和流量的变化进行选择。 （×）

正确答案：压油黏度的选择一般应根据系统的工作压力和温度的变化进行选择。

25. 当聚合反应器超温，反应器必须立即停车，这时需启动反应器阻聚剂系统，向反应器加入阻聚剂，防止反应器爆聚。 （√）

26. 程序出料趋势线形状扁宽，需要将旋转阀速度调大一些。 （√）

27. 流化床反应器的气体分布板可以过滤气体。 （×）

正确答案：流化床反应器的气体分布板不可以过滤气体。

28. 挤压机安装的网前防爆膜的设计压力小于网后防爆膜的设定压力。 （×）

正确答案：挤压机安装的网前防爆膜的设计压力大于网后防爆膜的设定压力。

29. 往复式压缩机启动前要点动试运，所以压缩机就不需要进行盘车操作了。 （×）

正确答案：往复式压缩机启动前要点动试运，需要进行盘车操作。

30. 涡轮式搅拌桨的桨叶数为最多，该类搅拌桨适用于需要较高转速的反应混合，而且物料黏度低的环境。（√）

31. 一般高速离心泵启动前要全开入口阀，出口阀开40%～50%，启动后调节出口阀至所需流量。（√）

32. 为了降低能耗，在挤压造粒机低负荷生产时可将氮气停止供应，高负荷时恢复。（×）

正确答案：挤压造粒机生产时不可将氮气停止供应。

33. 山梨醇衍生物是生产透明聚丙烯所用的成核剂，它不仅能改善聚丙烯的透明性、表面光泽，而且与聚丙烯的相容性好。（√）

34. 循环气袋滤器切换时直接停一个过滤器，启动另一个过滤器。（×）

正确答案：循环气袋滤器切换时先启动备用过滤器，停止在用过滤器。

35. 轴承润滑的目的在于降低摩擦功损耗减少磨损。（√）

36. 流化床反应器的刮板仅仅起到使流态过程稳定的效果。（×）

正确答案：流化床反应器的刮板不仅起到使流态过程稳定的效果还能防止反应釜结块。

37. 液相反应器内的风管是从反应釜底部插入釜内的。（×）

正确答案：液相反应器内的风管是从反应釜上部插入釜内的。

38. 静电的电压很高，所以能量也很大。（×）

正确答案：静电的能量很小。

39. 润滑油油位低能够引起循环气压缩机联锁停车。（√）

40. 液相反应器高径比越大，搅拌功率越大，消耗的动力越大，因此高径比也不宜过大。（√）

41. 从界区引入蒸汽可以直接引入或降压后引入，不用别的处理。（×）

正确答案：从界区引入蒸汽需要降温降压处理。

42. 静电能量不大，电压高，但不电人，其放电能量可引起易燃物着火爆炸。（√）

43. 离心泵工作时液体从叶轮中获得机械能使压力能和动能增加，依靠此能量使液体到达工作地点。（√）

44. 爆聚是指由于聚合过程中温度超高或局部撤热不均引起的聚合物高温结块现象。（√）

45. 不同的MFR应采用不同的颗粒水温度冷却，MFR越大，则所需的颗粒水温度越高。（×）

正确答案：不同的MFR应采用不同的颗粒水温度冷却，MFR越大，则所需的颗粒水温度越低。

46. 原料丙烯杂质含量高不会导致聚丙烯粉料发黏。（ × ）

正确答案：原料丙烯杂质含量高会导致聚丙烯粉料发黏。

47. OF-CAT加入量增加会提高反应负荷。（ × ）

正确答案：OF-CAT加入量增加会降低反应负荷。

48. 催化剂泵出口压力表指示压力高于正常值可说明催化剂管线有堵塞的迹象。（ √ ）

49. 催化剂是否堵管可以从催化剂泵出口压力表读数判断。（ √ ）

50. 混炼机的混炼程度，主要由筒体水温度调节。（ × ）

正确答案：混炼机的混炼程度，主要由闸门开度调节。

51. 加入低纯氮越多，能够使粉料流化程度越好，而且还可以提高聚合活性。（ × ）

正确答案：加入低纯氮越多，能够使粉料流化程度越好，会降低聚合活性。

52. 若程序出料线泄压阀堵塞使得出料不好易造成出料线内粉料积累导致出料线堵塞。（ √ ）

53. 由各工艺设备排出的可燃气进入火炬气分离罐进行气液分离，气体经排放管线排入火炬烧掉。（ √ ）

54. 当界区丙烯压力低时，可适当降低丙烯储罐的压力维持进料，但是要保证储罐压力不低于装置允许最低压力，防止泵的气蚀。（ √ ）

55. 液相反应器搅拌器联锁信号有三个：①停，②电流低，③转速低，其中有一个信号就会发生联锁动作。（ × ）

正确答案：液相反应器搅拌器联锁信号有三个：①停，②电流低，③转速低，其中有两个信号就会发生联锁动作。

单选题

1. 中循环和大循环相比较，路线不包括（ A ）。

A. 第一气相反应器　　B. 第一液相反应器

C. 浆液洗涤罐　　D. 丙烯凝液罐

2. 在干燥后的聚丙烯粉末中按牌号要求加入所需的稳定剂，以改善产品的（ C ），连续、稳定地将粉末加工成合格颗粒。

A. 外观　　B. 熔点　　C. 物化性能　　D. 清洁度

3. 氧是低温反应中常见的（ D ）。

A. 催化剂　　B. 引发剂　　C. 阻垢剂　　D. 阻聚剂

4. 干燥单元的开车必须在第一反应器（ B ）进行。

A. 丙烯进料之前　　B. 催化剂进料之前

C. 丙烯进料之后　　D. 催化剂进料之后

5. 氮气吹扫的目的是除去诸如氧气和水这种能够使催化剂（ C ）的杂质。

A. 变质　　B. 降解　　C. 中毒　　D. 溶解

6. 气密试验时，用（ D ）喷至密封点以不出现气泡为合格。

A. 水　　B. 白油　　C. 己烷　　D. 肥皂水

7. 液相反应器的压力（ D ）。

A. 可以自动控制也可手动控制　　B. 可以自动控制

C. 不可以控制　　D. 不可以自动控制

8. 成核剂在结晶过程中起（ A ）作用，加入成核剂可（　　）结晶速度。

A. 晶核，提高　　B. 结晶，提高

C. 晶核，降低　　D. 结晶，降低

9. 开车时需要对系统进行氮气吹扫，目的是除去系统中的（ D ）。

A. 可燃气　　B. 惰性气体　　C. 氢气　　D. 氧气

10. 粉料加热器用于加热的蒸汽在引入夹套和搅拌器前经过了（ C ），否则可能会引起与粉料加热器器壁接触的聚合物的熔化。

A. 增温降压　　B. 增压降温

C. 降温和降压　　D. 增压增温

11. 丙烯蒸汽压和温度的关系为：随着饱和蒸汽压的升高，其温度（ A ）。

A. 逐渐升高　　B. 逐渐降低　　C. 不变　　D. 不一定

12. 吹扫过程必须采用（ A ）的方式。

A. 分系统逐段吹扫　　B. 全系统整体吹扫

C. 分系统整体吹扫　　D. 全系统逐段吹扫

13. 在某些应急的情况下，可以暂时建立中循环，要切断（ C ）的管路。

A. 第一液相反应器与丙烯加料罐之间

B. 第一液相反应器与第二液相反应器之间

C. 浆液洗涤罐与第一气相反应器之间

D. 第二液相反应器与浆液洗涤罐之间

14. AT-CAT使用时应在氮气密封下进行，而不能与水和空气接触。一旦AT-CAT着火，不可以使用（ D ）灭火。

A. 干化学药品　　B. 沙石

C. 二氧化碳灭火器　　D. 泡沫灭火器

15. 粉料在（ D ）中进行气固分离后，一部分气体经过袋滤器过滤后进入循环气压缩机。

A. 第一液相反应器　　B. 第一气相反应器

C. 过滤器　　D. 粉料分离器

16. 循环液相丙烯是（ B ）经过冷凝后再用泵送到所需之处循环使用的。

A. 第一反应器顶部蒸气　　B. 气相釜闪蒸出的蒸气

C. 第二反应器顶部蒸气　　D. 粉料分离罐分离出的气相

17. 从浆液洗涤罐顶部出来的较轻的物质由丙烯循环泵送回（ C ）继续进行反应。

A. 第二气相反应器　　B. 第一气相反应器

C. 第一液相反应器　　D. 第二液相反应器

18. 大循环时向第一液相反应器加入的AT-CAT最后（ D ）。

A. 排放　　B. 返回储罐　　C. 参与反应　　D. 被种子粉料吸收

19. 当第一气相釜中的种子粉料不处于流化状态时，不得启动（ A ）避免其过载或发生故障。

A. 搅拌　　B. 罗茨风机　　C. 离心风机　　D. 压缩机

20. 气相釜循环气风机的油冷却器使用（ D ）将油冷却。

A. 空气　　B. 冷冻盐水　　C. 工艺水　　D. 循环水

21. 丙烯汽化器使用（ A ）蒸汽将液相丙烯汽化为气相丙烯。

A. 0.3MPa　　B. 1.0MPa　　C. 2.5MPa　　D. 4.5MPa

22. 经过振动筛筛分，以除去（ D ）的颗粒。

A. 过大　　B. 过小　　C. 中型　　D. 过大和过小

23. 在关闭始动电机（ C ）内，启动主电机使混炼机螺杆开始转动。

A. 3分钟内　　B. 5分钟内　　C. 10分钟内　　D. 20分钟内

24. 当U形液封突然消失，会使液相反应器出现（ B ）的现象。

A. 温度突然降低压力突然升高

B. 温度突然升高压力也突然升高

C. 温度突然升高压力突然降低

D. 温度突然降低压力也突然降低

25. 混炼机闸门动作是通过使用（ D ）来推动螺杆推进器来移动闸门的。

A. 密封油　　B. 润滑油　　C. 蒸汽　　D. 液压油

26. 经过洗涤的浆液进入（ B ）后由于压力降低而使液态丙烯闪蒸。

A. 第二气相反应器　　B. 第一气相反应器

C. 第一液相反应器　　D. 第二液相反应器

27. 在聚合反应中，H_2浓度与聚合反应速度的关系是（ A ）。

A. H_2浓度越大，聚合反应速度越快

B. H_2浓度越大，聚合反应速度越慢

C. 没有关系

D. 不一定

28. 通过调节反应气体中的（ A ）比例，使聚合物中的乙烯含量得到控制。

A. 乙烯　　B. 丙烯　　C. 氢气　　D. 氮气

29. 造成反应器的温度异常偏低的原因可能是（ D ）。

A. AT-CAT加量过大　　B. 浆液浓度过高

C. 丙烯质量变好　　D. AT-CAT管线堵

30. 抗冲共聚物乙烯含量增加时，不会使（ C ）变差。

A. 屈服强度　　B. 光泽度

C. 低温冲击强度　　D. 弯曲模量

31. 生产抗冲共聚物时，气相反应器气体中乙烯含量与所产生的聚合物中的乙烯含量间的关系是（ C ）。

A. 聚合物中的乙烯含量不随气体中乙烯含量的变压而变化

B. 聚合物中的乙烯含量随气体中乙烯含量的增加而减少

C. 聚合物中的乙烯含量随气体中乙烯含量的增加而增加

D. 聚合物中的乙烯含量随气体中乙烯含量的增加先增加然后减少

32. 拉丝时，在给定拉伸速度和温度的情况下，拉伸比增大，PP分子定向程度（ D ）。

A. 降低　　B. 剧降　　C. 不变　　D. 提高

33. 为了获得所要求的熔融指数，每一个反应器中氢气的浓度都应按照（ A ）的关系进行调整。

A. 氢气与熔融指数　　B. 丙烯与熔融指数

C. 催化剂与熔融指数　　D. 温度与熔融指数

34. OF-CAT的加料速度是根据（ D ）决定的。

A. 负荷　　B. 乙烯的加料速度

C. 原料进料量　　D. TK-CAT的进料量及Ti含量

35. AT-CAT的物质的量浓度是0.88mol/L，其质量百分比是（ B ）。

A. 10%　　B. 15%　　C. 18%　　D. 20%

36. 程序出料阀1和阀2打开下料至粉料罐，同时将压力平衡切换至（ B ）。

A. 下一釜　　B. 本釜　　C. 风机　　D. 旋转阀

37. 如果不将气相釜粉料罐的压力泄出去，会造成（ C ）。

A. 出料线堵塞　　B. 气相釜压力升高

C. 出料风机出口压力波动　　D. 旋转阀损坏

38. 分子筛再生过程采用（ D ）的方法。

A. 降温　　B. 降压　　C. 升压　　D. 升温

39. 下列说法错误的是（ C ）。

A. 旋转进料器是由器壳、转子、端板和轴承组成的

B. 旋转进料器是连续运转的

C. 旋转进料器的作用是改变管路中流体的方向

D. 旋转进料器的密封有冲洗气

40. 下列选项中，造粒系统中使用液压油的用户是（ D ）。

A. 齿轮泵减速器　　B. 混炼机通水端

C. 混炼机驱动端　　D. 闸门

41. 在液相聚合中，聚合速率随着聚合温度的升高呈（ A ）关系上升。

A. 指数　　B. 对数　　C. 直线　　D. 倍数

42. 关于低纯氮气的描述，下列表述正确的是（ D ）。

A. 是指低压高纯度的氮气　　B. 氧气和氮气的混合气

C. 空气和氮气的混合气　　D. 按一定比例混合的空气和氮气的混合气

43. 低纯氮系统加入气相釜中用来保持粉料的（ C ），防止粉料发生结块和架桥现象。

A. 化学稳定性　　B. 物理稳定性　　C. 良好的流动性　　D. 聚合活性

44. 当（ D ）乙烯停止加入两个小时后，不管分析的结果如何，也要切换过渡料仓。

A. 第一反应釜　　B. 第二反应釜　　C. 第一气相釜　　D. 第二气相釜

45. 生产嵌段共聚物时，气相聚合釜使用的流化气体是（ D ）的混合气。

A. 丙烯和氢气　　B. 乙烯和氢气

C. 丙烯和氢气、氮气　　D. 乙烯、丙烯、氢气、氮气

46. 添加剂1010、168属于（ A ）。

A. 抗氧剂　　B. 卤素吸收剂　　C. 爽滑剂　　D. 成核剂

47. 主催化剂停掉后，必须使用（ C ）进行管线的冲洗。

A. 丙烯　　B. 氮气　　C. 己烷　　D. 蒸汽

48. 为了使反应器中的不正常反应不致引起聚合物融合，配有阻聚剂系统的反应器是（ D ）。

A. 第一反应器　　B. 第二反应器

C. 第一气相反应器　　D. 所有反应器

49. 在聚丙烯粉料挤出切粒的加工过程中要用氮气将稳定剂系统冲洗，以防止聚丙烯粉料（ C ）。

A. 力学降解　　B. 高温降解　　C. 氧化降解　　D. 光降解

50. 冲洗时使用的己烷是（ D ）。

A. 废己烷　　B. 循环己烷

C. 新鲜己烷和废己烷均可　　D. 新鲜己烷

51. 混炼机筒体在停车时需要进行保温，其目的是（ B ）。

A. 防止粉料降解　　B. 防止树脂凝固

C. 防止粉料积聚　　D. 防止稳定剂变质

52. 不易调节流量，但切断迅速的阀门是（ B ）。

A. 截止阀　　B. 旋塞阀　　C. 节流阀　　D. 闸阀

53. 对桨叶式干燥器来说，蒸汽通入（ D ）进行加热。

A. 筒体　　B. 夹套

C. 夹套、中空轴　　D. 夹套、中空轴、楔形桨叶

54. 浆液线发生堵塞需切换时，被投用线应先（ C ）。

A. 用仪表风冲洗　　B. 用矿物油冲洗

C. 用丙烯冲洗　　D. 降低压力

55. 程序出料线旋转阀调速的依据是（ B ）。

A. 需要给物料加压时

B. 根据反应器料位高度调节下料速度避免物料堆积堵塞

C. 始终使物料充满管线

D. 根据气流反串回来的强度

56. 系统负荷变化，出料时程序旋转阀通过调速使（ C ）。

A. 输送风机的电流一直变大

B. 反应釜料位保持高位防止出空

C. 反应釜料位保持一定料高度防止积料

D. 系统下料无规律

57. 往复式压缩机启动顺序是（ A ）。

A. 打开入口阀及回流阀—盘车—点动—启动，空载运行—加载，慢慢调节回流阀至

出口压力正常

B. 打开入口阀，稍开出口阀—盘车—点动—启动，空载运行—加载，慢慢开大出口阀至出口压力正常

C. 打开入口阀，全开出口阀—盘车—点动—启动，空载运行—加载，连通出口用户

D. 打开入口阀及回流阀—点动—启动，空载运行—加载，慢慢调节回流阀至出口压力正常

58. 添加剂硬脂酸钙是（ B ）。

A. 抗氧剂 B. 卤素吸收剂 C. 辅助抗氧剂 D. 紫外线吸收剂

59. 立式液相反应器的搅拌器桨叶是（ C ）。

A. 框式桨叶 B. 螺杆型桨叶

C. 平直叶涡轮桨叶 D. 星型桨叶

60. 往复式压缩机根据不同压力选择不同的填料，中压压缩机常采用（ B ）。

A. 三瓣斜口密封圈 B. 三瓣、六瓣密封圈

C. 自紧式锥形填料 D. 石墨环填料

61. 生产时，浆液线发生堵塞需切换，应首先确认（ B ）。

A. 催化剂停 B. 丙烯冲洗泵正常运转

C. 停止出料 D. 停止丙烯冲洗

62. 高速离心风机停机操作时，下列操作不正确的是（ C ）。

A. 停止主电机 B. 先关闭出口阀，再关机封冲洗

C. 先关机封冲洗，再关闭出口阀 D. 先关出口阀，再关进口阀

63. 挤压造粒机组润滑油用户不包括（ C ）。

A. 混炼机减速器 B. 混炼机驱动端

C. 主电机 D. 混炼机通水端滚动轴承

64. 气相反应釜采用的搅拌器是（ D ）。

A. 桨叶型搅拌器 B. 螺旋桨式搅拌器

C. 涡轮式搅拌器 D. 框式搅拌器

65. 在进行浆液线丙烯冲洗时，应（ B ）。

A. 加大浆液线出料量 B. 分别向前釜和后釜两个方向进行冲洗

C. 给反应釜升压 D. 釜压力迅速降低

66. 密封油压系统分为不同等级，如果选错系统，不会出现（ D ）情况。

A. 密封油泄漏 B. 机封磨损很快

C. 工作介质泄漏 D. 机封使用寿命延长

67. 转向器维持高温主要是为了（ B ）。

A. 传递助剂　　B. 物料正常排出　　C. 排除废料　　D. 排除空气

68. 第一气相反应釜出来的循环气为（ D ）需通过汽化器进入压缩机循环。

A. 防止有杂物进入 B. 防止抽空　　C. 防止气蚀　　D. 防液击

69. 往复式压缩机启动时，负荷控制开关在（ A ）负荷启动。

A. 0　　B. 25%　　C. 50%　　D. 100%

70. 挤压机各润滑点均采用齿轮油泵强制润滑，不是造成齿轮油泵噪声及压力波动严重的原因是（ A ）。

A. 油管插入油池 2/3 油深处

B. 回油管没插入油面

C. 回油管与吸油管在油池中距离太近

D. 进管接头漏气

71. 下列选项中，启动高速离心风机错误的是（ C ）。

A. 启动外部油泵保持油压 0.035MPa 以上 30 秒钟

B. 冷却水引入油冷器

C. 进口阀半开，出口阀全开

D. 密封冲洗引入

72. 关于桨叶式干燥器的描述，下列表述不正确的是（ C ）。

A. 通过蒸汽加热　　B. 桨叶具有自动清洗叶面作用

C. 处理不了高温物料　　D. 结构紧凑，安装面积小

73. 对要求有良好器壁传热性和传质性的反应釜采用（ C ）搅拌器。

A. 螺旋桨式　　B. 桨叶式　　C. 框式　　D. 涡轮型

74. 装置密封油系统分为不同的压力系统，若系统压力为 1.8MPa，则应选择（ C ）密封油压力系统。

A. 0.7MPa　　B. 1.8MPa　　C. 2.3MPa　　D. 4.6MPa

75. 出料线旋转阀安装了排气管线，目的是（ C ）。

A. 调节下料量　　B. 防止压力过高

C. 保证系统压力平衡，平稳下料　　D. 调节物料熔融指数

76. 下列选项中，不是引起轴承发热原因的是（ C ）。

A. 润滑油过少或中断　　B. 润滑油不干净

C. 润滑油闪点降低　　D. 润滑油的黏度变大

77. 下面的描述不是工艺防腐的是（ D ）。

A. 除去气体中的水分降低腐蚀性

B. 升高温度降低腐蚀性

C. 石化设备“一脱四注”防腐措施

D. 表面防护技术

78. 下列选项中，不是流化床优点的是（ A ）。

A. 能进行低负荷生产　　B. 床层内部温度均匀

C. 操作简单　　D. 结构简单

79. 反应釜生产物料具有腐蚀性，采用（ D ）材质可避免。

A. 45#　　B. Q235A

C. 45#＋20#钢板　　D. 45#＋不锈钢板

80. 混炼机闸门开度变大时，下列描述错误的是（ C ）。

A. 混炼机内物料减少　　B. 混炼程度减弱

C. 物料熔融指数变大　　D. 熔体温度降低

81. 高速离心风机停运会引起（ A ）联锁停车。

A. 主催化剂进料泵　　B. OF-CAT进料泵

C. 液相釜　　D. 气相釜

82. 液相反应釜插入指形管的目的是（ C ）。

A. 通入冷却水　　B. 通入液态丙烯

C. 撤热和强化搅拌　　D. 通入催化剂

83. 离心泵的工作原理是（ D ）。

A. 利用容积变化输送液体

B. 靠向心力输送液体

C. 靠离心力经一次能量转换输送液体

D. 靠离心力经二次能量转换输送液体

84. 设备刚启动机封就大量泄漏，下列不是引起此现象原因的是（ B ）。

A. 密封圈没有安装　　B. 端面比压太大

C. 静环损坏　　D. 两端面没有贴合

85. 高速风机密封冲洗压力低，对机封影响不正确的是（ D ）。

A. 密封面因热量积聚出现变形

B. O形环被粉料堵死不能移动

C. 密封圈易老化、变质

D. 密封面间的液膜变厚

86. 下列选项中，不是润滑油作用的是（ D ）。

A. 减震卸荷　　B. 洗涤　　C. 传递动力　　D. 增强硬度

87. 下列方法中，对防止静电事故不利的是（ C ）。

A. 采用静电接地线　　B. 限制流体流速

C. 提高流体流速　　D. 采用静电屏蔽

88. 应力腐蚀裂纹的成因是（ C ）。

A. 应力过大　　B. 有腐蚀介质

C. 应力和腐蚀介质共同作用　　D. 用材不当

89. 设备发生密封油内漏情况后的表现是（ D ）。

A. 密封油流量显示减少　　B. 密封油系统压力下降

C. 设备密封油管线出口压力降低　　D. 严重时密封油液位下降明显

90. 粉料输送系统使用（ A ）输送粉料。

A. 氮气　　B. 氧气　　C. 空气　　D. 二氧化碳

91. 循环水联锁时将会导致（ C ）联锁停车。

A. 催化剂系统　　B. 第一反应器　　C. 全线　　D. 第二反应器

92. 下列选项中，不是循环丙烯气压缩机联锁停车原因的是（ B ）。

A. 第二气相釜停车　　B. 第二气相釜料位低

C. 全线停车　　D. 压缩机出口排气罐压力异常高

93. 下列选项中，不会引起第一反应器联锁停车的是（ A ）。

A. 预聚合釜搅拌停止　　B. 反应器的温度超过联锁值

C. 反应器的压力超过联锁值　　D. 第二反应器联锁

94. 干燥单元压力要合理控制，即（ A ）。

A. 桨式干燥器压力大于汽蒸罐压力

B. 桨式干燥器压力等于汽蒸罐压力

C. 桨式干燥器压力小于汽蒸罐压力

D. 干燥单元压力大于粉料输送风机压力

95. 下列选项中，不会导致气相反应器下料系统堵塞的是（ D ）。

A. 反应器内有大块料

B. 下料程序故障

C. OF催化剂加入量低，导致粉料发黏

D. 下料程序周期太短

96. 可能会造成干燥单元积料的原因是（ D ）。

A. 干燥不彻底　　B. 装置负荷低

C. 粉料分离器压力高　　D. 粉料黏度大，流动性不好

97. 粉料分离器压力高会造成（ B ）。

A. 送料风机电流低　　B. 循环气压缩机联锁停车

C. 粉料容易沉降　　D. 气相釜出料困难

98. 聚合温度发生改变，会引起一系列的变化，下列说法错误的是（ A ）。

A. 循环水温度过低，使聚合反应器的温度发生波动

B. 在气相反应器总压不变的情况下，气相中的丙烷气体将会使聚合速率下降

C. 聚合温度升高，聚合速率提高

D. 液相反应器中聚合热是通过夹套冷却和气体循环冷却系统联合除去的

99. 粉料分离器的作用是（ A ）。

A. 分离循环气体和PP粉料　　B. 分离丙烯气体和PP粉料

C. 分离循环氢气和催化剂残渣　　D. 分离循环氢气和PP粉料

100. 粉料流量瞬时增大到异常的程度，粉料输送风机出口压力（ B ）。

A. 减小　　B. 增大　　C. 不受影响　　D. 不一定

101. 如果粉料混炼过强，可能会造成（ A ）。

A. 粉料MFR正常而粒料的MFR过大　　B. 颗粒形状不均匀

C. 颗粒切面不平行　　D. 网前树脂压力升高

102. 在控制室打开XCV阀门，检查气相釜出料线平衡管是否畅通，当现场观察到（ A ），可确认平衡管畅通。

A. 上部粉料罐压力升高　　B. 下部粉料罐压力升高

C. 上部粉料罐压力降低　　D. 下部粉料罐压力降低

103. 下列因素中，会导致气相反应釜出料线堵塞的是（ D ）。

A. 本釜压力高　　B. 本釜液位高

C. 气相丙烯压力高　　D. 反应釜内有块料

104. 开车操作中，催化剂投料的正确顺序是（ C ）。

A. 主催化剂、改性剂、助催化剂

B. 改性剂、主催化剂、助催化剂

C. 助催化剂、改性剂、主催化剂

D. 助催化剂、主催化剂、改性剂

105. 当仪表在使用时偏离规定的正常条件所产生的误差叫（ B ）。

A. 基本误差　B. 附加误差　C. 绝对误差　D. 相对误差

106. 生产抗冲共聚物时，由于共聚物中含有（ C ）使粉料发黏。

A. 聚丙烯组分　B. 聚乙烯组分　C. 橡胶组分　D. 残存催化剂

107. 致使循环丙烯气压缩机入口过滤器堵塞的物质通常是（ A ）。

A. 聚丙烯细粉　B. 铁锈渣　C. 密封油　D. 催化剂残渣

108. 能够造成主催化剂管线堵塞的因素是（ C ）。

A. 泵隔膜损坏　B. 冲洗丙烯温度过低

C. 催化剂压料过滤器破损　D. 反应釜压力高

109. 当液相反应器循环气风机发生故障停止后，如果从火炬排放丙烯后反应釜温度仍然继续上升，则（ C ）。

A. 停止催化剂进料　B. 自动加入CO

C. 手动加入CO　D. 聚合物直接从第一反应器排到第三反应器

110. 火炬气分离罐使用蒸汽伴热的目的是（ B ）。

A. 便于气液分离　B. 汽化丙烯

C. 给罐保温　D. 防止过冷

111. 干燥单元发生积料现象后，下列处理措施不正确的是（ D ）。

A. 检查粉料黏度，若出现异常及时处理

B. 调整聚合负荷

C. 调整Z303转速

D. 降低M302压力

112. 仪表风中断时，所有的程序控制阀（ B ）。

A. 都打开　B. 都关闭　C. 保持原有状态　D. 有开有闭

113. 屏蔽泵属于（ B ）。

A. 有填料泵　B. 无填料泵　C. 压缩机　D. 齿轮泵

114. 当液相釜浆液浓度高时，不需要进行的检查确认工作有（ A ）。

A. 反应釜料位控制情况　B. 第一液相釜丙烯进料阀失准

C. 主催化剂活性情况　D. 温度控制调节阀的阀位

115. 如果界区丙烯的压力降低很大，不能维持最低负荷，则应（ B ）。

A. 紧急停车　　B. 按正常步骤停车

C. 停止进料，待压力正常后再进料　　D. 等待调度通知

116. 切粒时出现粒子颗粒大小不均匀的现象后，可以通过调整（ C ）来加以改善。

A. 增加树脂混炼强度　　B. 调整切刀与模板之间的间隙

C. 提高颗粒水温度　　D. 停车处理

117. 对液相反应器的搅拌进行冲洗的物料是（ B ）。

A. 乙烯　　B. 丙烯　　C. 己烷　　D. 氮气

118. 气相釜出料旋转阀停止后不需要的检查工作是（ B ）。

A. 电气检查　　B. 反应釜料位检查

C. 仪表检查并恢复程序运行　　D. 机械检查

119. 第二液相反应器循环气风机发生故障停止后，为防止搅拌超负荷运转，需（ A ）。

A. 加大丙烯进料量　　B. 减少丙烯进料量

C. 减少循环气流量　　D. 加大循环气流量

120. 当液相反应器的出料线发生堵塞时，需用（ D ）对管线进行冲洗。

A. 己烷　　B. 氮气　　C. 乙烯　　D. 丙烯

121. 造成第一反应器搅拌器停车的直接原因是（ A ）。

A. 搅拌器小油泵跳停　　B. 液相反应器联锁

C. 密封油中断　　D. 无冲洗液

122. 液相釜搅拌开启和停止时应在液位（ A ）的情况下进行。

A. 较低　　B. 正常　　C. 没有　　D. 较高

123. 正常生产时，不能有效降低气相釜温度的方法是（ A ）。

A. 减少丙烯进料量　　B. 降低催化剂加入量

C. 降低料位　　D. 增加撤热

124. 催化剂内管堵塞时必须更换，更换前要确认（ C ）。

A. 液相釜已置换　　B. 气相釜已置换

C. 液相釜已置换并泄压　　D. 气相釜已置换并泄压

125. 生产上，要求颗粒水和物料（ C ）切粒室，以避免模孔堵塞产出不合格粒子。

A. 物料先到，颗粒水后到　　B. 颗粒水先到，物料后到

C. 同时到达　　D. 先后没有关系

126. 用于对液相反应器的搅拌和液位计进行冲洗的是（ D ）。

A. 氮气　　B. 乙烯　　C. 己烷　　D. 丙烯

127. 催化剂颗粒大是造成催化剂管线堵塞的一个原因，所以要求预聚合的温度（ B ）。

A. ≤20℃　B. ≤15℃　C. ≤25℃　D. ≤30℃

128. 热电偶测温原理基于（ B ）。

A. 热磁效应　B. 热阻效应　C. 热电效应　D. 热压效应

129. 螺纹的公称直径是指（ A ）。

A. 外径　B. 中径　C. 内径　D. 以上皆可

130. 三视图是指主视图、俯视图和（ D ）。

A. 仰视图　B. 下视图　C. 右视图　D. 左视图

131. 生产均聚物的情况下，若TK催化剂的进料速度为100L/h（Ti浓度为0.20g/L），则AT催化剂的进料速率为（ D ）mol/h（Ti原子量为47.9，催化剂标准比例Al/Ti = 75）。

A. 0.006　B. 0.42　C. 20　D. 31.31

132. 计算聚丙烯装置的能量消耗时，需要将消耗的各种水、电、蒸汽等折算成每吨聚丙烯消耗（ C ）数量。

A. 千瓦电　B. 吨蒸汽　C. 千克标油　D. 吨水

133. 聚丙烯生产中，如果投入的丙烯量是10000kg/h，反应的转化率是95%，尾气中没有参加反应的丙烯是（ B ）kg/h。

A. 400　B. 500　C. 450　D. 550

134. 已知生产10t聚丙烯需1h，测得每分钟催化剂用量500mL，一天要用催化剂（ D ）L。

A. 30　B. 51　C. 720　D. 120

135. 丙烯转化率等于参加反应的丙烯量与（ A ）之比乘以100%。

A. 投入反应器的丙烯量　B. 未反应的丙烯量

C. 引入装置的丙烯量　D. 放空丙烯量

136. 高速离心泵因（ B ）不会导致出口流量低。

A. 入口流量低　B. 没有安装诱导轮

C. 叶轮流道有阻塞　D. 出口阀没有全开

多选题

1. 导致液相反应釜飞温的原因是（ BCD ）。

A. 丙烯循环量过大　B. 浆液浓度过高

C. 给电子体未正常加入　D. 乙烯超量加入

2. 造粒机主要由（ BCD ）几部分组成。

A. 罗茨风机　B. 齿轮泵　C. 混炼机　D. 切粒机

3. 液相反应器中丙烯的聚合热是通过（ AC ）联合除去的。

A. 夹套冷却　B. 液相循环冷却系统

C. 气相循环冷凝系统　　D. 液相丙烯汽化

4. 如果催化剂单元不需要检修，可载液停车，要求（ ABC ）。

A. 各贮罐用1N（0℃/atm）氮气密封　　B. 做好罐内有料的标记

C. 切断到放空管线的阀门　　D. 将残留的物料从各贮罐中放出

5. 小循环路线不包括的设备有（ AD ）。

A. 第一气相反应器　　B. 第一液相反应器

C. 浆液洗涤罐　　D. 丙烯凝液罐

6. 在Hypol工艺装置上，使用低压蒸汽的设备是（ ACD ）。

A. 桨式干燥器　　B. 挤压造粒机　　C. 汽蒸罐　　D. 颗粒水罐

7. 造粒机的辅助系统有（ ABCD ）。

A. 润滑油系统　　B. 液压油系统

C. 筒体冷却水系统　　D. 颗粒冷却水系统

8. 如果振动筛没有将过小的聚丙烯颗粒筛去，可能会使（ ABD ）。

A. 料仓下部滑阀碎屑过多　　B. 料仓下部滑阀指示不到位

C. 联锁停车　　D. 料仓出料不畅

9. 浆液进入浆液洗涤罐的上部，与下部进入的循环丙烯逆向接触，（ BD ）由顶部洗去。

A. 浆液　　B. 催化剂　　C. 丙烯　　D. 聚丙烯细粉

10. 通过调整（ ABCD ）可以调整混炼机的混炼程度。

A. 闸门开度　　B. 螺杆转速　　C. 冷却筒体水量　　D. 齿轮泵入口压力

11. 丙烯汽化器两侧的工作介质是（ AD ）。

A. 0.3MPa蒸汽　　B. 1.0MPa蒸汽　　C. 2.5MPa蒸汽　　D. 丙烯

12. 高速离心泵的特点是（ AB ）。

A. 小流量　　B. 高扬程　　C. 大流量　　D. 低扬程

13. U形液封建立的目的就是要确保通过（ AC ）系统将一部分的聚合反应热移走。

A. 循环气冷凝　　B. 循环液冷却　　C. 冷凝液回流　　D. 夹套冷却水

14. 应该先使气相釜循环气风机（ BC ）之后才能将其启动。

A. 氮气通入　　B. 排液　　C. 密封油通入　　D. 液压油通入

15. 将种子粉料加入第一气相反应釜，目的是（ AB ）。

A. 增大传热面积　　B. 使丙烯蒸发　　C. 加快反应　　D. 增大转化率

16. 抗冲共聚物能够提高低温下的冲击强度，这是因为共聚物中含有（ CD ）。

A. 高度结晶的聚丙烯部分　　B. 提高冲击强度的添加剂

C. 非结晶的橡胶部分　　D. 聚乙烯部分

17. 程序出料泄压到本釜的作用是（ ABD ）。

A. 平衡压力　　B. 将泄到粉料罐的气相返回气相釜

C. 防止循环气压缩机压力超高　　D. 使气相釜的粉料顺利向粉料罐进料

18. 气相反应器的反应热移走的方式有（ AB ）。

A. 液相丙烯汽化　　B. 气相外循环冷却

C. 冷丙烯撤热　　D. 夹套冷却水撤热

19. 旋塞阀的特点是（ ABD ）。

A. 不易调节流量

B. 适用于介质中含有固体颗粒的流体管路

C. 不适用于介质中含有固体颗粒的流体管路

D. 开关方便省力

20. 为了使反应器中的不正常反应不致引起聚合物融合，配有阻聚剂系统的反应器是（ ABD ）。

A. 第一反应器　　B. 第二反应器

C. 第一气相反应器　　D. 所有反应器

21. TK催化剂停加后，需使用己烷冲洗，其作用是（ AB ）。

A. 清洗管线　　B. 防止堵塞催化剂进料管口

C. 节省催化剂　　D. 稀释第一反应釜浆液浓度

22. 关于桨式干燥器，下列说法正确的是（ ACD ）。

A. 装置用桨叶式干燥器的干燥形式是热风式的

B. 桨叶式干燥器不能处理需高温处理的物料

C. 设备低转速，对颗粒状及片状物料的破碎性很小

D. 传热介质通过旋转接头壳体夹套及空心搅拌轴

23. 挤压造粒机组润滑油系统用户包括（ AD ）。

A. 混炼机驱动端　　B. 切粒机

C. 主电机　　D. 齿轮泵减速器

24. 密封油系统分为不同压力等级，如果选错系统，会出现（ ABC ）情况。

A. 密封油泄漏　　B. 机封磨损很快

C. 工作介质泄漏　　D. 机封使用寿命延长

25. 下列对氢气的叙述正确的是（ ACD ）。

A. 氢气在聚合反应中作为分子量调节剂

B. 氢浓度越高，分子量越高

C. 氢浓度越高，反应越剧烈

D. 氢浓度越高，反应气露点越低

26. 高压密封油用户包括（ BCD ）。

A. 程序下料旋转阀　　B. 液相反应釜搅拌系统

C. 高速离心风机　　D. 高速离心泵

27. 挤压造粒机需要通入氮气的部位有（ ABCD ）。

A. 驱动端阻尘装置　　B. 料斗 TK-503

C. 通水端阻尘装置　　D. 放空区

28. 为防止造粒机内树脂压力过高，在造粒机上安装了三块防爆膜，其安装位置有（ ABC ）。

A. 齿轮泵入口　　B. 网前

C. 网后　　D. 转向器

29. 往复式压缩机的试车步骤有（ ABCD ）。

A. 做好试车前准备工作　　B. 无负荷试车

C. 管道及附属设备吹扫　　D. 负荷试车

30. 关于程序出料线旋转阀调节速度，下列说法正确的是（ ABC ）。

A. 装置负荷高时，需要将旋转阀速度适当调快

B. 出料风机电流高时，要将旋转阀速度适当调慢

C. 出料趋势线高而窄时，需要将旋转阀速度调慢一些

D. 出料趋势线高而窄时，需要将旋转阀速度调快一些

31. 涡轮式搅拌器的特点是（ AB ）。

A. 适用物料黏度范围广　　B. 剪切力较大，分散流体效果好

C. 常用于低黏流体搅拌　　D. 易得到大的表面传热系数

32. 进行气态丙烯过滤器清理时，下列操作正确的是（ AD ）。

A. 打开旁路管线的阀门，关闭过滤器进出口阀门

B. 清理前可将过滤器内气体排入大气

C. 操作时不用观察过滤筒内的压力

D. 清理完成后用0.6MPa的氮气进行试漏

33. 关于多叶轮离心泵，下列描述错误的是（ ABC ）。

A. 叶轮越多泵的口径越大　　B. 叶轮越多流量越大

C. 叶轮越多比转数越低　　D. 叶轮越多比转数越高

34. 下列选项中，不是人体防静电接地措施的是（ ABD ）。

A. 穿羊毛袜子　　B. 穿化纤袜子

C. 不穿羊毛、化纤袜子　　D. 穿羊毛的衣服

35. 清理丙烯过滤器时的准备工作有（ AB ）。

A. 在过滤器侧面甩头安装压力表，以监视过滤器筒内压力

B. 用耐高压软管连接过滤器底部甩头和火炬管线上的甩头

C. 打开过滤器筒，取出过滤器进行检查清理

D. 用氮气驱逐过滤器内部的空气和湿气

36. 高速离心风机机封泄漏量高，是（ ABC ）引起的。

A. 密封面损坏　　B. 密封冲洗流量过小

C. 密封油压力变化　　D. 润滑油表面有泡沫产生

37. 在化工生产过程中，常用的防腐蚀方法是（ ABD ）。

A. 隔离腐蚀介质　　B. 电化学保护

C. 改变介质的流量　　D. 加缓蚀剂

38. 静电引起着火爆炸的条件包括（ ACD ）。

A. 具备静电荷，有产生点火花放电的电压

B. 环境潮湿

C. 有合适的间隙和足够的能量产生电火花

D. 周围环境有易燃易爆物品

39. 能够引起高速离心风机联锁停车的是（ BC ）。

A. 密封油压力低　　B. 润滑油压力低

C. 润滑油温度高　　D. 密封油流量低

40. 流化床在使用中的缺点是（ ABD ）。

A. 有时产物不均匀，转化率降低　　B. 高温非催化反应易烧结

C. 生产强度大　　D. 床层波动大，影响流化质量

41. 易造成干燥单元积料的因素有（ ABC ）。

A. 粉料发黏　　B. 汽蒸罐压力高

C. 旋转阀漏气　　D. 粉料脱活不好

42. 主催化剂管线堵塞后生产上可能出现的现象有（ ABD ）。

A. 反应负荷降低　　B. 催化剂泵出口压力高

C. 泵出口压力减小　　D. 反应温度下降

43. 导致粉料输送风机停止的原因是（ BD ）。

A. 粉料输送风机出口压力低

B. 粉料输送风机入口压力低

C. 粉料输送风机入口压力高

D. 粉料输送风机出口压力高

44. 能够造成粉料分离器压力高的原因是（ BCD ）。

A. 粉料分离器下方旋转阀粉料架桥

B. 压力控制阀故障

C. 循环气压缩机工作效率低

D. 气相釜出料线顺控阀内漏

45. 丙烯聚合反应的影响因素有（ ABCD ）。

A. 丙烯原料纯度　　B. 催化剂加入量

C. 氢气加入量　　D. 反应停留时间

46. 如果粉料发黏，将会使粉料流动性变差，粉料产生（ BD ）现象。

A. 降解　　B. 结块或架桥　　C. 变色　　D. 输送困难

47. 下列选项中，可以引起第一反应器联锁停车的是（ BCD ）。

A. 浆液浓度高　　B. 全线停车信号

C. 循环水中断　　D. 本釜搅拌停止

48. 粉料发黏可能是因为（ AD ）。

A. 给电子体未按量加入　　B. 催化剂加入量过大

C. 氢气加入量过大　　D. 乙烯含量过高

49. 粉料分离器压力高的原因可能是（ ABD ）。

A. 气相釜出料线顺控阀有内漏情况　　B. 循环气压缩机工作效率低

C. 聚合负荷高　　D. 压力控制阀故障

50. 可能导致主催化剂堵管的原因有（ ABCD ）。

A. 催化剂流速过低　　B. 丙烯进料温度高

C. 催化剂含有大颗粒　　D. 催化剂泵突然故障

51. 造粒机混炼效果较差的原因有（ ABCD ）。

A. 进料速度不稳定　　B. 物料粉附在料斗内壁

C. 闸门开度不合适　　D. 未达到要求的加热/冷却条件

52. 易导致气相反应釜出料线堵塞的原因有（ ABC ）。

A. 粉料发黏　　B. 反应釜内产生块料

C. 粉料堆密度小　　D. 出料线风机漏油

53. 增强混炼程度除了调节闸门开度之外，还可采取的方法有（ ABD ）。

A. 提高筒体温度　　B. 提高螺杆速度

C. 增加齿轮泵出口压力　　D. 降低粉料加料速度

54. 不会引起第一反应釜联锁停车的信号是（ BD ）。

A. 搅拌电流、转速低　　B. 氢气压缩机停车

C. 第三反应釜停车　　D. 第四反应釜停车

55. 切粒过程中可造成粒子形状不均匀的因素有（ ABCD ）。

A. 模板加热温度的均匀性　　B. 模孔的通畅状态

C. 模板和切刀匹配的对中度　　D. 切刀与模板之间的间隙

56. 导致聚丙烯粉料发黏的因素有（ BC ）。

A. 反应釜温度、压力　　B. 原料丙烯的纯度

C. 催化剂及其加入量　　D. 浆液浓度

57. OF催化剂不上量时，需要进行检查的项目有（ ABCD ）。

A. 泵内是否有气体进入　　B. 泵的进出口阀是否打开

C. 进料罐是否有料　　D. 管线三通处是否堵塞

58. 关于仪表风，下列说法正确的是（ ABC ）。

A. 仪表风是化工装置仪表调节控制系统的工作风源

B. 仪表风需要持续稳定地供应

C. 仪表风中不能带水和油等杂质

D. 仪表风带水和杂质不会影响仪表调节

59. 界区丙烯压力低时，为了维持生产可采取的措施有（ ABD ）。

A. 适当降低丙烯储罐压力，维持丙烯进料

B. 降低催化剂流量，维持装置低负荷运行

C. 增加泵回流量，系统增压

D. 必要时可打开进料管线上的旁通阀，以加大丙烯进料量

60. 液相釜搅拌突然停止后应进行的故障检查工作有（ AB ）。

A. 检查是否电气故障　　B. 检查是否机械故障

C. 检查是否仪表问题　　D. 检查密封油流量

61. 下列选项中，不会导致OF-CAT流量下降的是（ AC ）。

A. 泵输送的介质浓度减小　　B. 泵的三通堵塞

C. 泵输送的介质浓度增大　　D. 泵的隔膜已经损坏或变形

62. 浆液线发生堵塞后，在进行浆液线丙烯冲洗时，错误的做法是（ ACD ）。

A. 加大浆液线出料量
B. 分别向前釜和后釜两个方向进行冲洗
C. 给反应釜升压
D. 迅速降低釜压力

63. 调节阀按能源方式可分为（ ABC ）。

A. 气动调节阀
B. 电动调节阀
C. 液动调节阀
D. 光动调节阀

64. 挤压造粒过程中，造粒粒子发黄下面说法正确的是（ AC ）。

A. 汽蒸干燥单元脱活不彻底
B. 造粒水温低
C. 挤压造粒系统进入氧气
D. 颗粒水温高

65. 如果第三气相釜的温度出现异常高的情况，必须采用的方法是（ ABCD ）。

A. 将气相釜换热器循环水阀全开
B. 停催化剂进料
C. 加快下料速度
D. 打开气相釜放空阀泄压

66. 造成第一反应器搅拌器停车的直接原因是（ ABCD ）。

A. 搅拌器小油泵跳停
B. 液相反应器联锁
C. 密封油中断
D. 无冲洗液

67. 干燥单元发生积料后，能够采取的处理措施有（ ABCD ）。

A. 调整干燥单元的压力，检查出料风机入口压力是否在正常开度
B. 检查干燥单元各氮气加入量是否正常
C. 降低P320开度，升高M302压力
D. 调整Z303转速

68. 浆液线发生堵塞需切换时，处理被投用线的做法错误的是（ ABD ）。

A. 用仪表风冲洗　B. 用矿物油冲洗　C. 用丙烯冲洗　D. 降低压力

69. 液相釜风机停运后的处理措施包括（ ABD ）。

A. 查找风机故障原因
B. 停催化剂进料，按正常停车处理
C. 立即加入阻聚剂CO，使催化剂脱活
D. 加大丙烯进料量，稀释反应釜浆液浓度

70. 在液相釜风机停运后，下列处理过程错误的是（ CD ）。

A. 风机停止后若进行反应釜放空仍不能控制温度，则需要加阻聚剂CO
B. 加大反应釜丙烯进料量，降低浆液浓度，以防止搅拌超负荷操作
C. 第一液相釜风机停运，需要停止催化剂进料，而第二液相釜风机停运则不需要停止催化剂进料
D. 风机停运后立即停止催化剂进料，不需要控制两液相釜的压差

71. 浆液管线设计时需考虑（ ABCD ）。

A. 防止管道内表面聚合物吸附
B. 管道内不会产生异常高的压差
C. 固体颗粒的流体速度足够快
D. 颗粒不会沉积

72. 第三气相釜料位指示失准，应采取的措施有（ BCD ）。

A. 立即停车处理
B. 迅速联系仪表人员处理
C. 要手动控制一定的下料速度下料
D. 若仪表人员处理不好，可能是测压元件损坏，做停车处理

73. 化工工艺图包括（ ABD ）。

A. 生产工艺流程图
B. 管路布置图
C. 安全设施图
D. 设备布置图

74. 工业装置上通常采用汽提塔脱除丙烯中的有害杂质，其是（ AD ）

A. 一氧化碳
B. 水
C. 羰基硫
D. 氧气

75. 润滑油在设备中的作用有（ ABD ）。

A. 较少磨损
B. 冷却作用
C. 增加零件强度
D. 防腐防锈

76. 下列情况发生后，会导致气相反应釜出料管线堵塞的是（ ABD ）。

A. 因电气原因导致出料风机突停
B. 因块料导致出料旋转阀跳停
C. 气相丙烯流量过大
D. 程序出料阀阀开时间短

77. 汽蒸罐积料的原因可能是（ AD ）。

A. 下部旋转阀转速低
B. 粉料脱活不好
C. 汽蒸罐压力高
D. 汽蒸罐压力低

78. 气相釜出料旋转阀停止后应进行的处理工作有（ AD ）。

A. 手动盘车，如盘不动，做卸压处理，同时投用备用系列
B. 迅速启动旋转阀，恢复出料程序
C. 迅速停止催化剂加料
D. 手动盘车失效后，需要拆除旋转阀上方短管，取出块料

79. 因为模板加热状况不好导致切粒不好，可采取的措施是（ AC ）。

A. 开大蒸汽阀门开度
B. 降低筒体水温度
C. 提高加热蒸汽压力
D. 开大闸门开度

80. 在开车初期，可能引起气相反应釜温度超高的原因是（ AB ）。

A. 水调节阀故障
B. 冷水切换不及时
C. 原料纯度低
D. 进料量大

四 操作技能鉴定要素细目表

代码	鉴定范围	代码	鉴定范围	鉴定点
A	工艺操作	A	开车准备	烷基铝系统的氮气置换操作
				投催化剂前第一反应器的检查
				蒸汽的降压操作
				液相反应器氮气吹扫操作
				丙烯系统进料前的检查
		B	开车操作	丙烯汽化器的开车操作
				粉料排出管线的操作
				丙烯凝液罐的开车
				大循环状态下聚合系统的开车检查
				开车时气相釜温度控制
				向罐区返料的操作
				低纯氮系统的启动
				袋滤器的投用
				干燥系统的开车
				液压油系统的投用
		C	正常操作	催化剂泵的切换
				提升聚合负荷的操作
				提高混炼机混炼程度的操作
				程序出料线的切换
				给电子体流量的测量
				造粒添加剂的配制
				造粒工艺参数的调节
				串级仪表的调整
		D	停车操作	仅第一反应器倒空操作
				粉料干燥系统的停车
				粉料分离器的停车操作
				丙烯储罐的倒空操作
				停车后反应器置换操作

续表

代码	鉴定范围	代码	鉴定范围	鉴定点
B	设备使用与维护	A	使用设备	罗茨鼓风机的操作
				干燥器的操作
				屏蔽泵的操作
				双通气缸球阀的维护
				隔膜泵的操作
				氢气压缩机的切换
		B	维护设备	高速离心泵密封泄漏的判别
				换网操作
				催化剂储罐检修前工艺处理操作
				风送系统的开车检查
				搅拌器投用的操作
C	事故判断与处理	A	判断事故	混炼机筒体升不上温的原因判断
				切粒不好的原因判断
				干燥单元积料的原因分析
				浆液管线堵塞原因判断
				密封油压力下降的判断
		B	处理事故	主催化剂堵管的处理
				送料风机皮带断裂的处理
				颗粒水故障的处理
				粒料中气泡多的处理
				开停车时第一气相釜温度升不上去的处理
D	绘图与计算	A	绘图	设备简图的识别

五 操作技能试题

试题1：烷基铝系统的氮气置换操作

配分与评分标准：　　　　考核时间：30min

序号	考试内容	评分要素	配分	评分标准	最大扣分	步长	检测结果	扣分	得分	备注
1	准备工作	穿戴劳保用品	3	未穿戴整齐扣3分	3	3				
		工具、用具准备	2	工具选择不正确扣2分	2	2				

续表

序号	考试内容	评分要素	配分	评分标准	最大扣分	步长	检测结果	扣分	得分	备注
2	置换路线	置换路线的确认：烷基铝输送线→贮罐→烷基铝泵；烷基铝泵→第一液相反应器	15	不清楚前一条置换路线扣10分	10	10				
				不清楚第二条置换路线扣5分	5	5				
3	氮气置换	氮气的引入	20	未由烷基铝泵的压力表排放阀引入扣5分	5	5				
				未由烷基铝的界区排放阀引入扣5分	5	5				
				未打开压力调节阀的切断阀扣5分	5	5				
				未将烷基铝系统压力设定为0.1MPa扣5分	5	5				
		氮气的排出	30	未打开烷基铝泵的入口管线排放阀扣6分	6	6				
				未打开液位计的排放阀扣6分	6	6				
				未打开由烷基铝通往催化剂预聚合罐上的阀门扣6分	6	6				
				未打开烷基铝泵通往第一反应器的阀门扣6分	6	6				
				未能交替打开和关闭其他排放阀，使系统充分进行氮气置换扣6分	6	6				
4	置换完成	氮气置换完成	25	未测定系统中的氧气浓度和露点扣5分	5	5				
				在系统气体的氧浓度和露点未达规定值时关闭氮气出口阀扣5分	5	5				
				关闭出口阀后，未能及时关闭氮气进口阀扣5分	5	5				
				未将烷基铝罐的压力值设定为0.05MPa扣5分	5	5				
				未能使烷基铝罐处于氮封状态扣5分	5	5				

续表

序号	考试内容	评分要素	配分	评分标准	最大扣分	步长	检测结果	扣分	得分	备注
5	使用工具	使用工具	2	工具使用不正确扣2分	2	2				
		维护工具	3	工具乱摆乱放扣3分	3	3				
6	安全及其他	按国家法规或企业规定		违规一次总分扣5分	100	5				
				严重违规停止操作	100	100				
		在规定时间内完成操作		每超时1min总分扣5分，超时3min停止操作	15	5				
合计			100							

试题2：投催化剂前第一反应器的检查

配分与评分标准：

考核时间：30min

序号	考试内容	评分要素	配分	评分标准	最大扣分	步长	检测结果	扣分	得分	备注
1	准备工作	穿戴劳保用品	3	未穿戴整齐扣3分	3	3				
		工具、用具准备	2	工具选择不正确扣2分	2	2				
2	控制阀检查	检查冷却水截止阀是否打开	10	未检查换热器冷却水截止阀是否打开扣5分	5	5				
				未检查反应器夹套冷却水截止阀是否打开扣5分	5	5				
		检查各调节阀是否正常	10	漏查一个扣2分，扣完为止	10	10				
		检查热水旁通是否关闭	5	未检查扣5分	5	5				
3	反应器检查	检查各反应器的温度是否在正常范围	5	未检查扣5分	5	5				
		检查各反应器的压力是否在正常范围	5	未检查扣5分	5	5				
		检查各反应器的料位是否在正常范围	5	未检查扣5分	5	5				
4	原料检查	检查各催化剂泵运转是否正常	30	未检查主催化剂泵扣10分	10	10				
				未检查烷基铝泵扣10分	10	10				
				未检查给电子体泵扣10分	10	10				
		检查氢气加入量是否正常	10	未检查氢气加入量是否正常扣10分	10	10				
5	对外联系	协调、合作情况	10	发现问题未及时向上一级人员进行汇报扣10分	10	10				

续表

序号	考试内容	评分要素	配分	评分标准	最大扣分	步长	检测结果	扣分	得分	备注
6	使用工具	使用工具	2	工具使用不正确扣2分	2	2				
		维护工具	3	工具乱摆乱放扣3分	3	3				
7	安全及其他	按国家法规或企业规定		违规一次总分扣5分	100	5				
				严重违规停止操作	100	100				
		在规定时间内完成操作		每超时1min总分扣5分，超时3min停止操作	15	5				
合计			100							

试题3：液相反应器氮气吹扫操作

配分与评分标准：　　考核时间：30min

序号	考试内容	评分要素	配分	评分标准	最大扣分	步长	检测结果	扣分	得分	备注
1	准备工作	穿戴劳保用品	3	未穿戴整齐扣3分	3	3				
		工具、用具准备	2	工具选择不正确扣2分	2	2				
2	置换前的检查	置换前的检查确认	25	未确认催化剂系统氮气置换是否完成扣5分	5	5				
				未确认氢气和乙烯加料管线氮气置换是否完成扣5分	5	5				
				未确认密封油系统是否启动扣5分	5	5				
				未向反应器夹套中通入热水扣5分	5	5				
				未确认循环气风机是否启动扣5分	5	5				
3	置换操作	氮气的引入	20	未连通氮气至两反应器的管线，每漏一条扣5分	10	10				
				未接0.6MPa氮气扣10分	10	10				
		氮气的排放	25	未将第一反应器压力调整至0.07MPa扣8分	8	8				
				未将第二反应器压力调整至0.05MPa扣8分	8	8				
				未交替打开和关闭其他排放阀和放空阀，置换进行不彻底扣9分	9	9				
4	置换完成	氮气置换完成	20	未测定系统中气体的氧浓度和露点，漏测一项扣5分	10	5				
				未将两夹套中的热水全部排出，漏排一台扣5分	10	5				

续表

序号	考试内容	评分要素	配分	评分标准	最大扣分	步长	检测结果	扣分	得分	备注
5	使用工具	使用工具	2	工具使用不正确扣2分	2	2				
		维护工具	3	工具乱摆乱放扣3分	3	3				
6	安全及其他	按国家法规或企业规定		违规一次总分扣5分	100	5				
				严重违规停止操作	100	100				
		在规定时间内完成操作		每超时1min总分扣5分，超时3min停止操作	15	5				
合计			100							

试题4：丙烯系统进料前的检查

配分与评分标准：　　　　考核时间：30min

序号	考试内容	评分要素	配分	评分标准	最大扣分	步长	检测结果	扣分	得分	备注
1	准备工作	穿戴劳保用品	3	未穿戴整齐扣3分	3	3				
		工具、用具准备	2	工具选择不正确扣2分	2	2				
2	系统检查	确认丙烯储罐与丙烯加料泵系统的气密实验和氮气吹扫已经完成，并保持氮封	30	未确认系统的气密实验已经完成扣10分	10	10				
				未确认系统的氮气吹扫已完成扣10分	10	10				
				未确认系统已保持氮封扣10分	10	10				
3	仪表检查	确认所有仪表校对零点和调节阀及切断阀的动作试验已经完成	20	未确认所有仪表校对零点扣10分	10	10				
				未确认调节阀和切断阀的动作试验已完成扣10分	10	10				
4	辅助设备检查	确认密封油系统正常运行，丙烯系统的密封油已投用	20	未确认密封油系统正常运行扣10分	10	10				
				未确认密封油已通入扣10分	10	10				
		确认蒸汽系统已正常运行，并可随时投用	10	未确认扣10分	10	10				
		确认所有工段已得到接受丙烯的通知	10	未确认扣10分	10	10				
5	使用工具	使用工具	2	工具使用不正确扣2分	2	2				
		维护工具	3	工具乱摆乱放扣3分	3	3				
6	安全及其他	按国家法规或企业规定		违规一次总分扣5分	100	5				
				严重违规停止操作	100	100				
		在规定时间内完成操作		每超时1min总分扣5分，超时3min停止操作	15	5				
合计			100							

试题5：丙烯汽化器的开车操作

配分与评分标准： 考核时间：30min

序号	考试内容	评分要素	配分	评分标准	最大扣分	步长	检测结果	扣分	得分	备注
1	准备工作	穿戴劳保用品	3	未穿戴整齐扣3分	3	3				
		工具、用具准备	2	工具选择不正确扣2分	2	2				
2	检查确认工作	检查丙烯汽化器的丙烯置换和升压已经完成，丙烯、蒸汽处于随时可用状态	10	未检查丙烯汽化器的丙烯置换和升压已经完成扣5分	3	3				
				未检查丙烯处于随时可用状态扣5分	3	3				
				未检查蒸汽处于随时可用状态扣5分	4	4				
3	确认	校对联锁给定值	10	未确认丙烯汽化器的联锁给定值扣5分	5	5				
				未校对丙烯汽化器的联锁给定值扣5分	5	5				
4	丙烯引入	将丙烯引入丙烯汽化器	10	未将丙烯引入丙烯汽化器扣5分	5	5				
				未采取稍开丙烯进料调节阀方式引入丙烯扣5分	5	5				
		将丙烯进料调节阀的“手动”切换为“自动”方式	10	未将丙烯进料调节阀的“手动”切换为“自动”方式扣5分	5	5				
				未在丙烯汽化器的压力开始上升时切换扣5分	5	5				
5	校对	校对液位指示	10	未在丙烯汽化器液位涨到正常液位时采集现场液位计指示值和DCS上液位指示值扣5分	5	5				
				未将液位现场指示值和DCS上液位指示值校对扣5分	5	5				
6	蒸汽引入	加入蒸汽	10	未将蒸汽加入汽化器扣5分	5	5				
				未采取手动逐渐加入蒸汽的方式扣5分	5	5				
		将蒸汽进料调节阀的“手动”切换为“自动”方式	10	未将蒸汽进料调节阀的“手动”切换为“自动”方式扣5分	5	5				
				未将丙烯汽化器的压力逐渐增加到给定值扣5分	5	5				

续表

序号	考试内容	评分要素	配分	评分标准	最大扣分	步长	检测结果	扣分	得分	备注
7	调节丙烯进料罐压力	打开丙烯进料罐压力控制阀	13	未打开丙烯进料罐压力控制阀扣5分	5	5				
				未采取手动打开方式扣3分	3	3				
				未将丙烯进料罐的压力维持在规定值扣5分	5	5				
		调节压力	7	未将丙烯进料罐气态丙烯压力控制阀由“手动”切换为“自动”扣7分	7	7				
8	使用工具	使用工具	2	工具使用不正确扣2分	2	2				
		维护工具	3	工具乱摆乱放扣3分	3	3				
9	安全及其他	按国家法规或企业规定		违规一次总分扣5分	100	5				
				严重违规停止操作	100	100				
		在规定时间内完成操作		每超时1min总分扣5分，超时3min停止操作	15	5				
合计			100							

试题6：丙烯凝液罐的开车

配分与评分标准：　　　　考核时间：30min

序号	考试内容	评分要素	配分	评分标准	最大扣分	步长	检测结果	扣分	得分	备注
1	准备工作	穿戴劳保用品	3	未穿戴整齐扣3分	3	3				
		工具、用具准备	2	工具选择不正确扣2分	2	2				
2	检查确认工作	检查丙烯凝液罐的丙烯置换和升压已经完成且用一定压力的丙烯密封，丙烯进料罐随时可用状态，丙烯凝液系统用一定压力的丙烯密封	15	未检查丙烯凝液罐的丙烯置换和升压已经完成且用一定压力的丙烯密封扣5分	5	5				
				未检查丙烯进料罐随时可用状态扣5分	5	5				
				未确认丙烯凝液系统用一定压力的丙烯密封扣5分	5	5				
3	确认	校对联锁给定值	5	未确认丙烯凝液系统的联锁给定值扣5分	5	5				
4	物料引入	将丙烯引入丙烯凝液罐	25	未关闭循环丙烯泵和丙烯返料泵的出口阀扣8分	8	8				
				未将丙烯凝液罐的压力指示调节给定在规定压力扣5分	5	5				

续表

序号	考试内容	评分要素	配分	评分标准	最大扣分	步长	检测结果	扣分	得分	备注
4	物料引入	将丙烯引入丙烯凝液罐	25	未将丙烯凝液罐的压力指示调节切换为“自动”扣5分	5	5				
				未向丙烯凝液罐顶部冷凝器通入循环冷却水扣7分	7	7				
		将丙烯凝液罐料位控制阀由“手动”切换为“自动”方式		在控制室未将丙烯凝液罐料位控制阀切换为“自动”方式扣5分	5	5				
				未以手动方式慢慢打开料位控制阀扣5分	5	5				
				未确认丙烯已加入丙烯凝液罐扣5分	5	5				
				未经丙烯凝液罐料位控制阀设为“自动”方式扣5分	5	5				
				未逐渐增加给定值直至规定料位扣5分	5	5				
		将冷冻盐水通入丙烯凝液罐冷却器	10	未将冷冻盐水通入丙烯凝液罐冷却器扣10分	10	10				
5	校对	比较液位指示	10	未将液位现场指示值和DCS上液位指示值进行比较扣10分	10	10				
6	使用工具	使用工具	2	工具使用不正确扣2分	2	2				
		维护工具	3	工具乱摆乱放扣3分	3	3				
7	安全及其他	按国家法规或企业规定		违规一次总分扣5分	100	5				
				严重违规停止操作	100	100				
		在规定时间内完成操作		每超时1min总分扣5分，超时3min停止操作	15	5				
合计			100							

试题7：大循环状态下聚合系统的开车检查

配分与评分标准：　　　　　　　　　　　　　　　　考核时间：30min

序号	考试内容	评分要素	配分	评分标准	最大扣分	步长	检测结果	扣分	得分	备注
1	准备工作	穿戴劳保用品	3	未穿戴整齐扣3分	3	3				
		工具、用具准备	2	工具选择不正确扣2分	2	2				
2	检查切断阀	检查反应器放空阀的前后切断阀是否打开	10	检查确认所有反应器的放空阀的前后切断阀是否已经打开，未确认扣10分	7	7				
				少检查一个扣3分	3	3				

续表

序号	考试内容	评分要素	配分	评分标准	最大扣分	步长	检测结果	扣分	得分	备注
3	检查下料系统各切断阀	确认气相反应器下料系统各切断阀已经打开并试运检查中控程序运行是否正常	10	未确认气相反应器下料系统各切断阀已经打开扣5分	5	5				
				未试运检查中控程序运行是否正常扣5分	5	5				
4	检查各设备	检查各设备有无异常情况	10	未检查各设备运转是否正常扣10分	10	10				
5	检查联锁设定值和报警系统	检查联锁设定值是否正确	10	未进行联锁设定值是否正确的检查扣5分	5	5				
				未检查联锁是否有旁路扣5分	5	5				
		检查报警系统	10	未检查报警设定值是否正确扣5分	5	5				
				未检查报警组中有无异常扣5分	5	5				
6	检查气相色谱和现场截止阀是否正常	气相色谱是否投用	10	未检查气相色谱是否投用扣10分	10	10				
		检查各釜撤热循环水调节阀的截止阀是否处于打开状态	10	未确认各釜撤热循环水调节阀的截止阀处于打开状态扣10分	10	10				
7	检查CO控制系统	检查中控CO控制系统是否已经投用	10	未检查中控CO控制系统已经投用扣10分	10	10				
		检查CO钢瓶是否已投用	10	未检查CO钢瓶压力达到规定值以上扣10分	10	10				
8	使用工具	使用工具	2	工具使用不正确扣2分	2	2				
		维护工具	3	工具乱摆乱放扣3分	3	3				
9	安全及其他	按国家法规或企业规定		违规一次总分扣5分	100	5				
				严重违规停止操作	100	100				
		在规定时间内完成操作		每超时2min总分扣5分，超时5min停止操作	15	5				
合计			100							

试题8：开车时气相釜温度控制

配分与评分标准：　　考核时间：30min

序号	考试内容	评分要素	配分	评分标准	最大扣分	步长	检测结果	扣分	得分	备注
1	准备工作	穿戴劳保用品	3	未穿戴整齐扣3分	3	3				
		工具、用具准备	2	工具选择不正确扣2分	2	2				

续表

序号	考试内容	评分要素	配分	评分标准	最大扣分	步长	检测结果	扣分	得分	备注
2	切换蒸汽和循环水	现场将通入气相釜蒸汽阀关闭后,通知中控人员将蒸汽阀关闭	20	未在现场将蒸汽截止阀关闭扣7分	7	7				
				关闭后未通知中控人员扣6分	6	6				
				中控未将蒸汽调节阀关闭扣7分	7	7				
		现场将为间接冷却水撤热的CCW进口截止阀打开	10	未在现场将为间接冷却水撤热的CCW进口截止阀打开扣10分	10	10				
		在切换时,增大TK-CAT进料量,以防止反应量不足	10	未观察气相釜的温度变化扣5分	5	5				
				未在切换蒸汽和循环水时增加TK-CAT进料量扣5分	5	5				
3	减少液相釜向气相釜的排量	适当减小回二釜的循环丙烯和回浆液洗涤罐的循环丙烯的量,以减少液相釜向气相釜的排量	20	未判断反应情况扣5分	5	5				
				未减小回二釜的循环丙烯的量扣5分	5	5				
				未减小回浆液洗涤罐的循环丙烯的量扣5分	5	5				
				减小的量不适当造成温度波动过大扣5分	5	5				
		减慢气相釜的下料,直至停止气相釜下料	5	未将气相釜的下料适当减慢扣5分	5	5				
4		如果无法阻止D203温度下降,通知现场人员将气相釜重新切换为蒸汽	15	未判断温度下降的速度扣5分	5	5				
				未在温度下降过快的情况下将CCW重新切换为蒸汽扣10分	10	10				
5	控制质量	气相釜低温易造成气相釜结块,影响生产的稳定进行,必须防止低温	10	未将气相釜温度控制在工艺规定的温度,造成低温扣10分	10	10				
6	使用工具	使用工具	2	工具使用不正确扣2分	2	2				
		维护工具	3	工具乱摆乱放扣3分	3	3				
7	安全及其他	按国家法规或企业规定		违规一次总分扣5分	100	5				
				严重违规停止操作	100	100				
		在规定时间内完成操作		每超时1min总分扣5分,超时3min停止操作	15	5				
合计			100							

试题9：袋滤器的投用

配分与评分标准：　　　　　　　　　　　　　　　　　　　　　　　　　　　考核时间：30min

序号	考试内容	评分要素	配分	评分标准	最大扣分	步长	检测结果	扣分	得分	备注
1	准备工作	穿戴劳保用品	3	未穿戴整齐扣3分	3	3				
		工具、用具准备	2	工具选择不正确扣2分	2	2				
2	检查确认	袋滤器启动之前的准备工作，以确认袋滤器处于可以投用的状态	30	未检查袋滤器过滤件完好扣10分	10	10				
				未将反吹气体的程序控制器给定于所需的周期扣10分	10	10				
				未确认循环气压缩机和粉末输送鼓风机已经运行扣5分	5	5				
				未检查反吹气体的压力已经给定在规定的压力扣5分	5	5				
3	启动袋滤器	将袋滤器与粉末分离罐和粉末输送鼓风机连接	20	未将袋滤器的进口阀打开与粉末分离罐连接扣10分	10	10				
				未将袋滤器的出口阀打开与粉末输送鼓风机连接扣10分	10	10				
		打开粉末分离罐下部的闸板阀	10	未将闸板阀打开扣10分	10	10				
		将粉末分离罐下部的旋转阀启动	10	未将旋转阀启动扣10分	10	10				
		打开袋滤器反吹气的进口阀，启动反吹程序	20	未打开袋滤器反吹气的进口阀扣10分	10	10				
				未启动反吹程序扣10分	10	10				
4	使用工具	使用工具	2	工具使用不正确扣2分	2	2				
		维护工具	3	工具乱摆乱放扣3分	3	3				
5	安全及其他	按国家法规或企业规定		违规一次总分扣5分	100	5				
				严重违规停止操作	100	100				
		在规定时间内完成操作		每超时1min总分扣5分，超时3min停止操作	15	5				
合计			100							

试题10：干燥系统的开车

配分与评分标准：　　　　　　　　　　　　　　　　　　　　　　　　　　　　考核时间：30min

序号	考试内容	评分要素	配分	评分标准	最大扣分	步长	检测结果	扣分	得分	备注
1	准备工作	穿戴劳保用品	3	未穿戴整齐扣3分	3	3				
		工具、用具准备	2	工具选择不正确扣2分	2	2				
2	检查确认	开车前的检查确认	30	未确认粉料仓水封罐水柱高度扣6分	6	6				
				未确认粉料仓有规定的压力扣6分	6	6				
				未按照单机操作法，接通反吹6N，并启动粉料仓袋滤器扣6分	6	6				
				未将干燥单元到粉料仓的粉料输送管线接通扣6分	6	6				
				未确认粉料输送风机已经通入CCW，润滑油位合适，进出口阀打开扣6分	6	6				
3	相关设备的启动	启动粉料输送风机	10	未将粉料输送风机入口压力给定在规定值扣10分	10	10				
		启动汽蒸罐	10	未启动汽蒸罐扣4分	4	4				
				未启动汽蒸罐袋滤器下部旋转阀扣3分	3	3				
				未启动汽蒸罐袋滤器扣3分	3	3				
		启动桨式干燥器	17	未启动桨式干燥器下部旋转阀扣6分	6	6				
				未启动桨式干燥器扣5分	5	5				
				未启动桨式干燥器袋滤器及其下部旋转阀扣6分	6	6				
4	系统连接	连接干燥系统和聚合系统	8	未启动循环气分离器袋滤器下部的旋转阀A扣4分	2	2				
				未启动循环气分离器袋滤器下部的旋转阀B扣4分	2	2				
				未启动循环气分离器下部的旋转阀扣4分	4	4				
5	通入热氮气和蒸汽	通入热氮气和蒸汽	15	未以规定流量将热氮气通入桨式干燥器和汽蒸罐扣5分	5	5				
				少加入一个扣5分	5	5				
				未以规定流量将热蒸汽通入汽蒸罐扣5分	5	5				

续表

序号	考试内容	评分要素	配分	评分标准	最大扣分	步长	检测结果	扣分	得分	备注
6	使用工具	使用工具	2	工具使用不正确扣2分	2	2				
		维护工具	3	工具乱摆乱放扣3分	3	3				
7	安全及其他	按国家法规或企业规定		违规一次总分扣5分	100	5				
				严重违规停止操作	100	100				
		在规定时间内完成操作		每超时1min总分扣5分，超时3min停止操作	15	5				
合计			100							

试题11：催化剂泵的切换

配分与评分标准：　　　　考核时间：30min

序号	考试内容	评分要素	配分	评分标准	最大扣分	步长	检测结果	扣分	得分	备注
1	准备工作	穿戴劳保用品	3	未穿戴整齐扣3分	3	3				
		工具、用具准备	2	工具选择不正确扣2分	2	2				
2	启动B泵	启动B泵	25	启动泵前，未确认泵的出口已充满己烷扣15分	15	15				
				打开泵出口阀的同时未及时启动泵扣10分	10	10				
		观察泵的运行情况	30	启动泵后，未按规定值向反应器输送主催化剂扣10分	10	10				
				未及时与控制室联系，确认泵的压力、流量处于正常范围扣10分	10	10				
				切换主催化剂泵后，未将给电子体泵的出口，由A系切至B系，并确认其运行正常扣10分	10	10				
3	停止A泵	停止并清理A泵	35	在停止A泵前，未将泵的输送介质由催化剂切为己烷扣15分	15	15				
				未能正确停止A泵扣10分	10	10				
				停泵后未用己烷冲洗管线扣10分	10	10				
4	使用工具	使用工具	2	工具使用不正确扣2分	2	2				
		维护工具	3	工具乱摆乱放扣3分	3	3				

续表

序号	考试内容	评分要素	配分	评分标准	最大扣分	步长	检测结果	扣分	得分	备注
5	安全及其他	按国家法规或企业规定		违规一次总分扣5分	100	5				
				严重违规停止操作	100	100				
		在规定时间内完成操作		每超时1min总分扣5分，超时3min停止操作	15	5				
合计			100							

试题12：提升聚合负荷的操作

配分与评分标准：

考核时间：30min

序号	考试内容	评分要素	配分	评分标准	最大扣分	步长	检测结果	扣分	得分	备注
1	准备工作	穿戴劳保用品	5	未穿戴整齐扣5分	5	5				
2	提高负荷的方法	聚合反应量的大小主要是由TK催化剂的加入量决定的，此外氢气的加入量对反应量也有影响，但生产固定牌号时不能随便调整氢气量	25	不清楚聚合反应量的大小主要由调整TK催化剂的加入量决定扣10分	10	10				
				不清楚氢气加入量对反应量有影响扣5分	5	5				
				生产固定牌号时随便调整氢气量扣10分	10	10				
		生产固定牌号时，三种催化剂的比值为TK：AT：OF＝1：75：10，一部分嵌段共聚物为TK：AT：OF＝1：55：11	20	不清楚三种催化剂的比值为TK：AT：OF＝1：75：10扣10分	10	10				
				不清楚一部分嵌段共聚物的催化剂比值为TK：AT：OF＝1：55：11扣10分	10	10				
3	提高负荷的操作	TK催化剂的提量每次不超过10%	10	不清楚TK催化剂提高量每次超过10%扣10分	10	10				
		TK催化剂提高量超过20%时才需要提高AT、OF的量	30	TK催化剂提高量不足20%时提高AT、OF的量扣10分	10	10				
				TK催化剂提高量超过20%时未提高AT、OF的量扣10分	10	10				
				未按照规定的比值提高AT、OF的量扣10分	10	10				

续表

序号	考试内容	评分要素	配分	评分标准	最大扣分	步长	检测结果	扣分	得分	备注
4	DCS的操作	催化剂提量时需正确地通过DCS系统进行操作	10	不能正确地操作DCS系统扣10分	10	10				
5	安全及其他	按国家法规或企业规定		违规一次总分扣5分	100	5				
				严重违规停止操作	100	100				
		在规定时间内完成操作		每超时1min总分扣5分，超时3min停止操作	15	5				
合计			100							

试题13：丙烯储罐的倒空操作

配分与评分标准：

考核时间：30min

序号	考试内容	评分要素	配分	评分标准	最大扣分	步长	检测结果	扣分	得分	备注
1	准备工作	穿戴劳保用品	3	未穿戴整齐扣3分	3	3				
		工具、用具准备	2	工具选择不正确扣2分	2	2				
2	任务确认	通知车间及内操	10	未通知车间扣5分	5	5				
				未通知内操扣5分	5	5				
3	与相关系统断开	关闭界区总阀并停止进料	10	未关闭界区总阀扣5分	5	5				
				未确认进料停止扣5分	5	5				
		关闭气相反应器和凝液罐之间的紧急切断阀	10	未将此阀关闭扣10分	10	10				
		关闭丙烯进料罐的液位控制阀及其切断阀	10	未关闭丙烯进料罐的液位控制阀扣5分	5	5				
				未关闭丙烯进料罐的切断阀扣5分	5	5				
4	液体丙烯排放及停进料泵	将液体丙烯最大量地从丙烯进料罐排放至丙烯凝液罐	10	未将丙烯进料罐中丙烯打到丙烯凝液罐扣7分	5	5				
				丙烯进料罐中丙烯剩余过多扣8分	5	5				
		丙烯进料罐内的丙烯接近排空时停止丙烯进料泵	10	丙烯进料泵未按规定停止扣7分	5	5				
				丙烯进料泵停止过早或过晚扣8分	5	5				

续表

序号	考试内容	评分要素	配分	评分标准	最大扣分	步长	检测结果	扣分	得分	备注
5	与丙烯汽化器断开	关闭丙烯汽化器液位控制阀及其切断阀	10	未关闭丙烯汽化器液位控制阀扣5分	5	5				
				未关闭丙烯汽化器液位的切断阀扣5分	5	5				
6	系统泄压	使丙烯进料罐压力降至规定压力	20	未通过丙烯进料罐安全阀旁通泄压扣6分	6	6				
				未将压力泄到规定压力扣8分	8	8				
				泄压时压力降低过快扣6分	6	6				
7	使用工具	使用工具	2	工具使用不正确扣2分	2	2				
		维护工具	3	工具乱摆乱放扣3分	3	3				
8	安全及其他	按国家法规或企业规定		违规一次总分扣5分	100	5				
				严重违规停止操作	100	10				
		在规定时间内完成操作		每超时1min总分扣5分，超时3min停止操作	15	5				
合计			100							

第三部分

高 级 工

一 国家职业标准(高级工工作要求)

职业功能	工作内容	技能要求	相关知识
一、安全生产	(一)安全操作	1. 能使用气体检测仪检测气体浓度 2. 能进行压力容器操作前的安全准备 3. 能对含有毒有害介质的设备进行工艺处理 4. 能处置高危部位的异常事件	1. 气体检测仪的使用方法 2. 压力容器操作前的安全要求 3. 有毒有害气体的类型和急救措施；可燃易燃气体的类型和爆炸极限 4. 气体泄漏的现场处置方法 5. 设备故障分析的方法 6. 设备缺陷处理的方法
	(二)风险管控与隐患排查	1. 能处置机械伤害突发事件 2. 能处置触电突发事件 3. 能处置火灾爆炸突发事件 4. 能指导和操作挥发性有机物（VOC）治理设施 5. 能指挥雨污分流操作 6. 能指导装置废气排放环保设施操作 7. 能编写安全风险清单和隐患排查表	1. 机械伤害的防范措施及处置方法 2. 触电的防范措施及处置方法 3. 火灾爆炸的防范措施及处置方法 4. 装置挥发性有机物（VOC）治理设施操作法 5. 雨污分流操作法 6. 环保异常事件的防范措施及处置方法 7. 安全风险清单和隐患排查表的编写方法
二、工艺操作	(一)开车准备	1. 能引入燃料、原辅料等开车介质 2. 能确认开车流程 3. 能完成装置开车吹扫、试漏操作 4. 能投用和解除工艺联锁 5. 能完成系统隔离	1. 工艺联锁管理要求 2. 清洁生产基本要求 3. 系统隔离注意事项
	(二)开车操作	1. 能完成开车 2. 能调整控制指标 3. 能启动大型机组	1. 开车注意事项 2. 工艺调整注意事项
	(二)开车操作A	1. 能完成装置联动试车 2. 能完成聚合反应建立 3. 能完成装置设备单机试运 4. 能确认调节阀状态 5. 能确认联锁状态 6. 能确认电气送电状态 7. 能监测装置物料的使用条件 8. 能完成反应器的整体开工	1. 聚合反应建立操作方法 2. 开车过程中的生产控制方法 3. 联运注意事项 4. 反应器开工操作注意事项 5. 工艺参数控制要点 6. 循环压缩机启动操作要点 7. 工艺参数控制方法 8. DCS控制设计原理和使用方法
	(二)开车操作B	1. 能完成压缩机、挤压机等大型机组启动 2. 能完成开车前系统热循环 3. 能建立聚合反应	1. 压缩机、挤压机启动注意事项 2. 系统热循环注意事项 3. 建立聚合反应的注意事项

续表

职业功能	工作内容	技能要求	相关知识
二、工艺操作	（二）开车操作C	1. 能完成阀门开关状态检查确认 2. 能完成乙烯、1-丁烯、氢气等主要原料的接收 3. 能完成装置联动试车和投料 4. 能完成聚合反应建立 5. 能完成装置设备单机试运	1. 装置的开车步骤 2. 装置的工艺控制指标 3. 装置主、辅催化剂的特性及影响催化剂活性的因素 4. 装置开车过程中的生产控制方法
	（二）开车操作D	1. 能完成装置聚合、闪蒸、造粒开车引入物料及系统联运 2. 能完成装置聚合、闪蒸岗位联运时各仪表的调校 3. 能完成装置聚合系统投料开车 4. 能完成装置开车后反应温度、压力、浆液密度、氢气浓度、催化剂加入量等各参数的调整 5. 能完成挤压造粒机的开车	1. 丙烯贮罐开车要点 2. 循环气过滤器开车要点 3. 氢气系统开车要点 4. 汽蒸罐洗涤塔开车要点 5. 低压丙烯洗涤塔的开车要点 6. 造粒系统开车注意事项 7. 闪蒸系统开车注意事项 8. 聚合系统开车注意事项
	（二）开车操作E	1. 能建立并稳定丙烯大循环、调整液相和流化床反应釜的氢气浓度、乙烯浓度 2. 能控制催化剂投入后，各釜的温度、压力、浆液浓度、料位等工艺参数 3. 能完成造粒机组的开车	1. 开车过程中的工艺参数控制要点 2. 投主催化剂的条件 3. 粉料风送系统开车 4. 程序出料线检查要点 5. 氢气在聚合反应中的作用 6. 大循环的建立 7. 造粒系统开车过程
	（二）开车操作F	1. 能完成装置全流程开车引入物料及系统联运 2. 能完成装置全流程联运时各仪表阀门的调校 3. 能完成装置聚合系统化工投料开车 4. 能完成装置开车后反应温度、压力、料位、氢气浓度、催化剂加入量等各参数的调整 5. 能完成造粒机组的开车	1. 脱水塔再生的载气性质 2. 颗粒输送系统的程序 3. 束状挤压操作的作用 4. 氢气的作用 5. 第一、第二反应器出料程序的控制要点
	（二）开车操作G	1. 能投用真空系统 2. 能控制反应系统压力 3. 能完成导热油系统热运并排气 4. 能按指令控制导热油系统升温速度 5. 能启动循环液系统 6. 能启动造粒系统	1. 真空系统投运步骤及注意事项 2. 反应器进料注意事项 3. 导热油系统投用的操作要点 4. 循环液系统投用的操作要点 5. 启动切粒机单元注意事项

续表

职业功能	工作内容	技能要求	相关知识
二、工艺操作	(二)开车操作H	1. 能开启真空压缩机 2. 能完成事故终止剂加料 3. 能完成废水汽提开车 4. 能完成汽提塔开车 5. 能完成干燥器铺床 6. 能完成精馏塔开车	1. 真空压缩机注意事项 2. 事故终止剂操作步骤 3. 废水汽提操作步骤 4. 汽提塔操作步骤 5. 干燥器铺床注意事项 6. 精馏塔操作步骤
	(二)开车操作I	1. 能完成丙烯腈–丁二烯–苯乙烯共聚物(ABS)主体工序开车操作 2. 能完成冷冻系统开车操作 3. 能完成热媒系统开车操作 4. 能完成装置开车仪表及程序调试 5. 能完成加热炉燃料切换操作	1. 开车方案中关于仪表及程序的注意事项 2. 加热炉操作注意事项 3. 丙烯腈–丁二烯–苯乙烯共聚物(ABS)操作手册中各工序开车操作注意事项
	(二)开车操作J	1. 能完成收料、投料和送料 2. 能完成装置设备单机试运 3. 能完成污水装置开车操作 4. 能完成尾气装置开车操作	1. 收料、投料和送料的操作要点 2. 污水装置开车操作要点 3. 尾气装置开车操作要点
	(二)开车操作K	1. 能完成联锁的投用 2. 能确认开车后的工艺条件 3. 能完成导热油冷运、升温及脱水 4. 能完成反应器投料开车 5. 能启用造粒系统 6. 能完成聚合物过滤器充液 7. 能调整挤压机的各项参数	1. 联锁逻辑及投用方法 2. 开车条件及参数 3. 导热油炉升温的方法 4. 切粒系统工作原理及启动方法 5. 聚合物过滤器充液操作方法
	(二)开车操作L	1. 能完成反应、脱溶剂等复杂系统的开车 2. 能完成包装机、喷码机和绕膜机调试 3. 能组织清理大过滤器 4. 能处理真空系统故障 5. 能处理伴热系统故障	1. 精馏塔和汽提塔的操作要点 2. 造粒机和结片机的操作要点 3. 大过滤器的操作要点 4. 长输管线和脱溶剂系统伴热操作要求
	(二)开车操作M	1. 能投运真空系统 2. 能调节反应系统压力 3. 能打通聚醚多元醇(PPG)、聚合物多元醇(POP)系统流程 4. 能投入原料 5. 能开启和停用环保设施	1. 聚醚装置PPG、POP聚合反应流程 2. 聚醚装置安全环保设施操作要点

续表

职业功能	工作内容	技能要求	相关知识
二、工艺操作	（二）开车操作N	1. 能完成反应器的压力冷试、热试 2. 能完成高压乙烯系统的置换、升压 3. 能完成螺杆泵密封水系统的液位及压力补充 4. 能完成搅拌器密封水系统的液位及压力补充 5. 能完成反应系统的投料开车 6. 能完成化工料配制浓度的计算 7. 能完成冷却水系统的投运	1. 操作法中装置投料开车步骤 2. 反应器水压试验步骤 3. 密封水系统补压操作步骤 4. 反应器正常开车步骤 5. 溶液浓度计算方法
	（二）开车操作O	1. 能建立单组分全回流系统大循环 2. 能操作加压塔升压和降压 3. 能投运醇解设备的联锁 4. 能操作触媒的添加 5. 能转移各种溶液 6. 能操作导热油系统升、降温	1. 精馏塔系统全回流操作方法 2. 防止精馏塔液泛和漏液注意事项 3. 重要设备联锁操作要点 4. 触媒加入方法 5. 各种溶液转移操作方法 6. 导热油系统升、降温操作方法
	（二）开车操作P	1. 能完成系统真空建立 2. 能完成系统热媒填充 3. 能完成热媒系统升温 4. 能完成切粒系统水循环 5. 能完成热媒炉升、降温 6. 能完成酯化系统热态模拟	1. 系统真空建立操作要点 2. 系统热媒填充操作要点 3. 热媒系统升温操作要点 4. 切粒系统水循环操作要点 5. 热媒炉升、降温操作要点 6. 酯化系统热态模拟操作要点
	（三）正常操作	1. 能操作常规仪表、分散控制系统（DCS）操作站 2. 能根据反应状况调整工艺参数 3. 能处理工艺波动 4. 能处理报警	1. 常规仪表、分散控制系统（DCS）操作原理 2. 影响反应的分散控制系统（DCS）因素与调整方法 3. 报警值的设定要求 4. 报警处理的注意事项
	（三）正常操作A	1. 能根据负荷与组成变化对装置进行有效的调节 2. 能对中间产品质量进行动态分析，并根据分析数据进行工艺调整 3. 能完成产品牌号切换工作 4. 能完成新产品生产试验工作 5. 能回收排放的工艺介质 6. 能处理反应器产生静电引起的生产波动 7. 能处理反应器高料位	1. 装置工艺参数控制范围和控制方法 2. 聚合反应的温度、压力、催化剂加入量、共聚单体加入量等对产量、产品质量的影响 3. 装置仪表报警值、联锁值 4. 装置产品控制指标与物性指标的关系及影响产品质量指标的各种因素 5. 产品质量的影响因素 6. 生产应急预案 7. 反应器产生静电的原因及危害
	（三）正常操作B	1. 能对中间产品质量进行动态分析 2. 能协同完成新产品试生产 3. 能处理反应器粘壁	1. 聚合反应温度、压力、调节剂加入量等对产量、质量的影响要点 2. 反应器结垢处理注意事项

续表

职业功能	工作内容	技能要求	相关知识
二、 工艺操作	(三) 正常操作C	1. 能调节装置工艺操作参数 2. 能处理装置工艺波动,调整产品质量合格 3. 能根据负荷与组成变化对装置进行调节 4. 能对中间产品质量进行动态分析，并根据分析数据进行工艺调整 5. 能完成装置日常生产活动 6. 能完成产品牌号切换工作 7. 能完成新产品生产试验工作	1. 装置工艺参数控制范围和控制方法 2. 聚合反应的温度、压力、催化剂加入量、共聚单体加入量等对产量、产品质量的影响 3. 装置计算机操作及分散控制系统（DCS）原理 4. 装置仪表报警值、联锁值 5. 装置产品控制指标与物性指标的关系及影响产品质量指标的各种因素
	(三) 正常操作D	1. 能调节装置聚合、闪蒸、造粒的工艺参数 2. 能处理装置的各种工艺波动 3. 能完成装置生产负荷的调整 4. 能完成装置生产中产品熔融指数、等规度、乙烯含量等质量指标的调节 5. 能完成装置产品牌号的切换和过渡 6. 能处理装置各种参数的报警 7. 能调节各反应器的聚合量、产品熔融指数、共聚物含量等	1. 环管反应器丙烯进料控制 2. 环管反应器压力、温度控制 3. 助催化剂进料控制 4. 闪蒸罐工作原理 5. 生产无规共聚物注意事项 6. 油脂混合罐加油要点
	(三) 正常操作E	1. 能调节装置聚合、造粒工艺参数 2. 能处理装置的各种工艺波动 3. 能调节装置的生产负荷 4. 能调节各反应釜的聚合量、能调节共聚物的聚合量 5. 能完成共聚物与均聚物生产的切换操作	1. 均聚向共聚牌号过渡注意事项 2. 气相组成对聚合反应的影响 3. 聚丙烯产品主要质量指标 4. 添加剂类型 5. 挥发分的概念 6. 聚合工艺参数
	(三) 正常操作F	1. 能对产品质量进行动态分析并调整工艺参数 2. 能处理装置的各种工艺波动 3. 能完成装置生产负荷的调整 4. 能计算催化剂的活性高低，调整催化剂的进料量 5. 能完成装置产品牌号的切换和过渡	1. 过渡过程气体排放的原因 2. 挥发分的概念 3. 聚丙烯产品的主要质量指标 4. 影响产品冲击性能的各种因素 5. 影响粉料灰分的原因分析
	(三) 正常操作G	1. 能调节装置工艺参数 2. 能判断和处理装置的生产波动 3. 能调整装置生产负荷 4. 能调节产品质量 5. 能完成产品牌号切换和过渡	1. 影响装置稳定生产的因素 2. 装置产品质量控制注意事项 3. 装置的产品牌号切换操作要点

续表

职业功能	工作内容	技能要求	相关知识
二、工艺操作	(三)正常操作H	1. 能调整装置生产负荷 2. 能切换产品牌号	1. 影响装置生产的因素 2. 装置的产品牌号切换方法
	(三)正常操作I	1. 能完成所有产品牌号切换工作 2. 能完成平板换热器、反应器清理 3. 能调节丙烯腈-丁二烯-苯乙烯共聚物(ABS)树脂粒子粒径、熔融指数 4. 能判断反应参数变化原因并进行调整	1. 装置产品牌号切换操作要点 2. 平板换热器及反应器清理要点 3. 丙烯腈-丁二烯-苯乙烯共聚物(ABS)树脂粒子粒径、熔融指数调节要点
	(三)正常操作J	1. 能完成所有产品牌号切换工作 2. 能清理丁二烯储罐等危险部位 3. 能调节凝聚粒子粒径	1. 装置产品牌号切换操作程序 2. 凝聚粒子粒径调节方法 3. 丁二烯储罐结构 4. 丁二烯理化性质
	(三)正常操作K	1. 能切换聚合物过滤器 2. 能组织切换牌号 3. 能按生产指令完成新产品试生产 4. 能根据产品分析指标，调整工艺参数 5. 能正确分析、处理各等级报警信息 6. 能在局部发生联锁后恢复生产	1. 聚合物过滤器切换方法 2. 各牌号产品主要控制参数 3. 产品主要控制指标 4. 控制点报警的影响原因
	(三)正常操作L	1. 能判断生产过程产品质量 2. 能处理不合格品 3. 能按指令解决装置生产技术难题 4. 能调整冷凝器循环水开度 5. 能完成脱溶剂系统的临时开停车 6. 能完成产品切换 7. 能处置集散控制系统(DCS)顺控程序异常情况	1. 不合格品的处理方法 2. 工艺控制对产品质量的影响 3. 循环水流速和温差要求 4. 产品切换操作流程及注意事项
	(三)正常操作M	1. 能操作常规仪表、集散控制系统(DCS)操作站 2. 能根据原料指标的变化调节工艺配方 3. 能根据中间产品指标分析结果控制产品质量 4. 能处理工艺波动 5. 能调节控制仪表比例微分参数 6. 能切换产品牌号	1. 常规仪表、集散控制系统(DCS)操作原理 2. 产品质量标准 3. 仪表基本原理 4. 装置工艺流程、控制指标、工艺参数 5. 聚醚装置聚合工艺原理 6. 影响聚合反应的因素与调整方法
	(三)正常操作N	1. 能控制反应器温度 2. 能控制反应器压力 3. 能控制脱泡时脱泡槽压力	1. 反应器操作要点 2. 脱泡操作要点

续表

职业功能	工作内容	技能要求	相关知识
二、工艺操作	（三）正常操作O	1. 能切换容积泵 2. 能接收和配制引发剂、碱、酸、乙烯等原材料 3. 能在线操作聚合釜搅拌器密封液系统	1. 容积泵的操作要点 2. 乙烯压缩机开、停机操作要点，乙烯压缩机氮气置换注意事项 3. 配制引发剂、碱、酸、乙烯的方法 4. 机械密封（高压）原理，机械密封系统的工艺流程与现场控制点，密封液泵切换操作方法
	（三）正常操作P	1. 能调节装置工艺操作参数 2. 能处理装置工艺波动 3. 能根据产品分析指标，调整工艺参数 4. 能正确分析、处理报警信息 5. 能在发生联锁后恢复生产 6. 能调整装置生产负荷	1. 装置工艺参数控制范围和控制方法 2. 装置产品质量控制注意事项 3. 装置的产品牌号切换操作要点 4. 装置仪表报警值、联锁值 5. 过程产品指标的重要性 6. 产品质量的影响因素 7. 生产应急预案 8. 装置生产负荷调整注意事项
	（四）停车操作	1. 能完成置换、吹扫的验收 2. 能控制停车速度 3. 能处理残余物料 4. 能处理废液、废气、废渣 5. 能停运大型机组	1. 置换、吹扫验收基本要求 2. “三废”处理注意事项
	（四）停车操作A	1. 能完成聚合反应终止操作 2. 能完成停止进料后的工艺调整 3. 能完成物料排放、倒空 4. 能完成管线、设备保压 5. 能完成设备（或系统）切断、隔离 6. 能完成出料系统隔离 7. 能完成脱气仓回收系统隔离 8. 能完成装置的紧急停车	1. 装置停车方案及注意事项 2. 装置倒空、置换的有关程序 3. 装置能量隔离预案内容
	（四）停车操作B	1. 能完成停止进料后的工艺调整 2. 能完成压缩机组停车操作 3. 能完成系统隔离 4. 能完成装置的紧急停车	1. 装置停车后的处理注意事项 2. 系统隔离要点 3. 装置紧急停车要点

续表

职业功能	工作内容	技能要求	相关知识
二、工艺操作	（四）停车操作C	1. 能完成装置的停车 2. 能完成聚合反应终止操作 3. 能完成停止进料后的工艺调整 4. 能完成设备停车 5. 能完成物料排放、倒空 6. 能完成吹扫、置换 7. 能完成管线、设备保压 8. 能完成设备（或系统）切断、隔离 9. 能完成装置紧急停车	1. 装置停车方案及注意事项 2. 反应终止操作要点 3. 工艺操作注意事项 4. 装置倒空、置换的要点 5. 系统隔离操作要点 6. 紧急停车注意事项
	（四）停车操作D	1. 能完成装置的紧急停车 2. 能完成装置停车后系统的载液循环 3. 能完成气相共聚反应停车并切换至均聚 4. 能完成装置的紧急倒空停车	1. 干燥气洗涤塔的停车要点 2. 汽蒸罐洗涤塔的停车要点 3. 低压丙烯洗涤塔的停车要点 4. 闪蒸罐停车注意事项 5. 干燥器停车注意事项
	（四）停车操作E	1. 能完成装置的载液停车与倒空停车 2. 能完成废催化剂的处理	1. 全流程倒空停车要点 2. 气相釜倒空停车要点 3. 反应器倒空注意事项 4. 气相釜循环风机停车注意事项 5. 液相釜倒空时稀释的作用 6. 反应釜载料停车注意事项 7. 反应器泄压操作注意事项
	（四）停车操作F	1. 能完成装置的紧急停车 2. 能完成装置的倒空停车	1. 聚合系统倒空停车注意事项 2. 烃类置换操作要点 3. 气锁器系统停车注意事项 4. 脱活干燥单元停车注意事项 5. 分离器倒空注意事项
	（四）停车操作G	1. 能停运引发剂、助剂系统 2. 能按指令控制加热炉降温速度 3. 能按指令控制反应系统降温和退料速度 4. 能按指令完成紧急满釜停车 5. 能倒空和隔离设备	1. 引发剂、助剂停运注意事项 2. 加热炉降温注意事项 3. 反应系统停车注意事项 4. 设备倒空与隔离注意事项
	（四）停车操作H	1. 能完成装置的停车操作 2. 能终止聚合反应 3. 能完成停止进料后的工艺调整 4. 能完成物料排放、倒空 5. 能完成吹扫、置换 6. 能完成管线、设备保压	1. 装置倒空、置换注意事项 2. 装置“三废”排放指标 3. 装置“三废”排放注意事项

续表

职业功能	工作内容	技能要求	相关知识
二、工艺操作	（四）停车操作I	1. 能完成导生油系统临时停车操作 2. 能完成冷冻系统临时停车操作 3. 能完成生产线临时停车操作 4. 能完成停车过程中异常处理	装置临时停车操作方法及异常情况处理方法
	（四）停车操作J	1. 能完成聚合单元停止进料后工艺调整 2. 能完成凝聚单元停止进料后工艺调整 3. 能完成尾气装置停止进料后工艺调整 4. 能完成污水装置停止进料后工艺调整	1. 聚合单元停车注意事项 2. 凝聚单元停车注意事项 3. 尾气装置停车注意事项 4. 污水装置停车注意事项
	（四）停车操作K	1. 能完成紧急停车操作 2. 能停导热油炉 3. 能组织导热油回收 4. 能在停止进料后调整工艺参数 5. 能完成停工过程异常处理	1. 导热油炉停炉要点 2. 导热油回收方法 3. 停工过程异常的处理方法 4. 停车过程参数调整要点 5. 紧急停车方法
	（四）停车操作L	1. 能组织脱溶剂系统的开停车 2. 能完成溶解、预反应、反应、精制、水洗、废聚物处理、脱溶剂、包装、环氧氯丙烷处理、废水预处理、尾气处理等系统的开停车 3. 能完成停车过程中工艺参数调整	包装机、喷码机、机械手和绕膜机保养方法
	（四）停车操作M	1. 能完成装置设备管道的吹扫、清洗、置换的验收 2. 能完成设备退料、洗釜、清罐 3. 能按标准验收已吹扫完毕的设备、管道 4. 能通过常规仪表、集散控制系统（DCS）操作站控制停车速度 5. 能处理残余物料 6. 能处理废液、废气、废渣 7. 能停运冷冻机组	1. 装置的停车方案及注意事项 2. 置换、吹扫验收基本要求 3. “三废”处理注意事项 4. 深冷机组停运注意事项
	（四）停车操作N	1. 能完成高压乙烯储罐的氮气置换 2. 能完成反应釜的洗釜 3. 能完成脱泡气系统的置换 4. 能完成天然气管道的置换	1. 乙烯系统泄压排放置换操作要点 2. 反应釜洗釜操作要点 3. 脱泡气系统泄压置换操作要点 4. 火炬管道置换操作要点 5. 天然气管道置换操作要点 6. 停工方案乙烯储罐泄压置换操作要点 7. 停工方案反应釜洗釜操作要点 8. 停工方案脱泡气系统置换操作要点

续表

职业功能	工作内容	技能要求	相关知识
二、工艺操作	（四）停车操作O	1. 能停聚合釜搅拌器 2. 能操作乙烯压缩机停运和排液 3. 能操作造粒机组清洗和停运	1. 停机械密封（高压）搅拌器和密封液泵操作注意事项 2. 机械密封（高压）搅拌器贮槽的排液、清洗和置换的操作注意事项 3. 乙烯压缩机停运、排液、置换的操作注意事项 4. 造粒机组中主体设备清洗和停机的操作注意事项
	（四）停车操作P	1. 能完成反应釜的1,4-丁二醇（BDO）清洗准备工作 2. 能完成反应釜的三甘醇清洗准备工作 3. 能完成反应釜的高压水清洗准备工作	1. 反应釜的1,4-丁二醇（BDO）清洗注意事项 2. 反应釜的三甘醇清洗注意事项 3. 反应釜的高压水清洗注意事项
三、设备使用与维护	（一）使用设备	1. 能开、停、切换高危机泵等设备 2. 能开、停大型机组 3. 能完成检维修设备的交出 4. 能完成检维修设备的验收和投用	1. 高危机泵等设备开、停、切换注意事项 2. 大型机组的设备结构 3. 设备交出、验收、投用要求
	（一）使用设备A	1. 能完成循环气压缩机的开、停机操作 2. 能完成装置的紧急泄压操作	1. 循环气压缩机的结构和工作原理 2. 干气密封系统的投用要点
	（一）使用设备B	1. 能开、停压缩机组 2. 能确认反应釜、压缩机、高循系统、低循系统等状态	1. 压缩机组停开要点 2. 反应釜、压缩机、高循系统、低循系统交出要求
	（一）使用设备C	1. 能操作装置动、静设备 2. 能使用简单的仪表、电气设备	1. 设备运行条件 2. 仪表调节方法
	（一）使用设备D	1. 能完成轴流泵、搅拌器、液环压缩机等启动前检查 2. 能确认罗茨风机、隔膜泵、疏水器等的异常 3. 能确认循环水冷却器异常原因	1. 往复式压缩机预试车要点 2. 搅拌器预试车注意事项 3. 隔膜泵工作原理 4. 压力表选用原则
	（一）使用设备E	1. 能完成所有机泵启停操作 2. 能完成大型机组启停操作 3. 能完成仪表投用检查	1. 高速离心泵的操作要点 2. 丙烯进料泵的检查项目 3. 氢气压缩机的类型 4. 混炼机启动条件 5. 循环气风机检查项目 6. 高速离心风机的操作要点 7. 往复式压缩机的操作要点

续表

职业功能	工作内容	技能要求	相关知识
三、设备使用与维护	(一)使用设备F	1. 能完成所有机泵启停操作 2. 能完成大型机组启停操作 3. 能完成仪表投用检查	1. 反应器搅拌密封油系统原理 2. 循环气风机检查项目 3. 沉降器顶部循环压缩机组的联锁条件 4. 膨胀式袋滤器尾气循环压缩机的联锁条件
	(一)使用设备G	1. 能操作切胶机 2. 能操作加热炉 3. 能操作造粒机	1. 切胶机、加热炉、造粒机等复杂设备操作要点 2. 大型机组结构
	(一)使用设备H	1. 能操作聚合釜 2. 能操作干燥器 3. 能操作汽提塔 4. 能操作冷冻机	1. 聚合釜结构及操作要点 2. 干燥器工作原理及操作要点 3. 汽提塔结构及操作要点 4. 冷冻机工作原理及操作要点
	(一)使用设备I	1. 能操作溶胶系统、模头挤出造粒系统、真空系统 2. 能操作冷冻系统及热媒系统设备	1. 溶胶系统、模头挤出造粒系统、真空系统操作要点 2. 冷冻机及热媒炉结构工作原理、性能及操作要点
	(一)使用设备J	1. 能操作脱水机系统、挤出机系统 2. 能操作、调整导热油系统	1. 脱水机、挤出机的结构工作原理、性能及开停车操作 2. 导热油泵结构原理及开车操作 3. 导热油的理化性质
	(一)使用设备K	1. 能启停循环水泵、空气压缩机 2. 能调整导热油系统参数	1. 空气压缩机的结构、工作原理 2. 导热油系统工作原理
	(一)使用设备L	1. 能指导脱溶剂蒸发器的操作 2. 能判断机泵故障 3. 能指导结片机和造粒机的操作 4. 能操作空调机组 5. 能指导包装机、码垛机、绕膜机、喷码机、机械手操作 6. 能使用测、看、听、摸等方式判断设备运转状态	1. 结片机的工作原理和参数 2. 真空机组的工作原理和参数 3. 空调机组的工作原理和参数 4. 包装机、码垛机、绕膜机、喷码机、机械手主要部件的功能 5. 造粒机的工作原理和参数 6. 薄膜蒸发器和降膜蒸发器工作原理
	(一)使用设备M	1. 能操作装置及各种设备 2. 能完成真空系统的开、停 3. 能完成装置冷冻机组、离心泵、齿轮泵、水环泵、减速机、屏蔽泵等设备检修和投用	1. 各类机泵、振动筛、过滤机等设备的结构、原理、性能指标 2. 电气、仪表控制基本原理 3. 设备交出、验收、投用要求

续表

职业功能	工作内容	技能要求	相关知识
三、设备使用与维护	(一)使用设备N	1. 能投运脱泡槽 2. 能投运产品过滤系统 3. 能投运反应器循环水系统	1. 脱泡槽投运注意事项 2. 过滤系统投运步骤 3. 循环水投运步骤
	(一)使用设备O	1. 能操作乙烯压缩机的开、停机 2. 能操作屏蔽泵	1. 乙烯压缩机基本结构 2. 屏蔽泵的结构 3. 屏蔽泵的原理
	(一)使用设备P	1. 能操作齿轮泵 2. 能操作冷冻机组 3. 能操作滤芯清洗机 4. 能操作螺杆压缩机 5. 能操作精馏塔	1. 齿轮泵操作要点 2. 冷冻机组操作要点 3. 滤芯清洗机操作要点 4. 螺杆压缩机操作要点 5. 精馏塔操作要点
	(二)维护设备	1. 能根据设备运行情况，提出维修建议 2. 能协同仪表完成参数的整定 3. 能完成设备防腐检测 4. 能完成设备、管线检维修 5. 能完成设备检维修后的检查验收	1. 设备完好标准 2. 设备运行条件 3. 仪表调校注意事项 4. 设备验收注意事项 5. 设备检维修的内容和技术要求 6. 有关腐蚀和防腐的基本原理
四、事故判断与处理	(一)判断事故	1. 能发现事故隐患 2. 能分析事故的原因 3. 能判断产品质量事故	1. 影响装置平稳的因素 2. 故障产生原因及判断方法 3. 产品质量事故的判定标准
	(二)处理事故	1. 能处理因仪表故障、联锁引起的事故 2. 能完成紧急停车 3. 能处理产品质量事故 4. 能提出消除事故隐患的建议 5. 能处理环保事故	1. 事故处理要点 2. 工艺联锁处理方法 3. 事故等级分类标准 4. 环保参数各项指标
	(二)处理事故A	1. 能处理装置各种工艺、设备事故，能分析原因并提出预防措施 2. 能针对装置异常情况提出开、停等建议 3. 能处理装置跑料、着火等意外事故 4. 能处理装置联锁紧急停车 5. 能处理反应器飞温事故	1. 联锁启动条件 2. 流化床反应器飞温控制方法
	(二)处理事故B	1. 能处理压缩机、反应器、高循系统等重点部位超温、超压、反应波动等异常 2. 能处理反应压力控制阀故障 3. 能处理引发剂泵故障 4. 能处理高压分离器、低压分离器液位波动	1. 生产波动分析判断及处理要点 2. 聚合反应控制注意事项 3. 放射源液位计维护维修注意事项

续表

职业功能	工作内容	技能要求	相关知识
四、事故判断与处理	（二）处理事故C	1. 能判断本装置较复杂的事故 2. 能及时发现事故隐患，提出处理和改进意见 3. 能判断各类仪表故障 4. 能分析装置运行异常情况原因，并能及时采取措施	1. 故障产生原因及分析判断方法 2. 影响装置平稳运行的因素
	（二）处理事故D	1. 能处理常见的工艺和设备事故 2. 能处理仪表、电气事故 3. 能处理装置停电、停水、停蒸汽、停氮气、停仪表风等突发事故 4. 能根据装置事故情况，制定控制措施 5. 能处理装置跑料、着火等意外事故 6. 能对装置进行安全和事故隐患检查，并提出整改措施 7. 能处理氢压机、乙烯压缩机、循环丙烯压缩机、气相反应器循环气压缩机运行异常状况	1. 大轴流泵功率波动的处理要点 2. 装置紧急停车时的注意事项 3. 预聚反应器丙烯进料温度高的处理方法 4. 预聚反应器压力过高的处理要点 5. 环管反应器压力过高的处理要点 6. 闪蒸系统紧急停车要点
	（二）处理事故E	1. 能处理常见的工艺和设备事故 2. 能处理仪表、电气事故 3. 能处理装置停电、水、汽、风等突发事故 4. 能分析装置运行异常的原因，并能采取措施 5. 能处理装置跑料、着火等意外事故 6. 能处理氢压机、循环丙烯压缩机、气相反应器循环气压缩机运行异常状况	1. 仪表指示失真的处理注意事项 2. 第一气相釜温度异常升高的处理注意事项 3. 浆液浓度高的处理注意事项 4. 蒸汽中断事故处理注意事项 5. 反应釜搅拌停运处理注意事项 6. 循环气风机停运处理注意事项 7. 循环水中断事故处理注意事项 8. 丙烯进料泵的异常情况处理注意事项 9. 停电事故处理注意事项
	（二）处理事故F	1. 能处理常见的工艺和设备事故 2. 能处理仪表、电气事故 3. 能处理装置停电、水、汽、风等突发事故 4. 能分析装置运行异常的原因，并能采取措施 5. 能处理装置跑料、着火等意外事故 6. 能处理丙烯进料泵、循环丙烯压缩机、气相反应器循环气压缩机运行异常状况	1. 急冷液泵丙烯泄漏处理注意事项 2. 循环水中断事故处理注意事项 3. 急冷液泵偷停处理注意事项 4. 催化剂管线丙烯冲洗中断处理注意事项 5. 反应釜搅拌停运处理注意事项 6. 循环气风机停运处理注意事项 7. 氮气中断事故处理注意事项
	（二）处理事故G	1. 能处理反应器超温超压异常 2. 能处理设备搅拌故障 3. 能处理反应器控制阀故障 4. 能处理真空度降低故障 5. 能处理紧急停车事故 6. 能处理加热炉仪表联锁报警故障 7. 能处理加热炉熄火故障 8. 能处理导热油盘管漏油故障 9. 能判断产品质量问题	1. 常见工艺、设备事故处理方法 2. 报警和联锁处理注意事项 3. 影响产品质量因素

续表

职业功能	工作内容	技能要求	相关知识
四、事故判断与处理	（二）处理事故H	1. 能处理离心机故障 2. 能处理聚合加料程序异常 3. 能处理布袋除尘器异常 4. 能处理汽提加料异常	1. 离心机异常处理操作要点 2. 聚合加料程序注意事项 3. 布袋除尘器操作注意事项 4. 汽提加料异常处理操作要点
	（二）处理事故I	1. 能处理苯乙烯系统等危险部位泄漏事故 2. 能处理集散控制系统（DCS）故障	1. 苯乙烯系统安全操作注意事项 2. 集散控制系统（DCS）故障处理要点
	（二）处理事故J	1. 能处理丁二烯系统等危险部位泄漏事故 2. 能处理导热油系统部位泄漏事故	1. 丁二烯系统安全操作注意事项 2. 掺合单元导热油系统安全操作注意事项
	（二）处理事故K	1. 能处理导热油炉熄灭事故 2. 能恢复联锁停车故障 3. 能处理公用工程水、电、汽、气中断的事故 4. 能处理装置各种工艺、设备事故，能分析原因并提出预防措施 5. 能处理突发的导热油供油中断事故 6. 能处理上游装置突发异常时原料断供事故 7. 能调整产品质量	1. 导热油系统异常处理方法 2. 产品不合格的处理方法 3. 联锁工作原理（联锁值、条件） 4. 公用工程中断应急处置方案 5. 原料断供时的处理方法
	（二）处理事故L	1. 能处理环氧树脂爆聚事故 2. 能处理产品环氧当量、可水解氯、色泽等质量指标不合格的质量事故	1. 环氧树脂在反应过程中的反应机理 2. 中控和成品指标
	（二）处理事故M	1. 能针对装置情况提出开、停车等建议 2. 能处理设备搅拌故障 3. 能处理聚合过程故障 4. 能处理真空度降低故障 5. 能处理紧急停车事故 6. 能处理仪表联锁报警故障 7. 能处理装置冻堵事故	1. 反应釜投料过程中停电时处理注意事项 2. 反应釜投料过程中停循环水处理注意事项 3. 反应釜投料过程中停净化风处理注意事项 4. 报警联锁值 5. 装置紧急停车注意事项
	（二）处理事故N	1. 能处理反应系统高压泄漏事故 2. 能处理反应器爆聚事故 3. 能处理高压乙烯储罐泄漏事故 4. 能进行装置停公用工程时的紧急停车	1. 反应系统泄漏事故预案 2. 反应系统爆聚应急预案 3. 高压乙烯储罐泄漏应急预案 4. 紧急停车注意事项

续表

职业功能	工作内容	技能要求	相关知识
四、 事故判断 与处理	（二） 处理事故O	1. 能处理精馏塔塔压差高事故 2. 能处理风机事故	1. 精馏塔塔压差高处理方法 2. 风机故障处理方法
	（二） 处理事故P	1. 能处理精对苯二甲酸（PTA）称重系统故障 2. 能处理缩聚喷淋系统堵塞事故 3. 能处理切粒系统故障 4. 能处理尾气系统超压事故 5. 能处理切片输送系统事故 6. 能处理装置停电事故 7. 能处理装置公用工程事故	1. 精对苯二甲酸（PTA）称重系统故障处理要点 2. 缩聚喷淋系统堵塞事故处理要点 3. 切粒系统故障处理要点 4. 尾气系统超压事故处理要点 5. 切片输送系统事故处理要点 6. 装置停电事故处理要点 7. 装置公用工程事故处理要点
五、 绘图 与计算	（一） 绘图	1. 能识读仪表联锁图 2. 能绘制设备结构简图 3. 能绘制工艺配管单线图	1. 工艺配管单线图知识 2. 仪表联锁图知识
	（二） 计算	1. 能完成简单热量平衡计算 2. 能完成经济核算分析 3. 能查油品数据图表	热量平衡的计算方法
六、 培训与 指导	（一） 培训	1. 能指导初、中级操作人员进行操作 2. 能协助培训初、中级操作人员 3. 能按照教学方案备课	1. 培训基本知识 2. 技能培训的要求 3. 备课的技巧
	（二） 指导	1. 能指出五级/初级工、四级/中级工操作过程中的问题 2. 能讲解安全、环保的技术要求	1. 装置操作的要点 2. 安全、环保的技术要求

二 理论知识鉴定要素细目表

——行业通用理论知识鉴定要素细目表——

鉴定范围			鉴定点	
一级	二级	三级	名称	重要程度
基本要求	基础知识	记录填写基础知识	班组交接记录的填写要求	X
			班组安全活动记录填写要求	X
		识图基础知识	剖视图知识	X
			断面图知识	X
			化工设备图表示方法	X
			零件图的内容	X

续表

鉴定范围			鉴定点	
一级	二级	三级	名称	重要程度
基本要求	基础知识	安全环保基础知识	清洁生产审核的程序	X
			HSE管理体系文件架构	X
			ISO 14001环境管理体系的组成要素	X
			ISO 14000系列标准的指导思想	X
			ISO 14001环境管理体系的运行模式	X
			防尘防毒的技术措施	Y
			防尘防毒的管理措施	Y
			国家劳动安全卫生管理体制职责划分的内容	X
			ISO 14001环境管理体系建立的步骤	X
			HSE危害辨识的知识	X
			HSE风险评价的概念	X
			HSE风险评价的目的	X
			职业卫生设施的使用方法	Y
			噪声的控制技术	Y
			清洁生产的重点	X
			清洁生产的措施	X
			防火防爆的技术措施	X
			常见危险化学品的火灾扑救方法	X
			工作场所有害因素的职业接触限值	X
			心肺复苏的现场抢救要点	X
		质量基础知识	不合格品的处置途径	X
			ISO 9001族标准质量管理审核的特点	X
			ISO9000族标准第一、第二、第三方审核的区别	X
			质量统计直方图	X
			质量统计排列图	X
			质量统计因果图	X
			质量统计控制图	X
			不良产品的分级	X
		计算机基础知识	Word的绘图方法	X
			Excel公式与函数的运用知识	X
			Excel数据的简单分析与管理	Y
			Excel简单的图表处理方法	Y
		法律常识	劳动合同解除的规定	X
			劳动合同的经济补偿与赔偿规定	X
			违反《劳动合同法》的处理办法	X

续表

鉴定范围			鉴定点	
一级	二级	三级	名称	重要程度
相关知识	管理知识	生产管理	班组管理的基本概念	X
			班组的成本核算	X
			班组管理的基本要求	X
			班组管理的基本内容	Y
		编写技术文件	总结的格式	X
			报告的格式	X
			请示的格式	X

——职业通用理论知识鉴定要素细目表——

鉴定范围			鉴定点	
一级	二级	三级	名称	重要程度
基本要求	基础知识	化学基础知识	溶解度的计算	X
			元素周期律的概念	Y
			影响化学反应速率的因素	Y
			氧化还原反应的配平	X
			盖斯定律的概念	Y
			化学平衡常数的简单计算	Y
			能量守恒与转化定律的概念	X
			理想气体状态方程式的概念	X
		化工基础知识	气体输送机械的分类	X
			旋风分离器的工作原理	X
			流体阻力的计算	X
			物理吸附的机理	Z
			总传热系数的影响因素	Y
			干燥的基本原理及影响因素	X
			流体流动类型的判断	X
			最小回流比的概念	X
		高分子化学知识	共聚物的类型	X
			聚合物的三态	Y
			分子量的调节	X
			高分子化合物的结构特征	X
			高分子溶液的流变性质	X
			配位聚合的基本原理	X

续表

鉴定范围			鉴定点	
一级	二级	三级	名　称	重要程度
基本要求	基础知识	电工基础知识	电功率的计算	Z
			简单交流电路	X
			电动机的结构原理与使用	Y
			保护接地与保护接零的作用和要求	X
			电气控制原理图的识读方法	X
			防雷防静电的主要措施	Y
			三相交流电的概念	X
		仪表基础知识	调节阀的特性参数与类型	X
			简单控制系统的组成	X
			自动控制系统的分类	X
			压力仪表的测量原理	X
			流量仪表的测量原理	X
			物位仪表的测量原理	X
			热电偶的测量原理	Y
			热电阻的测量原理	Y
			PID 参数整定方法	X
			DCS 系统的基本构成	X
		化工机械与设备基础知识	压力容器和管道定期检验常识	X
			静设备常见失效形式	X
			齿轮泵的主要性能	X
			化工设备防腐的基本常识	X
			常用阀门的适用范围	X
			常用法兰的适用范围	X
			不同材质垫片的适用范围	X
			常用制冷剂	X
			轴承润滑的基本知识	X
			轴承密封的基本知识	X
			离心压缩机的工作原理	X
			设备检修的验收标准	X
			往复式压缩机填料密封结构	X
			填料塔的工作原理	X
			板式塔的适用范围	X

工种理论知识鉴定要素细目表

鉴定范围			鉴定点	
一级	二级	三级	名称	重要程度
相关知识	工艺操作	开车准备	催化剂系统的检查项目	X
			管线吹扫顺序	X
			催化剂预聚合条件	X
			给电子体的作用	X
			各催化剂流量校对方法	X
			单机试车注意事项	Y
			丙烯进料单元置换方法	X
			主要原料规格	X
			挤压造粒系统开车方式	X
			粒料输送系统的检查项目	X
			聚合系统检查确认项目	X
			干燥脱活系统检查确认项目	X
			阻聚剂系统检查事项	X
			中循环建立方法	X
			反应釜进液相丙烯注意事项	X
		开车操作	主催化剂的浓度	Y
			均聚物催化剂配比	X
			抗冲共聚物催化剂配比	X
			无规共聚物催化剂配比	X
			氢气在聚合反应中的作用	X
			大循环的建立方法	X
			投主催化剂的条件	X
			程序出料线检查项目	X
			开车过程中的工艺参数控制值	X
			造粒系统开车排地原因	X
			造粒系统开车过程	X
			干燥单元开车方法	X
			循环气过滤器开车方法	X
			粉料输送系统开车方法	X

续表

鉴定范围			鉴定点	
一级	二级	三级	名称	重要程度
相关知识	工艺操作	正常操作	均聚向共聚牌号过渡注意事项	X
			低纯氮的作用	X
			聚丙烯产品主要质量指标	X
			影响产品冲击性能的因素	X
			颗粒 MFR 的调节方法	X
			聚丙烯产品常规分析项目	X
			物料平衡的判别方法	X
			过渡过程放空的原因	X
			装置负荷的调整顺序	X
			粉料 MFR 的调整方法	X
			挥发分的概念	X
			聚合工艺参数	X
			添加剂类型	X
			气相组成对聚合反应的影响	Z
			MFR 对造粒生产工艺条件的影响	X
			抗冲共聚物的检测项目	X
			无规共聚物的检测项目	X
			反应釜温度控制方法	X
		停车操作	全流程倒空停车程序	Y
			气相釜倒空停车程序	X
			停催化剂的顺序	X
			反应器倒空注意事项	Y
			火炬系统倒空方法	X
			反应釜载料停车方法	X
			反应器泄压操作注意事项	X
			更换催化剂内管的要求	X
			气相釜循环风机停车注意事项	Y
			干燥单元停车注意事项	Y
			挤压造粒单元的停车要求	Y
			液相釜倒空时稀释的作用	X
			料仓程序操作方法	X
			反应釜停工要求	X

续表

鉴定范围			鉴定点	
一级	二级	三级	名称	重要程度
相关知识	设备使用与维护	使用设备	高速离心泵的操作要点	X
			丙烯进料泵的检查项目	X
			氢气压缩机的类型	X
			密封的作用	X
			循环气风机检查项目	X
			高速离心风机的操作要点	X
			挤压造粒机防爆膜作用	Y
			往复式压缩机的操作要点	X
			切刀磨损不正常的原因	X
			混炼机启动条件	X
			垫片选型选择	X
		维护设备	挤压造粒机异响、振动的原因	X
			过滤器的清理方法	X
			静电接地的作用	X
			压缩机入口过滤器堵塞的处理	X
			聚合釜换热器运行状况识别方法	Y
			密封油系统运行状况识别方法	X
			反应器构造特点	X
			阀门选用原则	Z
			防腐检测基础知识	Z
			挤压机组维护内容	Y
	事故判断与处理	判断事故	主催化剂投入后未见反应的原因分析	X
			反应釜飞温的原因	X
			气相釜压力异常升高的原因	X
			挤压机电仪故障判断方法	Y
			程序出料线异常情况判断	Y
			浆液浓度高的判断	X
			粉料发黏的原因	X
			粉料分离器压力高的原因	Y
			程序出料线风机异常情况判断	X
			主催化剂堵管的原因	Y
			干燥单元积料原因	X
			粒料发黄原因	Z
			颗粒大小不一致的原因	X
			混炼造粒异常情况原因分析	X

续表

鉴定范围			鉴定点	
一级	二级	三级	名称	重要程度
相关知识	事故判断与处理	判断事故	聚合反应活性低的原因	X
			反应釜搅拌突然停止的原因	Y
			主催化剂流量波动的原因	X
			反应釜料位异常原因	X
		处理事故	仪表指示失真的处理方法	Y
			烷基铝泄漏处理	X
			催化剂内管堵塞处理	X
			蒸汽中断事故处理	X
			反应釜搅拌停运处理	X
			循环气风机停运处理	X
			氮气中断事故处理	X
			丙烯进料泵的异常情况处理	X
			粉料发黏处理	Y
			粒料发黄处理	Z
			循环水中断事故处理	X
			火灾事故处理	X
			人员救护的相关知识	X
			装置联锁的相关知识	Y
			助剂加料器突停处理	X
			浆液浓度高的处理	X
			第一气相釜温度异常升高的处理	X
			停电事故处理	X
			气相釜出料系统清理后重新启动方法	X
			风送系统停运处理	X
	绘图与计算（停用）	绘图	识读仪表联锁图	X
			绘制设备结构简图	X
			绘制工艺配管单线图	X
		计算	装置物料衡算	X
			简单的热量衡算	X
			催化剂相关计算	X
			抗冲共聚物的相关计算	X

三 理论知识试题

——行业通用理论知识试题

判断题

1. 岗位交接班记录不属于运行记录。（√）

2. 工艺流程图中，主要物料（介质）的流程线用细实线表示。（×）

正确答案：工艺流程图中，主要物料（介质）的流程线用粗实线表示。

3. 班组交接班记录必须凭旧换新。（√）

4. 零件图用视图、剖视图、剖面图及其他各种表达方法，正确、完整、清晰地表达零件的整体形状。（×）

正确答案：零件图用视图、剖视图、剖面图及其他各种表达方法，正确、完整、清晰地表达零件的各部分形状和结构。

5. 任何剖视图为表示投影方向，都需要用箭头表示投影方向。（×）

正确答案：局部剖视图都需要用箭头表示投影方向。

6. 企业法人要结合本企业实际，制定各项安全管理措施，杜绝各类重大事故的发生。（×）

正确答案：企业安全管理部门要结合本企业实际，制定各项安全管理措施，杜绝各类重大事故的发生。

7. 在HSE管理体系中，管理手册是程序文件的支持性文件。（√）

8. 环境管理体系的运行模式与其他管理的运行模式相似，共同遵循PDCA运行模式，没有区别。（×）

正确答案：ISO14001环境管理体系的实施和运作应围绕环境方针展开。

9. 在ISO14001环境管理体系中，初始环境评审是建立环境管理体系的基础。（√）

10. HSE体系建立过程中进行风险评价的目的是对潜在的事故进行定性、定量分析预测，建立使系统HSE最优化方案，对已发生的事故进行评价，并提出纠正措施。（√）

11. 清洁生产的目的是保护环境。（×）

正确答案：清洁生产的目的是提高资源利用效率，减少和避免污染物的产生，保护和改善环境，保障人身健康。

12. ISO14000系列标准对管理标准的一个重大改进，就是建立了一套对组织环境行为的评价体系，这便是环境行为评价标准。（√）

13. 热加工厂房，其侧窗下缘距地面不宜高于2m。（ × ）

正确答案：热加工厂房，其侧窗下缘距地面不宜高于1.2m。

14. 施行心肺复苏术需要胸外按压心脏时下压深度不得超过1cm，以免引起内脏损伤。（ × ）

正确答案：施行心肺复苏术需要胸外按压心脏时下压深度为4~5cm。

15. 清洁生产审计程序中持续清洁生产是制订计划、措施在企业中持续推行清洁生产，最后编制企业清洁生产审计报告的阶段。（ √ ）

16. 从事化学品生产、使用、储存、运输的人员和消防救护人员平时应熟悉和掌握化学品的主要危险特性及其相应的灭火措施，并进行防火演习，加强紧急事态时的应变能力。（ √ ）

17. 清洁生产通过末端治理污染来实现。（ × ）

正确答案：清洁生产通过源头治理污染来实现。

18. 质量统计因果图的作用是识别并确定“关键原因”。（ √ ）

19. 通过对直方图的形状分析可以判断，工序在稳定状态下就不会出现不合格品。（ × ）

正确答案：通过对直方图的形状分析可以判断，工序在不稳定状态下就可能出现不合格品。

20. 排列图由一个横坐标、一个纵坐标、几个按高低顺序排列的矩形和一条累计百分比直线组成。（ × ）

正确答案：排列图由一个横坐标、两个纵坐标、几个按高低顺序排列的矩形和一条累计百分比折线组成。

21. 质量统计控制图上出现异常点时，才表示有不良品发生。（ × ）

正确答案：质量统计控制图上出现异常点时，表示过程控制处于不稳定状态。

22. 修改图表中的数据标志是通过图表区格式选项中的数据标志选项实现的。（ × ）

正确答案：修改图表中的数据标志是通过图表区汇总选项中的数据标志选项实现的。

23. “=F5*H3”中“$”的作用是引用其他工作簿的数据。（ × ）

正确答案：“=F5*H3”中“$”的作用是绝对引用其他工作簿的数据。

24. 分类汇总的选项包括分类字段、汇总方式两方面的内容。（ × ）

正确答案：分类汇总的选项包括分类字段、汇总方式等多方面的内容。

25. 经济补偿按照劳动者在本单位工作的年限，每满一年支付一个月工资的标准向劳动者支付，六个月以上不满一年的，按一年计算。（ √ ）

26. 劳动者在试用期内提前五日通知用人单位，可以解除劳动合同。（ × ）

正确答案：劳动者在试用期内提前三日通知用人单位，可以解除劳动合同。

27. 班组日常生产管理一般按照班前准备工作、班中生产管理、班后整理维护三个阶段进行。（ √ ）

28. 一般来说，班组的成本核算是全面的统计核算、业务核算和会计核算。（ × ）

正确答案：一般来说，班组的成本核算是全面的统计核算、业务核算和群众核算。

29. 班组管理，就是运用科学的管理思想、方法和手段，对班组进行的计划、组织、指挥、协调、控制和激励等管理活动。（ √ ）

单选题

1. 下列选项中不属于班组安全活动内容的是（ A ）。

A. 对外来施工人员进行安全教育

B. 学习安全文件、安全通报

C. 安全讲座、分析典型事故，吸取事故教训

D. 开展安全技术座谈、消防、气防实地救护训练

2. 安全部门每月对安全活动记录本进行（ B ）次检查、考核并签字。

A. 4　　B. 1　　C. 2　　D. 3

3. 化工设备图中，表示点焊的焊接焊缝是（ A ）。

A. O　　B. ∪　　C. △　　D. ⊿

4. 画在视图外的剖面图称为（ A ）剖面图。

A. 移出　　B. 重合　　C. 局部放大　　D. 局部

5. 防尘防毒治理设施要与主体工程（ A ）、同时施工、同时投产。

A. 同时设计　　B. 同时引进　　C. 同时检修　　D. 同时受益

6. 在HSE管理体系中，物的不安全状态是指使事故（ B ）发生的不安全条件或物质条件。

A. 不可能　　B. 可能　　C. 必然　　D. 必要

7. 根据国家工作场所有害因素职业接触限值标准的规定，海拔3000m以上的工作场所空气中含CO的最高容许浓度为（ B ）mg/m^3。

A. 30　　B. 15　　C. 20　　D. 10

8. ISO14001环境管理体系共由（ B ）个要素组成。

A. 18　　B. 17　　C. 16　　D. 15

9. 在HSE管理体系中，风险评价方法主要分为直接经验分析法、（ A ）法、综合性分析法。

A. 系统安全分析　　B. 事故数分析

C. 安全检查表　　D. 工作危害分析

10. 对于化工装置中用于易燃、易爆气体的安全放空管，必须将其导出管（ A ）。

A. 密闭排放回收　　B. 与惰性气体管相连

C. 置于3m以上　　D. 无要求

11. 不能有效地控制噪声危害的是（ D ）。

A. 隔振技术　　B. 吸声技术　　C. 戴耳塞　　D. 设备加固

12. 在ISO9000族标准中，自我评定是一种（ D ）方式。

A. 内部质量审核　　B. 质量管理体系审核

C. 质量管理体系评审　　D. 质量管理体系评价

13. 在（ B ）情况下不能对不合格品进行让步或放行。

A. 有关的授权人员批准　　B. 法律不允许

C. 顾客批准　　D. 企业批准

14. 在ISO9001族标准中，第三方质量管理体系审核的目的是（ C ）。

A. 发现尽可能多的不符合项

B. 建立互利的供方关系

C. 证实组织的质量管理体系符合已确定准则的要求

D. 评估产品质量的符合性

15. 产品的不良项分为A、B、C、D四级，A级不良项是指产品的（ C ）不良项。

A. 轻微　　B. 一般　　C. 致命　　D. 严重

16. 在计算机应用软件Word中插入的图片（ A ）。

A. 可以嵌入文本段落中

B. 图片的位置可以改变，但大小不能改变

C. 文档中的图片只能显示，无法用打印机打印输出

D. 不能自行绘制，只能从Office的剪辑库中插入

17. 用人单位违反《劳动合同法》规定不与劳动者订立无固定期限劳动合同的，应当自订立无固定期限劳动合同之日起向劳动者每月支付（ B ）。

A. 三倍的工资　　B. 二倍的工资

C. 五倍的工资　　D. 四倍的工资

18. 班组管理的职能在于对（ A ）、人、财、物合理组织，有效利用。

A. 班组　　B. 企业　　C. 车间　　D. 生产单位

19. 下列选项中报告的作用是（ C ）。

A. 向上级领导机关汇报情况　　B. 提出意见、建议

C. 请求上级领导机关审批　　D. 答复上级机关询问

多选题

1. 下列叙述中，不属于生产中防尘防毒技术措施的是（ CD ）。
   A. 改革生产工艺
   B. 采用新材料新设备
   C. 对职工进行安全技术教育
   D. 对车间或岗位有毒、有害部位的检测和信息反馈
2. 属于班组交接班记录内容的是（ ABC ）。
   A. 生产运行 B. 设备运行 C. 出勤情况 D. 安全学习
3. 化工设备装配图中，螺栓连接可简化画图，其中所用的符号可以是（ CD ）。
   A. 细实线+ B. 细实线 C. 粗实线+ D. 粗实线
4. 下列选项中，不属于断面的是（ ABC ）剖面图。
   A. 移出 B. 重合 C. 局部放大 D. 局部
5. 下列选项中，属于零件图内容的是（ AC ）。
   A. 零件尺寸 B. 零件的明细栏
   C. 技术要求 D. 零件序号表
6. 扑救爆炸物品火灾的方法是（ BCD ）。
   A. 用沙土盖压
   B. 如果有疏散可能，人身安全确有可靠保障，应迅速组织力量及时疏散着火区域周围的爆炸物品，使周围形成一条隔离带
   C. 扑救爆炸物品堆垛时，水流应采取吊射
   D. 灭火人员应尽量利用现场的掩蔽体或采取卧式等低姿射水，注意自我保护
7. 扑救腐蚀品火灾的方法是（ ABCD ）。
   A. 灭火人员必须穿防护服，佩戴防护面具
   B. 扑救时应尽量使用低压水流或雾状水，避免腐蚀品溅出
   C. 遇腐蚀品容器泄漏，在扑灭火势后应立即采取堵漏措施
   D. 遇酸碱类腐蚀品最好调制相应的中和剂稀释中和
8. 防止噪声危害的措施通常有（ ABC ）。
   A. 控制和消除噪声源 B. 控制噪声的传播
   C. 个人卫生保健 D. 设备加固
9. 下列叙述中，属于生产中防尘防毒技术措施的是（ ABCD ）。
   A. 改革生产工艺 B. 采用新材料新设备
   C. 车间内通风净化 D. 湿法除尘

10. 质量统计控制图包括（ BCD ）。

A. 一个坐标系　　B. 两条虚线

C. 一条中心实线　　D. 两个坐标系

11. 可以作为分类汇总中汇总方式选项的内容是（ ABD ）。

A. 乘积　　B. 计数　　C. 最大偏差　　D. 计数值

12. 用人单位具有下列（ BCD ）情形，将裁减人员方案向劳动行政部门报告后，可以裁减人员。

A. 依照企业破产法规定进行重整的

B. 生产经营发生严重困难的

C. 企业转产、重大技术革新或者经营方式调整，经变更劳动合同后，仍需裁减人员的

D. 其他因劳动合同订立时所依据的客观经济情况发生重大变化，致使劳动合同无法履行的

13. 班组生产技术管理的主要内容有（ ACD ）。

A. 定时查看各岗位的原始记录，分析判断生产是否处于正常状态

B. 对计划完成情况进行统计公布并进行分析讲评

C. 指挥岗位或系统的开、停车

D. 建立指标管理台账

14. 班组的劳动管理包括（ ABCD ）内容。

A. 班组劳动纪律管理　　B. 班组劳动分工与协调调配管理

C. 班组定额管理　　D. 班组考核管理

15. 报告与请示的区别在于（ ABCD ）不同。

A. 行文目的　　B. 行文时限　　C. 内容　　D. 结构

简答题

1. 请示是什么？

答：请示是下级机关就有关问题向上级机关请求指示、批准时使用的上行公文。

2. 什么是定量评价？

答：（1）在风险量化基础上进行评价。（0.4分）

（2）主要是依靠历史统计数据。（0.3分）

（3）运用数学方法构造数学模型进行评价。（0.3分）

3. 什么是劳动安全卫生管理体制中的“行业管理”？

答：劳动安全卫生管理体制中的“行业管理”就是行业主管部门根据本行业的实际和特

点切实提出本行业的劳动安全卫生管理的各项规章制度，并监督检查各企业的贯彻执行情况（0.5分）。

4. HSE管理体系中风险评价的目的是什么？

答：（1）全面识别危害因素。（0.5分）

（2）准确评价、控制重大风险。（0.5分）

5. 班组管理主要包括哪些内容？

答：（1）现场管理。（0.1分）

（2）生产管理。（0.1分）

（3）安全环保管理。（0.1分）

（4）设备管理。（0.1分）

（5）质量管理。（0.1分）

（6）劳动管理。（0.1分）

（7）经济核算。（0.1分）

（8）民主管理。（0.1分）

（9）思想政治工作。（0.2分）

——职业通用理论知识试题——

判断题

1. 干燥器中湿物料中水分量的减少等于干燥介质中水分量的减少。（ × ）

正确答案：干燥器中湿物料中水分量的减少等于干燥介质中水分量的增加。

2. 气体在离心压缩机的后弯式叶轮流动时，其出口绝对速度比入口绝对速度低。（ × ）

正确答案：气体在离心压缩机的后弯式叶轮流动时，其出口绝对速度比入口绝对速度高。

3. 齿轮泵是由泵体内两齿轮的啮合和分开造成容积变化而输送液体的一种回转泵。（ √ ）

4. 管道检修现场验收的主要标准是管道油漆完好无损，附件灵活好用，运行一周无泄漏。（ √ ）

5. 分子量是影响聚合物性能的最基本因素，聚合物商品往往根据分子量的不同来确定其牌号。（ √ ）

6. 元素的化学性质随着原子序数递增呈现周期性变化的原因是原子电子层数周期性变化。（ × ）

正确答案：元素的化学性质随着原子序数递增呈现周期性变化的原因是原子核外电子排布的周期性变化。

7. 盖斯定律指出化学反应过程不管是一步完成还是分数步完成，过程总的热效应相同。（√）

8. 同一化学反应，以不同的计量方程式表示时，其平衡常数的数值不变。（×）

正确答案：同一化学反应，以不同的计量方程式表示时，其平衡常数的数值不同。

单选题

1. 在中性点直接接地的低压电网中，将电气设备外露不导电部分与零线进行连接称为（ B ）。

A. 保护接地　　B. 保护接零　　C. 重复接地　　D. 工作接零

2. 在有防爆要求的生产装置，通常使用的电动机类型是（ A ）。

A. 三相防爆交流异步或同步电动机

B. 直流电动机

C. 普通非防爆电动机

D. 单相交流密闭型电动机

3. 物理吸附过程是一个放热过程，吸附剂对吸附质的吸附能力越强，其热效应就（ D ）。

A. 先减小后增大　　B. 越小　　C. 先增大后减小　　D. 越大

4. 以下不属于气体输送机械的是（ C ）。

A. 真空泵　　B. 压缩机　　C. 离心泵　　D. 鼓风机

5. 聚氯乙烯树脂的湿基含水量为6%，干燥后产品中的湿基含水量为0.3%，干燥产品量为5000kg/h。则树脂在干燥器中蒸发的水分量为（ A ）kg/h。

A. 303　　B. 285　　C. 320　　D. 180

6. 多用于铜、铝等有色金属及不锈耐酸钢容器和管线连接上的法兰是（ D ）。

A. 平焊法兰　　B. 对焊法兰　　C. 螺纹法兰　　D. 活套法兰

7. 换热器检修的现场验收标准主要是（ A ）。

A. 设备投用运行一周，各项指标达到技术要求或能满足生产需要

B. 设备防腐、保留完整无损，达到完好标准

C. 提交检修过程技术资料

D. 维护记录

8. 下列哪种不属于止回阀的形式？（ B ）

A. 旋启式　　B. 柱塞式　　C. 球式　　D. 升降式

9. 滑动轴承常用的润滑方式有（ A ）。

A. 间歇润滑、连续润滑　　B. 机油润滑、齿轮油润滑

C. 每班润滑、每周润滑　　D. 机器润滑、人工润滑

10. 在下列密封形式中，（ D ）为接触式密封。

A. 迷宫式密封　　B. 甩油环密封

C. 油沟式密封　　D. 毛毡圈密封

11. 溴化锂吸收式制冷机中，溴化锂溶液吸收水蒸气时会（ B ）。

A. 吸收热量

B. 放出热量

C. 既不吸收热量，也不放出热量

D. 将热量转化为潜热

12. 当输入气压信号增加时，调节阀阀芯与阀座之间的流通面积增大，流过介质的流量增加，则此调节阀为（ B ）。

A. 气关阀　　B. 气开阀　　C. 正装阀　　D. 反装阀

13. 当液位为零，差压式液位计的输出信号小于零时，需进行零点（ C ）。

A. 左迁移　　B. 右迁移　　C. 负迁移　　D. 正迁移

14. 以下关于非晶态聚合物溶解的说法，错误的是（ B ）。

A. 分子量越大，溶解速度越慢

B. 温度升高不会对聚合物的溶解度产生影响

C. 温度升高，聚合物溶解速度提高

D. 对溶解体系进行搅拌或适当加热，可缩短溶解时间

15. 下列对反应平衡常数的表述中，不正确的是（ D ）

A. 平衡常数就是衡量平衡状态的一种数量标志

B. 化学反应平衡常数习惯上称为浓度平衡常数

C. 标准平衡常数又叫作热力学平衡常数

D. 热力学中把平衡常数区分为压力平衡常数和浓度平衡常数

16. 固体和液体的溶解度基本不受压力的影响，而气体在液体中的溶解度与气体的分压成（ C ）。

A. 抛物线　　B. 反比　　C. 正比　　D. 没关系

17. 元素X、Y、Z的原子序数都小于18。元素X和Y的阳离子和元素Z的阴离子具有相同的电子层结构，并且X的离子半径比Y的离子半径大，则X、Y、Z的原子序数由大到小的顺序为（ B ）。

A. X>Y>Z　　B. Y>X>Z　　C. X>Z>Y　　D. Z>Y>X

多选题

1. 由单台变压器供电的低压电网中，下列接地正确的有（ CD ）。

A. 根据需要可将一部分设备采用保护接地，另一部分设备采用保护接零

B. 全部设备采用保护接地

C. 不允许将一部分设备采用保护接地，另一部分设备采用保护接零

D. 全部设备采用保护接零

2. 以下关于电气原理图说法正确的有（ ABD ）。

A. 电气原理图一般分主电路和辅助电路（控制电路）两部分

B. 主电路是电气控制线路中大电流通过的部分

C. 主电路一般由按钮、接触器和继电器的线圈及辅助触点、热继电器触点、保护电器触点等组成

D. 电气原理图中电器元件的布局，应根据便于阅读原则安排

3. 石墨垫的特点有（ ABC ）。

A. 回弹性好　B. 柔韧性好　C. 耐温性好　D. 耐酸性好

4. 自动控制系统主要由（ ABCD ）环节组成。

A. 控制器　B. 被控对象　C. 执行机构　D. 变送器

5. 关于自由基聚合，以下与聚合度有关的因素有（ ABCD ）。

A. 单体浓度　B. 引发剂浓度　C. 聚合温度　D. 链转移剂浓度

6. 通过元素周期表，可以知道元素的（ ABC ）。

A. 符号　B. 原子量　C. 电子数　D. 核外电子排布

简答题

1. 如何提高换热器的总传热系数 *K*？

答：要提高 *K* 值，就必须减少热阻，方法有：①增加湍流程度；②防止结垢和及时清除垢层。

2. 简述差压式流量计的测量原理

答：在工艺管道中安装节流装置后，流体通过节流装置时，由于流通面积突然缩小，流束必然要产生收缩，使流速加快。根据能量守恒定律，动压能和静压能在一定条件下可以互相转换，流速加快的结果必然导致静压能的降低，因而在节流装置的上、下游之间就产生了静压差，这个静压差的大小与流体的流量有关，只要测出压差就可以推算出流体的流量。

计算题

1. 在70℃时，KNO_3的溶解度为135g，问：（1）70℃时，100g饱和溶液中能溶解多少克KNO_3?（2）70℃时，溶解100gKNO_3至少需要多少克水?

解：①70℃时，KNO_3的溶解度为135g，其饱和溶液为100+135 = 235g。设100g饱和溶液中溶解KNO_3为x克，则235：135 = 100：x 得 x = 57.45（g）。②70℃时，溶解135gKNO_3须用100g水。设溶解100gKNO_3需用yg水，则135：100 = 100：y = 74.07（g）

答：100g饱和溶液中溶解57.45gKNO_3，溶解100gKNO_3需要74.07g水。

2. 已知在500℃时，一氧化碳和水蒸气反应平衡常数为Kc =9，且一氧化碳和水的起始浓度都是0.02mol/L，求一氧化碳转化率。

解：反应式为：$CO+H_2O=CO_2+H_2$；平衡常数$Kc=[CO_2][H_2]/[CO][H_2O]=9$；

初始浓度：$[CO]_0=0.02$mol/L；$[H_2O]_0=0.02$mol/L；$[CO_2]_0=0$；$[H_2]_0=0$；

设平衡时CO反应掉的浓度为X mol/L；

则$K_C=X^2/(0.02-X)(0.02-X)=9$；

$X=0.015$mol/L；

则转化率$\alpha=0.015/0.02=75\%$。

答：CO转化率为75%。

3. 有一台椭圆齿轮流量计，其24h的走字数为120字。已知其换算系数为1m³/字，求该天的物料量是多少m^3？平均流量是多少m^3/h？

解：①换算系数表示计数器每个字所代表的流量值，某段时间间隔内的走字数和换算系数的乘积即为该段时间间隔内的流量值。一天的物料量为：$1m^3$/字 × 120字=$120m^3$。②该天的平均流量为：$5m^3/h$。

答：该天的物料量是$120m^3$；平均流量是$5m^3/h$。

工种理论知识试题

判断题

1. 一氧化碳和空气的相对密度很接近。 （√）

2. 开车前的丙烯置换主要是除去系统中的氧气。 （×）

正确答案：开车前的丙烯置换主要是除去系统中的惰性组分。

3. 造粒倒空后的空载开车与正常情况下的开车相比，仅是增加了进行切粒机构调整的操作。 （×）

正确答案：造粒倒空后的空载开车与正常情况下的开车相比增加了升温的操作。

4. 置换丙烯接受单元时，可以直接把来料阀门开大使丙烯进入系统，不必使丙烯汽化。（ × ）

正确答案：置换丙烯接受单元时，小开度使丙烯进入系统，保证丙烯汽化。

5. 粒料输送采用空气输送。（ √ ）

6. 不论在MFR的任何范围，高效载体催化剂的活性都随氢气加入量的增加而略有上升。（ × ）

正确答案：在低MFR范围内，高效载体催化剂的活性都随氢气加入量的增加而略有上升。

7. 气相聚合釜程序控制出料系统中5阀所在的管线被堵将造成的现象是送料风机电流升高或跳闸。（ √ ）

8. 过渡时放空的目的主要是想除去反应釜中的惰性气体。（ × ）

正确答案：过渡时放空的目的主要是想除去反应釜中的氢气和乙烯组分。

9. 造粒助剂中不存在降解剂的情况下，粒料MFR比粉料MFR高的原因可能是助剂未按量加入。（ √ ）

10. 催化剂的活性可以通过活化剂的供给速率来控制。（ × ）

正确答案：催化剂的活性不可以通过活化剂的供给速率来控制。

11. 含微量氧的氮气加入气相聚合釜主要是为了控制产品的总乙烯含量。（ × ）

正确答案：含微量氧的氮气加入气相聚合釜主要是为了防止粉料发黏。

12. 颗粒水的控制温度通常随产品MFR的升高而升高。（ × ）

正确答案：颗粒水的控制温度通常随产品MFR的升高而降低。

13. 抗冲共聚物中的橡胶相与聚丙烯均聚物不相容，形成一定程度的相分离。（ √ ）

14. 添加剂168属于卤素吸收剂。（ × ）

正确答案：添加剂168属于抗氧剂。

15. 液相釜搅拌可以在无料位下空负荷运转。（ × ）

正确答案：液相釜搅拌不可以在无料位下空负荷运转。

16. 桨式干燥器停车时，要先停蒸汽和氮气然后停电机。（ × ）

正确答案：桨式干燥器停车时，要先停电机，然后停蒸汽和氮气。

17. 装置停车时催化剂单元最后停止的泵是主催化剂加料泵。（ √ ）

18. 气相聚合釜循环气风机短时间停车时，不必停密封油及润滑油。（ √ ）

19. 运行中的设备也可以进行密封油内部泄漏检查。（ × ）

正确答案：运行中的设备不可以进行密封油内部泄漏检查。

20. 通常情况下，MFR越高切刀的使用寿命越长。 （ × ）

正确答案：通常情况下，MFR越高切刀的使用寿命越短。

21. 压缩机是一种压缩气体、提高气体压力或输送气体的机器。 （ √ ）

22. 清除机筒、螺杆和模具上的残料时，只能用竹质或铜质刀具刮铲，不允许用钢质刀，更不允许用火烧、烤的方法。 （ √ ）

23. 挤出机在较长时间停止使用时，不需要对螺杆、机筒、机头等工作表面做防锈保护措施。 （ × ）

正确答案：挤出机在较长时间停止使用时，需要对螺杆、机筒、机头等工作表面做防锈保护措施。

24. 升降式止回阀只能以水平位置安装。 （ √ ）

25. 循环气压缩机入口压力低一定是入口过滤器堵塞了。 （ × ）

正确答案：循环气压缩机入口压力低不一定是入口过滤器堵塞了。

26. 解体密封油泵发现定、转屏蔽套磨损，而轴承内径尺寸没有超过极限值，说明有异物进入电机腔内，需要检查入口滤器有无损坏。 （ √ ）

27. 同一台仪器检测出的粒料黄色指数与粉料黄色指数在数值上无可比性。 （ √ ）

28. 干燥单元联锁后，汽蒸罐的搅拌会在其下部旋转阀停止后停止。 （ × ）

正确答案：干燥单元联锁后，汽蒸罐的搅拌不会在其下部旋转阀停止后停止。

29. 催化剂单元盐水温度偏高仅会影响催化剂活性。 （ × ）

正确答案：催化剂单元盐水温度偏高不仅会影响催化剂活性，还会影响催化剂注入等。

30. 造粒过程中聚丙烯粉料的混炼强度大小对颗粒黄色指数没有影响。 （ × ）

正确答案：造粒过程中聚丙烯粉料的混炼强度大小对颗粒黄色指数有影响。

31. 进料丙烯温度低是造成聚合反应活性低的原因之一。 （ × ）

正确答案：进料丙烯温度低不是造成聚合反应活性低的原因之一。

32. 罗茨风机驱动侧皮带轮与风机侧皮带轮安装偏离同一平面时很容易导致断带。 （ √ ）

33. 主催化剂泵泵体里含有气体会导致催化剂流量波动。 （ √ ）

34. 泵体排气阀堵塞后，液压腔内的气体无法排出，将会导致膜片鼓动幅度减小，导致泵的流量降低。 （ √ ）

35. 液相釜风机停会导致其搅拌停止。 （ × ）

正确答案：液相釜风机停不会导致其搅拌停止。

36. 浆液的停留时间减少将会使浆液浓度升高。 （ × ）

正确答案：浆液的停留时间减少将会使浆液浓度降低。

37. 罗茨风机应该使气体由下面进入，上面排出。 （ × ）

正确答案：罗茨风机应该使气体由上面进入，下面排出。

38. 烷基铝泄漏起火时可用四氯化碳灭火器灭火。 （ × ）

正确答案：烷基铝泄漏起火时不可用四氯化碳灭火器灭火。

39. 可燃物质受热升温而不需要明火作用就能自行燃烧的现象称为自燃。 （ √ ）

40. 导致工艺转动设备停止的电力事故有两种。 （ √ ）

41. 装置停氮气后，不必停催化剂。 （ × ）

正确答案：装置停氮气后，必须停催化剂。

42. 蒸汽中断时，装置必须按照正常停车的步骤进行停车。 （ × ）

正确答案：蒸汽中断时，装置必须按照紧急停车的步骤进行停车。

43. 若反应釜搅拌停运长时间不能启动，则需要停车处理。 （ √ ）

44. 烷基铝泄漏起火时可用泡沫灭火器灭火。 （ × ）

正确答案：烷基铝泄漏起火时不可用泡沫灭火器灭火。

45. 第一聚合釜主催化剂内管被堵后更换时聚合釜不需要氮气置换。 （ × ）

正确答案：第一聚合釜主催化剂内管被堵后更换时聚合釜需要氮气置换。

46. 当第一气相釜温度升高不可控制时要立即去现场将新鲜丙烯冲入第一气相釜，以降低反应温度。 （ √ ）

47. 第一气相釜温度异常升高可能是第二液相釜出料过快造成的。 （ × ）

正确答案：第一气相釜温度异常升高可能是第二液相釜出料过慢造成的。

48. 第二气相聚合釜生产嵌段共聚物时如果搅拌停止后无法启动，应该打开放空阀将乙烯排至火炬，以防止不合质量要求的粉料产生。 （ √ ）

49. 画图时，必须对好三视图的位置，做到长对正、高平齐、宽相等。 （ √ ）

单选题

1. 内给电子体加入主催化剂中，可避免在研磨过程中（ D ）颗粒的凝结。

A. 三氯化钛　　B. 四氯化钛　　C. 氢氧化钠　　D. 氯化镁

2. 高速机械的（ C ）是可能引起振动的主要部件。

A. 支架　　B. 轴承　　C. 转子　　D. 机座

3. 用秒表测量AT催化剂流量时，60秒时间玻璃管中被打出的AT溶液体积为0.2升，如果AT的浓度以0.88mol/L计算，那么每小时需要的纯AT量为（ C ）mol。

A. 0.176　　B. 52.8　　C. 10.56　　D. 12

4. 吹扫的目的是将系统存在的脏物、泥沙、焊渣、锈皮及其他机械杂质在（ B ）吹扫干净。

A. 管线安装前　　B. 化工投料前　　C. 化工投料后　　D. 管线气密后

5. 用烷氧基硅烷（或硅烷）为外给电子体的催化体系属于第（ C ）代催化剂。

A. 二　　B. 三　　C. 四　　D. 五

6. 干燥单元的两个袋滤器过滤后的气体走向是（ D ）。

A. 都排向火炬

B. 都排向大气

C. 桨式干燥器附带的袋滤器过滤后的气体排向大气、汽蒸罐附带的袋滤器过滤后的气体排向火炬

D. 桨式干燥器附带的袋滤器过滤后的气体排向火炬、汽蒸罐附带的袋滤器过滤后的气体排向大气

7. 主催化剂预聚合后要在低温下贮存，原因是防止催化剂（ A ）。

A. 活性降低　　B. 活性升高　　C. 沉降　　D. 中毒

8. 对蒸汽系统而言，在用风吹扫后还必须用（ B ）对系统进行吹扫。

A. 氮气　　B. 蒸汽　　C. 水　　D. 仪表风

9. 吹扫的过程不允许（ D ）进入阀门和设备。

A. 氮气　　B. 仪表风　　C. 杂用风　　D. 脏物

10. 下列物质中，自燃点最低的是（ C ）。

A. 乙烯　　B. 丙烯　　C. 已烷　　D. 氢气

11. 液相釜的丙烯升压最好升至（ C ），以利于此后的液相丙烯加料。

A. 0.5 MPa　　B. 1.0 MPa　　C. 1.5 MPa　　D. 2.0 MPa

12. 桨式干燥器有（ B ）个部位通入加热蒸汽。

A. 一　　B. 二　　C. 三　　D. 四

13. 造粒开车束状挤压初期需要把转向器打至“排出”侧，是防止未熔融的或不干净的树脂（ D ）。

A. 损坏防爆膜　　B. 堵塞模孔　　C. 进入水室　　D. 堵塞滤网

14. 主催化剂泵打量滑坡的原因是（ A ）。

A. 注油室油位低　　B. 进出口阀未开

C. 催化剂浓度不够　　D. 进出口压力不平衡

15. TK催化剂的Ti含量约为2.5%，如果已知向聚合釜加入的催化剂料液浓度为10g-Cat/升溶液，那该溶液的Ti含量为（ A ）g-Ti/升溶液。

A. 0.25　　B. 25　　C. 4　　D. 250

16. 干燥单元使用的蒸汽要降温、降压的原因是（ A ）。

A. 防止聚丙烯粉料与干燥器壁接触而熔融

B. 节约蒸汽

C. 与干燥单元系统压力匹配

D. 低压蒸汽易使催化剂脱活

17. 第一液相釜的温度、压力联锁值是（ B ）。

A. 80℃、4.2MPa　　B. 90℃、4.2MPa

C. 80℃、4.0MPa　　D. 90℃、4.0MPa

18. 调整氢气的加入量主要是为了控制聚合产物的（ B ）。

A. 乙烯含量　　B. MFR　　C. 拉伸屈服强度　　D. 冲击强度

19. 通常情况下生产同等MFR的均聚物、抗冲共聚物、无规共聚物时，催化剂消耗（ A ）。

A. 均聚物最多　　B. 抗冲共聚物最多

C. 无规共聚物最多　　D. 一样多

20. 干燥单元联锁后唯一不停的转动设备是（ C ）。

A. 干燥器搅拌　　B. 干燥器与汽蒸罐间的旋转阀

C. 汽蒸灌搅拌　　D. 粉料分离器与干燥器间的旋转阀

21. 大循环运行时第一气相釜和丙烯凝液罐处于（ A ）状态。

A. 接通　　B. 断开

C. 可以接通也可以断开　　D. 先接通后断开

22. 造粒刚刚开车后需要从振动筛下部进行排地，排地结束的判断依据是（ B ）。

A. 排地时间到达1分钟　　B. 颗粒外观合格

C. 颗粒不潮湿　　D. 排地料斗已满

23. 投催化剂前聚合釜升温是要求反应釜温度达到（ B ）。

A. 正常操作温度　　B. 催化剂的活化温度

C. 保持反应釜间压差所要求的温度　　D. 超过正常操作温度

24. 开车过程中各项工艺参数最先达到控制标准的反应釜是（ A ）。

A. 第一液相釜　　B. 第二液相釜　　C. 第一气相釜　　D. 第二气相釜

25. 聚合物刚性的质量指标是（ B ）。

A. 冲击强度　　B. 弯曲模量　　C. 热变形温度　　D. 密度

26. 聚合单元粉料MFR高出范围时，可以在降氢的同时（ A ），以便MFR回到控制指标。

A. 气相釜适当放空　　B. 提高第一液相釜浆液浓度

C. 降低催化剂加入量　　D. 液相釜适当放空

27. 按照严格的要求，牌号过渡时首先将（ B ）调节到“过渡后类型”的规定范围。

A. 乙烯含量　　B. MFR　　C. 氢气　　D. 催化剂

28. 影响造粒单元负荷的主要因素是（ A ）。

A. 粉料 MFR　　B. 粉料乙烯含量　　C. 粉料的灰分　　D. 粉料的挥发分

29. 反应器气体组成中乙烯/（丙烯+乙烯）数值越大，聚合物中的乙烯含量（ D ）。

A. 越低　　B. 不变　　C. 不一定　　D. 越高

30. 在液相聚合釜中，聚合速率随着（ C ）的升高呈指数关系上升。

A. 氢气浓度　　B. 液位　　C. 绝对温度　　D. 单体分压

31. 聚丙烯产品的等规度高，则（ B ）也高。

A. 分子量　　B. 结晶度　　C. 断裂伸长率　　D. 冲击强度

32. 聚合单元进料为 10t/h，造粒单元负荷 10.5t/h，装置的消耗为 1.020t/t，则粉料仓每小时降低料面（ C ）。

A. 0.5　　B. 10.5　　C. 0.696　　D. 1.020

33. 浆液浓度的高低通常可以从（ A ）的高低判断出。

A. 聚合釜搅拌电流　　B. 聚合釜温度

C. 聚合釜压力　　D. 循环气风机电流

34. 均聚物向无规共聚物过渡时在加入乙烯前应适当降低（ C ）的量。

A. 丙烯　　B. 氢气　　C. 主催化剂　　D. 给电子体

35. 生产抗冲共聚物时，通常的负荷调整次序是（ B ）。

A. 调整催化剂量→调整造粒负荷→调整乙烯进料量

B. 调整催化剂量→调整乙烯进料量→调整造粒负荷

C. 调整造粒负荷→调整催化剂量→调整乙烯进料量

D. 调整乙烯进料量→调整造粒负荷→调整催化剂量

36. PPR 管材属于（ B ）。

A. 抗冲共聚物　　B. 无规共聚物　　C. 均聚物　　D. 间规聚丙烯

37. 从拉伸应力—应变曲线来看，聚丙烯树脂是在（ B ）使用的。

A. 断裂点之外　　B. 屈服点之内

C. 断裂点和屈服点之间　　D. 屈服点之外

38. 通常 MFR 越高，造粒单元（ A ）。

A. 切粒机转速越高　　B. 切粒机转速越低
C. 网压越高　　D. 齿轮泵电流越高

39. 更换催化剂内管前必须确认（ B ）。
A. 液相釜已倒空　　B. 液相釜已置换并泄压
C. 液相釜已置换　　D. 气相釜已置换并泄压

40. 气相釜载料停车时不能低温，否则容易使粉料（ C ）。
A. 漏至筛板下　　B. 发黏　　C. 结块　　D. 黏壁

41. 反应器泄压操作时要求（ A ）。
A. 缓慢进行　　B. 快速进行　　C. 随意排放　　D. 单独排放

42. 液相釜倒空后的泄压操作要缓慢进行，原因是防止（ A ）。
A. 聚合釜低温　　B. 火炬罐憋压　　C. 雾沫夹带　　D. 产生噪声

43. 造粒输送方式有（ B ）。
A. 压缩输送、液体输送、气体输送
B. 重力输送、液体输送、气体输送
C. 重力输送、压缩输送、气体输送
D. 压缩输送、重力输送、液体输送

44. 干燥单元为了防止粉料输送管线在真空下操作和被空气污染，设置了（ D ）联锁信号。
A. 汽蒸罐料位高　　B. 送料风机出口压力高
C. 下游设备停止则上游设备也停止　　D. 送料风机入口压力低

45. 停车时液相釜稀释的目的是（ D ）。
A. 降低釜温　　B. 降低釜压　　C. 给气相釜降温　　D. 排尽釜内的粉末

46. 机械密封的定位是确定机械密封轴上的位置，这个位置应保证安装后，两个端面应该贴合，而且弹簧应该有一定的压缩量，这个预先压缩量一般为（ A ）。
A. 4 ~ 6mm　　B. 2 ~ 4mm　　C. 6 ~ 8mm　　D. 8 ~ 10mm

47. 聚合单元使用的密封油种类是（ C ）。
A. 高压密封油　　B. 高压和中压密封油
C. 高压、中压、低压三种密封油　　D. 中压密封油

48. 下列不是造成切刀磨损原因的是（ C ）。
A. 切刀与模板磨损严重　　B. 刀轴与模板垂直度不够
C. 颗粒水温度过低　　D. 切刀与模板间隙不当

49. 高速离心泵应该在（ C ）情况下停止电机。

A. 出口阀全开　　B. 出口阀全关　　C. 出口阀稍开　　D. 入口阀全关

50. 混炼机运行前不需要投入运行的系统是（ C ）。

A. BCW、PCW 系统　　B. 稳定剂系统

C. 粒料输送系统　　D. 润滑油系统

51. 聚合单元丙烯进料泵是（ B ）。

A. 往复泵　　B. 高速离心泵　　C. 隔膜泵　　D. 屏蔽泵

52. 造粒开车时（ C ）不能空载运行。

A. 振动筛　　B. 混炼机　　C. 齿轮泵　　D. 切粒机

53. 催化剂单元使用的密封油种类是（ A ）。

A. 低压密封油　　B. 低压和中压密封油

C. 高压、中压、低压三种密封油　　D. 中压密封油

54. 造粒机网后压力高联锁的数值比网后防爆膜的设定压力（ B ）。

A. 高　　B. 低　　C. 一样　　D. 不一定

55. 装置用往复式压缩机启动时的准备工作不包括（ D ）。

A. 给油冷却器通水

B. 夹套通入循环水，同时通入循环水冷却连杆密封

C. 手摇叶轮泵充分润滑轴承

D. 置卸载阀于50%

56. 离心泵密封环的作用是（ C ）。

A. 承磨　　B. 密封　　C. 密封、承磨　　D. 抗压

57. 在需要调节流量和压力的部位一般安装（ D ）。

A. 截止阀　　B. 球阀　　C. 隔膜阀　　D. 节流阀

58. 工业生产中的流化床上部都有一个扩大段，设置此扩大段的目的是（ B ）。

A. 分离气相和液相　　B. 有利于小颗粒的沉降

C. 增加反应器的有效体积　　D. 使粉料均匀

59. 通常堵塞废气压缩机和循环丙烯气压缩机入口过滤器的物质是（ C ）。

A. 密封油　　B. 铁渣　　C. 细粉料　　D. 催化剂残渣

60. 挤出机料筒中有残余树脂，当加热器控制指示高于温度达到设定值后，料筒至少应恒温（ C ）分钟，方可启动螺杆驱动马达，启动前，用试样料置换料筒至少（ C ）分钟。

A. 15，30　　B. 30，60　　C. 30，15　　D. 60，30

61. 过滤器清理完毕后，需要用（ C ）驱逐其内部的空气和湿气。

A. 丙烯　B. 乙烯　C. 氮气　D. 氢气

62. 导致废气压缩机和循环丙烯气压缩机入口过滤器堵塞的原因是（ B ）。

A. 密封油泄漏　B. 袋滤器布袋破损

C. 管线腐蚀　D. 催化剂残渣多

63. 下列现象的发生能够说明换热器内漏的是（ D ）。

A. 换热器出口气体温度降低　B. 换热器用水量增加

C. 进气阀开度增加　D. 循环水系统压力增加

64. 巡检中发现密封油泵TRG表指示在黄区或红区（其他情况正常），说明（ A ）。

A. 轴承已磨损需要更换　B. 泵发生汽蚀现象

C. 密封油系统压力过高　D. 密封油罐液位低

65. 清除机筒、螺杆和模具上的残料时，可以采用的方法是（ C ）。

A. 用钢质刀刮铲　B. 用火烧、烤

C. 用竹质或铜质刀具刮铲　D. 用锤子砸

66. 适宜操作时要么开得很大，要么完全关闭的阀门是（ D ）。

A. 闸阀　B. 截止阀　C. 球阀　D. 安全阀

67. 下列选项中，能够说明液相釜换热器换热效果降低的是（ A ）。

A. 水阀和换热器气阀开度变大　B. 水阀和换热器气阀开度变小

C. 水阀开大而换热器气阀开度变小　D. 换热器进出口温差变大

68. 通常脱水分子筛再生时适合的操作条件为（ B ）。

A. 高温高压　B. 高温低压　C. 低温高压　D. 低温低压

69. 可以使用肉眼进行初步判别的产品质量指标是（ D ）。

A. MFR　B. 乙烯含量　C. 屈服强度　D. 黄色指数

70. 检修后开车时，催化剂投入聚合釜未见反应的原因可能是（ A ）。

A. 系统中某个死角残存水　B. 系统中的氮气未除干净

C. 循环水温度太低　D. 进料丙烯温度过低

71. 催化剂的保存条件要求很严格，最重要的是要求（ B ）。

A. 储罐压力要高　B. 储罐温度要低

C. 储罐液位要高　D. 储罐不能搅拌

72. 造成第一气相釜搅拌停车的原因是（ D ）。

A. 密封油中断　B. 第一气相釜联锁

C. 搅拌小油泵跳停　D. 反应釜料位高

73. 粒料湿含量达不到要求的原因是（ D ）。

A. 聚合干燥单元汽蒸效果差

B. 颗粒水温度低

C. 颗粒水温度高

D. 离心干燥器排风扇进出口阀未全开，使得水蒸气排不干净

74. 下列容易使聚丙烯粒料发黄的行为是（ C ）。

A. 聚合乙烯加入量偏高　　B. 生产无规共聚物产品

C. 提高造粒高压蒸汽压力　　D. 降解法生产高 MFR 产品

75. 生产过程中引起聚合反应量急剧下降的原因可能是（ A ）。

A. 原料丙烯质量突然变差　　B. 己烷含水量高

C. OF 催化剂流量下降　　D. 换热器堵塞

76. 下面可能会造成干燥单元积料的原因是（ D ）。

A. 干燥不彻底　　B. 装置负荷低

C. 粉料分离器压力高　　D. 粉料黏度大，流动性不好

77. 造成第一反应器搅拌器停车的直接原因是（ A ）。

A. 搅拌器小油泵跳停　　B. 液相反应器联锁

C. 密封油中断　　D. 无冲洗液

78. 导致程序出料线堵塞的最主要原因是（ B ）。

A. 仪表程序故障　　B. 顺控阀门故障

C. 风机故障　　D. 旋转阀故障

79. 下列条件变化时，不会引起第二气相釜压力升高的是（ D ）。

A. 提高第二气相釜料位　　B. 减少气相丙烯供给速率

C. 循环气压缩机 C206 工况变好　　D. 增加程序出料线系数

80. 程序出料线送料风机最易损坏的部件是（ C ）。

A. 轴承　　B. 转子　　C. 机封　　D. 机壳

81. 生产相同乙烯含量的抗冲共聚物时，橡胶中乙烯含量与粉料是否发黏的关系是（ B ）。

A. 橡胶中乙烯含量越高粉料越易发黏

B. 橡胶中乙烯含量越低粉料越易发黏

C. 橡胶中乙烯含量的高低与粉料是否发黏没有关系

D. 橡胶中乙烯含量中等时粉料易发黏

82. 下列因素能够导致第二气相釜出料风机皮带断的是（ B ）。

A. 程序出料速度快　　B. 风机出口管线堵塞

C. 粉料发黏　　D. 电机故障

83. 下列选项中，能够引起主催化剂流量波动的是（ C ）。

A. 第一液相釜压力高　　B. 冷冻盐水温度太低

C. 催化剂入口储罐液位极低　　D. 催化剂浓度高

84. 下列选项中，能够引起聚合反应量下降的是（ D ）。

A. 氢气量突然加大

B. 升高循环水温度

C. 液相釜出料阀开度大，导致液位控制太低

D. H_2，HX，N_2，乙烯等原辅材料的杂质含量超标

85. 液相釜搅拌开启和停止时应在液位（ A ）的情况下进行。

A. 较低　　B. 正常　　C. 没有　　D. 较高

86. 不能依据其判断出聚合釜浆液浓度过高的现象是（ C ）。

A. 搅拌电流高　　B. 循环风机电流高

C. 催化剂流量大　　D. 浆液线易堵塞

87. 第一气相釜压力异常升高的原因可能是（ B ）。

A. 所生产的牌号 MFR 太高　　B. 釜与凝液罐间的切断阀关闭

C. 凝液罐料位偏高　　D. 出料周期太长

88. 第一液相釜丙烯进料温度要低于（ B ）。

A. 5℃　　B. 10℃　　C. 15℃　　D. 20℃

89. 催化剂中的大颗粒通常是预聚合时（ C ）造成的。

A. 温度低　　B. 压力低　　C. 温度高　　D. 压力高

90. 浆液洗涤罐搅拌停运后需要进行的工作是（ B ）。

A. 停催化剂进料

B. 现场检查若是电气故障，则继续运行，并准备重新启动搅拌器

C. 加大丙烯循环量

D. 断开二釜与浆液洗涤罐的连接

91. 热电偶测量时，当导线断路时，温度指示在（ B ）。

A. 0℃　　B. 机械零点　　C. 最大值　　D. 原测量值不变

92. 通常情况下，引起产品发黄的主要原因是（ A ）。

A. 造粒氧降解　　B. 干燥不好

C. 催化剂加入量大　　D. 给电子体加入量大

93. 气相釜压力联锁的数值是（ B ）。

A. 1.8MPa　　B. 2.1MPa　　C. 2.4MPa　　D. 2.8MPa

94. 在有可能形成有毒或窒息性气体的火灾时，应佩戴（ B ）或采取其他措施，以防

救援灭火人员中毒。

A. 长管呼吸器 B. 正压式呼吸器 C. 防毒面具 D. 湿毛巾

95. 第一气相釜飞温后不可采取的措施是（ B ）。

A. 将第一气相釜温度控制冷却水阀开至最大

B. 关小第二液相釜出料调节阀

C. 打开第一气相釜放空阀泄压

D. 开第一气相釜换热器冷却水旁通

96. 不与烷基铝反应的物质是（ D ）。

A. 水 B. 氧气 C. 空气 D. 己烷

97. 正常时主催化剂泵出口压力（ A ）第一聚合釜的压力。

A. 略大于 B. 略小于 C. 等于 D. 远远大于

98. 避免手部皮肤接触有机溶剂，应采取（ C ）措施。

A. 佩戴尼龙手套

B. 使用金属容器来盛装溶剂

C. 佩戴胶皮手套及用防腐蚀金属容器盛装溶剂

D. 佩戴尼龙手套及使用塑料容器来盛装溶剂

99. 第二液相釜循环气风机故障停止后，如果第一、第二液相釜之间无压差，则应该（ C ）。

A. 向第一液相釜注入CO

B. 向第二液相釜注入CO

C. 断开第一、第二釜，通过紧急出料线将第一液相釜的料送至第一气相釜

D. 向第一气相釜注入CO

100. 粉料发黏时一方面要查找发黏的原因并处理，另一方面要使已经发黏的粉料从系统中输送出去，输送发黏粉料时最容易堵塞的部位是（ C ）。

A. 桨式干燥器 B. 汽蒸罐 C. 旋转阀 D. 粉料管线

101. 下列选项中，不是气相釜搅拌作用的是（ D ）。

A. 均化反应作用 B. 刮板作用 C. 打碎气泡 D. 支撑物料

102. 如果生产降解牌号或者带色料时助剂加料器突然停止，则造粒单元首先应立即（ C ）。

A. 停车 B. 降低负荷

C. 切换料仓 D. 检查加料器停止原因

103. 不属于压强表示单位的是（ B ）。

A. 帕斯卡　B. 牛顿　C. 工程大气压　D. 巴

104. 氮气中断后，下列措施不可实施的是（ D ）。

A. 氮气中断后，应向调度了解氮气故障的原因，若不能及时供应，则按正常停车处理

B. 以手动方式将CO加入D－203

C. 停止催化剂进料

D. 降低装置负荷控制

105. 一台安装在设备内最低液位下方的压力式液位变送器，为了测量准确，压力变送器必须采用（ A ）。

A. 正迁移　B. 负迁移　C. X射线　D. γ射线

106. 更换第一聚合釜主催化剂内管时需要（ C ）。

A. 倒空整个装置　B. 倒空第一、第二液相釜

C. 倒空并置换第一液相釜　D. 打开第一聚合釜的人孔

107. 烷基铝泄漏着火时禁止使用四氯化碳灭火剂，是因为（ D ）。

A. 四氯化碳与烷基铝发生反应产生大量热量，将引燃分解的气体，并导致爆炸

B. 不能扑灭烷基铝着火

C. 国家已经不生产四氯化碳灭火剂了

D. 四氯化碳与烷基铝发生反应，产生有毒的光气（$COCL_2$）

108. 第一气相釜温度异常升高时，首先应该（ A ）。

A. 检查相关仪表和调节阀运转是否正常

B. 加入CO

C. 打开放空阀泄压

D. 加快出料速度

109. 液相釜循环气风机停止后将自动导致（ B ）。

A. 搅拌停止　B. 催化剂泵停止　C. 放空阀打开　D. 风量阀全开

110. 集中分散型综合控制系统简称集散系统，其英文缩写是（ D ）。

A. QC　B. APC　C. PDCA　D. DCS

111. 液相釜搅拌突然停车后，应该（ C ）。

A. 降低循环风量　B. 保持风量不变

C. 加大循环风量　D. 先降低后加大循环风量

112. 在装配图中标注（ B ）反映机器（或部件）的性能、规格、安装情况、部件或零

件间的相对位置、配合要求等。

A. 说明　　B. 必要尺寸　　C. 技术要求　　D. 明细

113. 平面（或直线）与投影面垂直时，投影积聚为一条直线（或一个点），这种投影性质称为（ B ）。

A. 类似性　　B. 积聚性　　C. 显实性　　D. 统一性

114. 催化剂配制时预聚物催化效率通常是（ B ）。

A. 7g-pp/g-TK　　B. 3g-pp/g-TK

C. 1g-pp/g-TK　　D. 6g-pp/g-TK

115. 丙烯的聚合反应热为500kcal/kg，装置负荷为10t/h时，每小时放出的热量是（ A ）。（1cal=4.2J）

A. 2.1×10^7kJ　　B. 5.0×10^3kcal　　C. 2.1×10^4kJ　　D. 2.1×10^3kJ

多选题

1. 粒料输送风机启动前需要检查的项目是（ ABCD ）。

A. 循环冷却水通入　　B. 进出口阀打开

C. 润滑油位正常　　D. 盘车正常

2. 干燥单元氮气置换必须和两个粉料仓系统同时进行，故此必须关闭（ AD ）。

A. 造粒粉料仓下部的滑阀　　B. 聚合粉料仓下部的滑阀

C. 第二气相釜的放空阀　　D. 汽蒸罐袋滤器的放空阀

3. 造粒机主要由（ ABD ）几个部分组成。

A. 混炼机　　B. 齿轮泵　　C. 罗茨风机　　D. 切粒机

4. 关于吹扫管线，下列叙述正确的是（ ABCD ）。

A. 管线吹扫一般的顺序是主管、支管、疏排管

B. 吹扫压力不得超过设计压力

C. 吹扫前应将系统的仪表予以保护

D. 吹扫前应考虑管道支架的牢固程度

5. 丙烯接受单元在接受丙烯之前应检查确认的事项包括（ ABC ）。

A. 确认本系统气密试验和氮气吹扫已经完成

B. 仪表零点校准及调节阀等动作试验完成

C. 密封油系统在正常运行中

D. 干燥单元已经开车

6. 造粒机的辅助系统有（ ABCD ）。

A. 润滑油系统　　B. 液压油系统

C. 筒体冷却水系统　　D. 颗粒冷却水系统

7. 不需要返料的操作是（ CD ）。

A. 大循环操作　　B. 中循环操作　　C. 小循环操作　　D. 正常生产

8. TK催化剂浓度较高时，生产中常出现（ AC ）等问题。

A. 相同的催化剂溶液流量，聚合负荷偏高

B. 相同的催化剂溶液流量，聚合负荷偏低

C. 催化剂内管容易被堵

D. 己烷的单耗增加

9. 建立大循环的主要目的是（ BD ）。

A. 让氢气均散在各釜

B. 其他条件满足的情况下可以随时投用系统

C. 可以随时加入乙烯

D. 让丙烯洗涤设备和管线

10. 对于液相釜来说，投催化剂前就已经控制为正常指标的参数是（ CD ）。

A. 温度　　B. 压力　　C. 液位　　D. 流量

11. 建立大循环前，必须确认（ ABC ）等事项已完成。

A. 气相釜中的种子粉料处于流化状态

B. 丙烯凝液罐的料位正常

C. 第一、第二液相釜及浆液洗涤罐的搅拌已启动

D. AT催化剂的洗涤已经完成

12. 投催化剂前需要确认（ ACD ）等事项。

A. 氢气已按生产牌号的规定量加入

B. 造粒单元已经开车

C. CO注入联锁系统从“关闭”切换到“自动”

D. 干燥单元开车操作已完成

13. 关于氢气的描述，下列说法正确的是（ ACD ）。

A. MFR调节剂　　B. 氢气对聚合产物等规度的影响较大

C. 丙烯聚合时链转移剂　　D. 氢气浓度越高聚合速率越大

14. 切粒之后的料未进料仓而进行排地的原因是（ AB ）。

A. 有串、块料　　B. 有黄、黑粒

C. 乙烯含量不合格　　D. MFR不合格

15. 使用第四代催化剂的HYPOL工艺装置特点是（ ABCD ）。

A. 不脱灰　　B. 不脱无规

C. 以硅烷为给电子体　　D. 在气相釜生成抗冲共聚物

16. 生产无规共聚物时如果给电子体的加入量比工艺要求的配比量低时易出现（ ABD ）情况。

A. 反应剧烈　　B. 粉料发黏

C. 主催化剂消耗高　　D. 浆液浓度高

17. 冲击强度常用的测试方法有（ ABC ）。

A. 摆锤式冲击试验　　B. 落球式冲击试验

C. 高速拉伸冲击试验　　D. 低速拉伸冲击试验

18. 高MFR向低MFR产品过渡时，粉料MFR调整方法通常采用（ AB ）。

A. 短时间氢气停加　　B. 反应釜适当放空

C. 增加给电子体的量　　D. 减少TK加入量

19. 从广义上说，聚丙烯的稳定剂有（ ABCD ）等类型。

A. 抗氧剂　　B. 紫外线吸收剂

C. 卤素吸收剂　　D. 成核剂

20. 粉料MFR合格，而粒料MFR超出控制指标的原因可能是（ ACD ）。

A. 混炼强度过高　　B. 混炼强度不够

C. 混炼系统进入空气　　D. 降解剂加入量过大

21. 抗冲共聚物的主要目的是改善聚丙烯的冲击韧性，特别是低温冲击性，但一般情况下（ ABCD ）也会下降。

A. 刚性　　B. 强度　　C. 硬度　　D. 热变形温度

22. 聚丙烯用抗静电剂要具有（ BC ）性质。

A. 与聚丙烯的可混性相当好　　B. 与聚丙烯的可混性适度

C. 必须能够提高聚丙烯的导电性　　D. 必须能够降低聚丙烯的导电性

23. 聚丙烯的老化主要包括（ ABD ）。

A. 热老化　　B. 氧化老化　　C. 腐蚀老化　　D. 光老化

24. 聚丙烯粒料的主要质量指标包括（ ABCD ）。

A. MFR　　B. 拉伸屈服强度　　C. 硬度　　D. 悬臂梁冲击强度

25. 掺合操作时造成管线堵的原因是（ BC ）。

A. 粒料MFR太高　　B. 下料阀开度过大

C. 转向阀位置不对　　D. 粒料乙烯含量太高

26. 关于载料停车，下列说法正确的是（ ABC ）。

A. 液相釜应使粉料排干净　　B. 气相釜温度控制很重要

C. 液、气相釜循环风机最好不要停　　D. 主催化剂管线的己烷洗涤不能停止

27. 液相反应釜循环气风机启动前，必须确认的项目有（ BCD ）。

A. 釜压处于1MPa以上　　B. 油冷却器的CCW通入

C. 润滑油位正常　　D. 循环气管线上的调节阀开度处于50%

28. 氢气压缩机的工作过程包括（ ABD ）。

A. 吸气　　B. 压缩　　C. 做功　　D. 排气

29. 切刀的寿命与（ ABCD ）等因素有关。

A. 刀轴与模板的垂直度　　B. 树脂特性

C. 模板表面情况　　D. 操作水平

30. 启动混炼机主电机所具备的条件包括（ ABC ）。

A. 主电机的变速杆在工艺给定侧

B. 断开始动电机离合器

C. 始动电机检查电流正常，停止后10分钟内启动主电机

D. 颗粒水系统已投运

31. 丙烯进料泵启动前需要检查的项目有（ ABCD ）。

A. 检查泵地脚螺栓，电机法兰连接螺栓，应牢固拧紧

B. 检查电机动力线和接地线，应连接正确

C. 检查油冷器冷却水管路，应连接完好，不漏水

D. 检查机械密封辅助控制系统对接正确

32. 丙烯进料泵正常运行过程中需要检查的项目有（ ABC ）。

A. 泵运行参数是否正常　　B. 泵运行声音有无异常

C. 检查泵润滑油、密封油情况　　D. 检查丙烯储罐料位情况

33. 混炼机筒体有噪声或振动的原因可能是（ ABD ）。

A. 螺栓松动　　B. 筒体内树脂没有完全熔融

C. 闸门受热膨胀　　D. 树脂温度低

34. 对于挤压机日常维护保养，下列说法正确的是（ BCD ）。

A. 运转一段时间后要停机进行检查

B. 生产环境清洁，勿使垃圾杂质混入物料堵塞过滤板，影响产品质量，增加机头

阻力

C. 不允许空车运转，以免螺杆和机筒轧毛

D. 严防金属或其他杂物落入料斗中，以免损坏螺杆和机筒

35. 球阀的优点是（ AC ）。

A. 具有最低的流阻

B. 启闭迅速，流阻小

C. 在全开和全闭时，球体和阀座的密封面与介质隔离，因此高速通过阀门的介质不会引起密封面的侵蚀

D. 介质的流向不受限制

36. 钢铁的气体腐蚀包括（ ABCD ）。

A. 高温氧化　B. 脱碳　C. 氢蚀　D. 铸铁的肿胀

37. 能对金属造成化学腐蚀的物质是（ ABCD ）。

A. 氧气　B. 硫化氢　C. 二氧化硫　D. 氯气

38. 下列选项中，能导致挤压造粒机发生异响或振动的有（ ABC ）。

A. 减速箱齿轮出现磨损、间隙超差、断齿等现象

B. 轴承滚动体缺陷、保持架损坏、配合松动等现象

C. 离合器间隙大、磨损等现象

D. 螺杆和筒体间隙较大

39. 金属与介质作用后，失去其化学活性，变得更为稳定的现象叫（ C ）。

A. 极化　B. 氧化　C. 钝化　D. 吸附

40. 液相反应釜换热器列管堵塞的原因可能是（ AB ）。

A. 循环气风量太大　B. 液相釜大量放空

C. 负荷太高　D. 反应釜压力高

41. 依照阀门的用途和作用来分，可分为（ ACD ）。

A. 切断阀类　B. 动力驱动阀　C. 止回阀类　D. 分流阀类

42. 密封油泵属于屏蔽泵，屏蔽泵发生故障的可能原因有（ ABC ）。

A. 电源相序接反　B. 循环系统不正常，流量不足或有气泡

C. 工作液有结晶或沉淀　D. 密封油储罐压力低

43. 第二气相釜程序出料线风机皮带断的现象是（ BCD ）。

A. 旋风分离器压力增加　B. 风机进出口压差降低

C. 出料线风机电流突然降低　D. 现场巡检在风机附近能闻到煳味

44. 第一气相釜压力异常升高时，需要立即到现场检查的设备是（ ABD ）。

A. 气相釜换热器调节阀　　B. 凝液罐顶部冷凝器水调节阀

C. 催化剂加料泵　　D. 循环氢气压缩机

45. 降解是粒料发黄的原因之一，导致粒料降解的原因有（ BCD ）。

A. 放空区堵塞

B. 没有加入助剂或加入不足

C. 闸门开度不当，粉料混炼强度过大

D. 氧气随空气进入热氧降解

46. 导致造粒机闸门开关困难的原因有（ BC ）。

A. 造粒机负荷高　　B. 液压油压力低

C. 闸门筒体间隙中的树脂硬化　　D. 混炼机放空区堵塞

47. 汽蒸罐积料的原因可能是（ AD ）。

A. 下部旋转阀转速低　　B. 粉料脱活不好

C. 汽蒸罐压力高　　D. 汽蒸罐压力低

48. 造成颗粒中出现较多黏连粒的原因是（ BC ）。

A. 颗粒水温度过低　　B. 颗粒水温度过高

C. 切刀转速过慢　　D. 切刀转速过快

49. 粉料分离器压力高容易导致（ BD ）。

A. 粉料沉降困难　　B. 送料风机电流高

C. 气相釜出料困难　　D. 循环气压缩机联锁停车

50. 导致第一气相釜压力异常升高的原因有（ BCD ）。

A. 第一气相釜出料快，料位降低

B. 第一气相釜和第一气相釜凝液罐切断阀故障关闭

C. 催化剂后期活性低，活性衰减快，导致第一气相釜反应量下降

D. 短时间内，第二液相釜出料量很大

51. 粉料分离器压力高的原因可能是（ ABD ）。

A. 气相釜出料线顺控阀有内漏情况　　B. 循环气压缩机工作效率低

C. 聚合负荷高　　D. 压力控制阀故障

52. 引起聚合反应负荷下降的可能因素是（ BC ）。

A. 己烷含水量增加　　B. 丙烯杂质含量超标

C. 催化剂的流量下滑　　D. 风量调节阀阀位失准

53. 能够导致第一气相釜搅拌停止的原因是（ ACD ）。

A. 搅拌超载
B. 出料线程度停
C. 搅拌小油泵停
D. 循环气风机操作中止信号

54. 第一气相釜程序出料旋转阀突然停止的原因可能是（ ABCD ）。

A. 阀内有块料　B. 阀下三通堵　C. 出料风机停　D. 电气故障

55. 可能导致主催化剂堵管的原因有（ ABCD ）。

A. 催化剂流速过低
B. 丙烯进料温度高
C. 催化剂含有大颗粒
D. 催化剂泵突然故障

56. 下列选项中，造成液相反应器搅拌停止的原因有（ ABC ）。

A. 电气问题　B. 超载　C. 机械故障　D. 丙烯进料量大

57. 开车时，催化剂投入聚合釜后未见反应的原因可能是（ ABC ）。

A. 系统的露点高
B. 釜温偏低
C. 系统中残存微量氧
D. 系统中残存微量氮

58. 正常生产时，可以判断助剂加入正常的依据有（ BC ）。

A. DCS显示的助剂加入数量为工艺要求
B. 助剂秤测试的重量趋势正常
C. 混炼机、齿轮泵工艺参数正常
D. 助剂加料器在运转

59. 关于气相釜搅拌器，下列叙述正确的是（ ABD ）。

A. 可以打碎气泡
B. 刮板防止粉末黏壁
C. 支撑粉料
D. 可以降低粉末的夹带量

60. 催化剂管堵塞后，需要进行的下一步工作有（ AC ）。

A. 判断内管堵塞还是外管堵塞
B. 无论是内管堵还是外管堵均要立即停车处理
C. 若内管堵塞，则要等到停车倒空时再清理；若外管堵塞，则要立即清通备用
D. 断开催化剂管口，用釜压反吹管线

61. 丙烯进料泵发生汽蚀的原因可能是（ ABD ）。

A. 丙烯储罐液位低
B. 丙烯泵回流调节阀故障全开
C. 丙烯进料换热器冷冻盐水温度高
D. 丙烯储罐压力低

62. 扑救液化气体类火灾，在没有采取堵漏措施的情况下，应该（ CD ）。

A. 用灭火器扑灭
B. 用沙土覆盖
C. 保持稳定燃烧
D. 确定好防护面具

63. 为防止火灾爆炸事故主要是避免燃爆条件的形成，基本的防火技术措施有（ ABCD ）。

A. 密闭和负压操作　　B. 惰性气体保护

C. 阻止火焰蔓延　　D. 通风除尘

64. 导致催化剂预聚合罐联锁停车的信号有（ BCD ）。

A. 搅拌停止信号　　B. 预聚合罐温度高信号

C. 全线停车信号　　D. 预聚合罐压力高信号

65. 取样发现粉料发黏后，能够采取的措施有（ ABC ）。

A. 提高OF-催化剂进料量　　B. 提高低纯氮加入量

C. 调整乙烯加入量　　D. 提高干燥单元热氮气用量

66. 潜热的种类主要有（ ABCD ）。

A. 汽化热　　B. 冷凝热　　C. 熔融热　　D. 升华热

67. 以下属于热量的单位有（ BD ）。

A. K　　B. cal　　C. ℃　　D. J

简答题

1. 开车时的氮气吹扫和停车时的氮气吹扫有什么区别？操作上有什么区别？

答：①开车时的氮气吹扫是为了除去氧气；（0.3分）②停车时氮气吹扫是为了除去可燃气；（0.3分）③开车时氮气吹扫的出口可选择任意甩头；（0.2分）④停车时氮气吹扫出口要选择去火炬及放空系统的管线,以防可燃气体积累而产生着火等事故。（0.2分）

2. 请说出丙烯置换的一般过程。

答：①加气相丙烯升压至0.5MPa；（0.3分）②使丙烯进入系统中的每个部位；（0.2分）③通过HCV或SV旁通向火炬泄压至0.05MPa；（0.3分）④重新升压至0.7MPa。（0.2分）

3. 外给电子体的作用是什么？

答：①阻止内给电子体被抽提，或取代内给电子体，形成等规度更高的基团；（0.2分）②有选择的毒化非等规活性基团；（0.2分）③将非等规基团转化为高等规基团；（0.2分）④将等规基团转化为更高等规度的基团；（0.2分）⑤增加等规基团的反应活性。（0.2分）

4. 何谓润滑油的作用？

答：①减少滑动部位的磨损，延长零件使用寿命；（0.3分）②减少磨擦功率，提高效率；（0.3分）③润滑剂可起冷却作用；（0.2分）④可以防止零件生锈的作用。（0.2分）

5. 投催化剂后的开车初期，对第一液相釜的温度控制有什么要求？

答：①开车初期，第一液相釜的温度若控制不当，极易造成“飞温”或是低温，导致第

一、第二液相釜间无压差而造成浆液管线堵塞；（0.2分）②增加催化剂加料的速度要适当，增幅不宜过大；（0.2分）③控制温度升高的速度，及时关闭夹套热水；（0.2分）④及时打开换热器的水阀；（0.2分）⑤打开水阀后，视反应情况，再适当增加TK-Cat的加料量。（0.2分）

6. 何谓干燥单元汽蒸罐的作用？

答：①粉末在汽蒸罐中同蒸汽接触，从而使其中包含未完全反应的催化剂脱活；（0.5分）②除去粉末中所含的微量己烷，使粉末挥发分降至质量控制指标以下。（0.5分）

7. 投催化剂前须确认哪些条件？

答：①确认氢气、乙烯、丙烯已通入装置，并随时可投用；（0.1分）②确认所有公用工程已投入运行；（0.1分）③确认催化剂浓度已调节完成，催化剂管线均已液封；（0.1分）④大循环正在进行中；（0.1分）⑤第二气相釜及粉料分离系统的开车已完成；（0.1分）⑥干燥单元的开车操作已完成，干燥单元至造粒单元的粉料输送线已接通；（0.1分）⑦造粒单元的开车准备工作已经完成，可随时开车；（0.1分）⑧浆液线的备用线及粉料出料线处于随时可用状态；（0.1分）⑨分析仪表的调节已完毕，并随时可供使用；（0.1分）⑩确认CO钢瓶连接完毕，并达到规定压力。（0.1分）

8. 第三、第四反应器旋转阀停止后如何处理？

答：（1）手动盘车、同时联系电气复位；

（2）如盘不动，作泄压处理，使用备用线；

（3）拆旋转阀上方短截，取出块料；

（4）联系电气人员检查；

（5）机械检修；

（6）仪表检查恢复程序运行。

9. 粒料中气泡多的原因是什么？如何处理？

答：①混炼机放空区堵塞，影响了树脂中挥发性气体的排出；处理方法：停车后清理放空区；（0.3分）②树脂的混炼程度不够，影响气体的挥发；处理方法：减小闸门开度，提高混炼程度；（0.3分）③颗粒水温度不当，处理方法：适当提高颗粒水温度；（0.2分）④干燥单元干燥不合格；适当提高干燥温度及热氮量。（0.2分）

10. 停车时，应如何控制第一液相釜的温度？

答：①停车时，应尽量使第一液相釜温度下降减慢；（0.2分）②逐渐减小换热器的用水量，直至停止，现场关闭换热器水的进出口阀，以防泄漏；（0.2分）③夹套热水全开，必要时可手动提高热水温度；（0.2分）④逐渐降低进入反应釜的丙烯量至适当值；（0.2分）⑤控制室视情况将控制气体不通过换热器的阀门手动至100%全开。（0.2分）

11. 液相釜搅拌器开停应注意什么？

答：①当釜内无液体时，绝不能开搅拌；（0.3分）②由于搅拌安装在釜内，通常不能用手转动，所以应点动查看其运转情况；（0.3分）③搅拌停用后，一般保持冷却循环水和密封油的流动；（0.2分）④如果停用密封油系统，必须将釜内压力泄至大气压后才能实施。（0.2分）

12. 请简述活塞压缩机的优缺点。

答：（1）优点：①适用压力范围广，当排气压力波动时排气量比较稳定，活塞式压缩机可设计超高压、高压和中压、低压；（0.2分）②压缩效率较高，一般活塞式压缩机压缩气体的过程属封闭系统，其压缩效率较高；（0.2分）③适应性强，活塞式压缩机排气量范围较广，特别当排气量较小时，如做成离心式，难度较大；（0.1分）（2）缺点：④气体带油污，特别在化工生产上若对气体质量要求较高时，压缩后的气体净化任务重；（0.1分）⑤因受往复运动惯性力的限制，转速不能过高，对于排气量较大的外形尺寸及其基础都较大；（0.1分）⑥排气不连续，气体压力有波动，严重时往往因气流脉动共振，造成管网或机件的损坏；（0.2分）⑦易损件较多，维修量大。（0.1分）

13. 启动造粒机系统前应注意哪些事项？

答：①润滑油系统运转正常；（0.1分）②液压油系统运转正常；（0.1分）③筒体水系统运转正常；（0.1分）④造粒机升温完毕，各部分温度达到规定值；（0.1分）⑤造粒机各部位氮气加入正常；（0.1分）⑥颗粒水系统运转正常；（0.1分）⑦启动直流电机冷却风机；（0.1分）⑧启动排风扇、颗粒干燥器、颗粒振动筛等附属设备；（0.1分）⑨颗粒料仓系统进料程序启动，送料相关设备空气过滤器、送料风机等运转正常。

14. 离心泵的汽蚀现象是如何形成的？

答：①离心泵叶轮进口附近存在着一个低压区，在一定操作条件下，当此低压区的液体压力等于或低于液体所处温度下的汽化压力，液体将发生剧烈的汽化；（0.3分）②汽化所产生的蒸汽泡随即被液流带入叶轮内压力较高处；（0.2分）③在这些压力较高的地方，蒸汽泡因受到压缩而破裂，重新凝结为液体，体积缩小，出现局部真空；（0.2分）④这时周围压力较高的液体便会迅速地冲向真空，因而在这一局部将产生剧烈冲击，造成瞬间局部压力的极大增高，并且撞击的频率也达到很高的数值，上述现象称为汽蚀。（0.3分）

15. 请简述蝶阀的优缺点。

答：蝶阀是用圆盘式启闭件往复回转90° 左右来开启、关闭和调节流体通道的一种阀门。（0.1分）优点：①结构简单，体积小，重量轻，耗材省，适用于大口径阀门中；（0.15分）②启闭迅速，流阻小；（0.15分）③可用于带悬浮固体颗粒的介质，依据密封面的强度也可用于粉状和颗粒状介质，广泛用于冶金、轻工、电力、石油化工系统的煤气管道及水道等。（0.2分）缺点：①流量调节范围不大，当开启达30%时，流量将在95%以上；（0.1分）②由于蝶阀的结构和密封材料的限制，不宜用于高温、高压的管路系统中，一般工作温度在

300℃以下，PN40以下；（0.2分）③密封性能相对于球阀、截止阀较差，故用于密封要求不是很高的地方。（0.1分）

16. 简述第一反应器结构特点及撤热方式。

答：①第一反应器由带夹套的釜体，搅拌器和指形管等组成；（0.2分）②搅拌器由三个平等叶透平搅拌器和一个底部后式浆叶组成，夹套内定冷却水，为了增强筒体刚度和使冷却水不至于走短路，夹套内设三层隔板；（0.3分）③二根指形管插入筒体内，管内通入循环气，这两根指形管起到撤热和强化搅拌的效果。（0.3分）④采用气相外循环撤热和夹套冷却方式撤热。（0.2分）

17. 请简述粉料干燥单元蒸汽过滤器清理的注意事项。

答：①粉料干燥单元蒸汽过滤器用于100℃热氮气和3S蒸汽混合物的过滤，在对其进行检查和清理时，必须小心避免热混合气体发生燃烧；（0.3分）②过滤器检查清理后，以及投用前，必须将其加热到一定程度，以使过滤器中再没有冷凝液残余；（0.3分）③过滤器清理结束后，要稍开过滤器前截止阀，用热氮气和3S蒸汽的混合气将过滤器中的空气驱出，当驱出的气体停止从甩头排出时，关闭甩头，用混合气升压，以检查其顶盖的泄漏情况。（0.4分）

18. 液相釜搅拌停止的现象、原因有哪些？

答：现象：S1Z-212、EIZ-211或SIZ-223、EIZ-221指示为零。（0.25分）原因：①电气问题；（0.25分）②搅拌超载；（0.25分）③搅拌机械故障。（0.25分）

19. 请说出程序出料线出料旋转阀突然停止的原因、现象有哪些？

答：（1）现象：气相反应釜料位升高；程序停。（0.3分）（2）原因：①旋转阀内有块料，从而超载停车；（0.3分）②电气问题；（0.2分）③机械问题。（0.2分）

20. 请简述混炼机主电机不能启动的原因。

答：①润滑油泵停；（0.2分）②筒体打开/关闭限位开关故障；（0.2分）③电器联锁系统故障；（0.2分）④筒体内树脂凝固；（0.2分）⑤始动电机离合器仍然接通。（0.2分）

21. 请简析导致第一反应釜温度异常超高的原因。

答：①温度指示不准；（0.1分）②丙烯质量突然变好；（0.1分）③循环水温度超高；（0.1分）④换热器温度的指示向下偏离设定值，导致换热器E201的用水量减少，从而使得反应釜温度异常升高；（0.1分）⑤E201进气调节阀损坏，不随温度的变化而作出调节，从而导致反应釜温度升高；（0.1分）⑥丙烯进料泵或循环丙烯泵其中之一发生气蚀，导致循环量不足，造成反应釜温度升高；（0.1分）⑦第一反应釜循环气风机停车，导致无法采用气相外循环撤热，使反应釜温度异常升高；（ 0.1分）⑧反应釜氢气量加入过多；（0.1分）⑨主催化剂压料时因催化剂浓度增大而导致反应釜温度异常升高；（0.1分）⑩第一反应釜出料线堵塞。（0.1分）

22. **分析程序出料线风机常震动或者噪声产生的原因。**

答：①滚动轴承游隙超过规定值或轴承座磨损；(0.2分)②齿轮侧隙过大，不对中，固定不紧；(0.2分)③由于外来物和灰尘造成叶轮与叶轮、叶轮与机壳撞击；(0.2分)④由于过载，轴变形造成叶轮碰撞；(0.1分)⑤由于过热造成叶轮与机壳进口处磨擦；(0.2分)⑥由于积垢或异物使叶轮失去平衡；(0.2分)⑦地脚螺栓及其他紧固件松动。(0.1分)

23. **列举影响聚合反应的主要因素有哪些?**

答：影响聚合反应的主要因素有：①丙烯质量；(0.25分)②聚合温度、压力；(0.25分)③浆液浓度；(0.25分)④催化剂活性、流量、停留时间等。(0.25分)

24. **列举聚合反应活性低的原因。**

答：①丙烯杂质含量超标；(0.15分)②釜中惰性气体积累；(0.15分)③催化剂的流量不准；(0.2分)④反应器的液位指示不准；(0.2分)⑤开车前的置换不彻底；(0.1分)⑥催化剂的活性或浓度突然降低（催化剂配制操作时）；(0.1分)⑦H_2，HX，N_2，乙烯等原辅材料的杂质含量超标。(0.1分)

25. **请简述始动电机电流过高的原因，如何处理?**

答：原因：①LCM筒体温度低，树脂凝固；(0.2分)②筒体内树脂过多；(0.15分)③操作不当，筒体内粉料积累；(0.15分)④设备原因。处理：①筒体继续升温，使树脂或粉料完全融化；(0.2分)②清理加料区积累的粉料；(0.15分)③启动始动电机，排出筒体内树脂。(0.15分)

26. **什么是“飞温”?“飞温”时应如何处理?**

答：所谓“飞温”是指温度向设定值以上迅速偏离的现象，也就是温度迅速升高的现象。(0.1分)发生“飞温”时，若处理不当，就可能造成停车甚至是爆聚的严重事故。(0.1分)“飞温”时应采取下列措施：①停止TK≠Cat的进料；(0.2分)②将撤热开至最大，如换热器的水阀，液相丙烯冲洗等；(0.2分)③迅速降低料位；(0.2分)④若仍不能阻止温度继续上升，手动加入CO，终止反应，以防“爆聚”。(0.2分)

27. **液相反应釜液位超高将产生什么不良后果?**

答：①液相反应器的反应热是通过气相外循环和夹套冷却等方式撤去；(0.2分)②如液位超高则雾沫夹带严重，容易堵塞换热器；(0.4分)③同时使搅拌效果变差，电流增大，严重时将造成跳闸停车引起聚合釜“爆聚”等不良后果。(0.4分)

28. **烷基铝泄漏着火如何处理?**

答：①当烷基铝催化剂接触空气引起自燃，此时应采取的灭火措施如下：如果催化剂泄漏量很少，使用诸如干化学药剂，干砂和二氧化碳气体灭火剂，对防止火势的蔓延都是有效的手段；(0.4分)甚至在火灾扑灭后，还需按下面步骤进行，以避免由于催化剂本身的自燃性而易引起的二次自燃，造成火灾的扩大：（0.1分）②万一着火，应立即用蛭石盖住火焰，使之隔离，并关闭通向其他设备的管线上的阀门；（0.3）③把附近的所有其他容器从火源处转移到安全区域；（0.1分）④每一个参加灭火的人，都应穿着由铝或石棉薄层压成的防火防热服，并戴上面罩，以免烧伤。（0.1分）

29. 生产嵌段共聚物时橡胶的相对分子质量为257600，橡胶中乙烯质量含量为50%，求生产1mol嵌段共聚的橡胶需要多少mol乙烯?

答：1mol橡胶的质量是 257600克，所以需要的乙烯质量为：257600 × 50% = 128800克乙烯的物质的量 = 乙烯质量/乙烯摩尔质量 = 128800/28 = 4600mol，生产1mol嵌段共聚的橡胶需要4600mol乙烯。评分标准：橡胶的摩尔质量答案正确占0.2；乙烯质量数答案正确占0.4；乙烯物质的量答案正确占0.3；答案正确占0.1。

30. 在生产负荷11t/h时，若TK催化剂的浓度为0.2mgTi/mL，其活性为50万gpp/gTi，问主催化剂泵每小时需打多少升TK催化剂?

答：0.2mgTi/mL = 0.2gTi/L催化剂流量=产量/（活性Ti含量）=11 × 1000 × 1000/（ 50 × 10000 × 0.2）=110L/h，主催化剂泵每小时需打110升TK催化剂。评分标准：表达式正确占0.4；过程正确占0.3；答案计算正确占0.2；答案正确占0.1。

31. 装置生产的嵌段共聚物乙烯质量含量为8%，求这相当于物质的量含量百分之多少?

答：设总的共聚物产量为100克，则可列出等式如下：物质的量百分含量 = （8/28）/（8/28+92/42） = 11.54%，相当于乙烯物质的量百分含量为11.54%。评分标准：等式正确占0.6；答案计算正确占0.3；答案正确占0.1。

四 操作技能鉴定要素细目表

鉴定范围			鉴定点
一级	二级	三级	名称
釜式法	工艺操作	开车准备	投催化剂前中控室的检查
			造粒系统正常情况开车前的检查
			干燥脱活系统检查
			第一气相釜系统开车前的检查
			液相反应器的人孔回装及丙烯进料操作
		开车操作	大循环建立前的检查确认
			种子粉料的添加操作
			催化剂的预聚合
			投主催化剂的条件确认

续表

鉴定范围			鉴定点
一级	二级	三级	名称
釜式法	工艺操作	开车操作	粉末输送系统的开车
			束状挤压的操作
			原料丙烯的引入
		正常操作	抗冲共聚物向均聚物的切换
			均聚物从高MFR向低MFR的牌号过渡
			共聚物产品质量的控制
			抗冲共聚物间的牌号过渡
			控制室岗位的日常操作
			造粒采用降解法向高MFR牌号过渡的操作
			均聚向无规共聚物牌号的过渡
			造粒装置区的日常巡检
		停车操作	催化剂各组分的停车操作
			停车时聚合釜压差的控制
			公用工程的停车
			停车时液相釜的温度控制
	设备使用与维护	使用设备	气相釜下料旋转阀的操作
			切刀和模板间隙的调整
			粒料输送风机的切换
			造粒机主电机的启动
		维护设备	袋滤器的更换
			转动设备的日常检查
			压缩机入口过滤器的更换
			仪表投用的准备工作
	事故判断与处理	判断事故	始动电机电流过高的原因判断
			粒料干燥器联锁的原因判断
			程序出料系统堵塞的判断
		处理事故	U形液封高的处理
			反应釜搅拌电流突然升高的处理
			液相釜“飞温”的处理
			第三反应釜出料管线堵塞的处理
			第二气相釜联锁处理
			U形液封突然消失的处理
			界区丙烯温度低的处理
			干燥系统积料的处理
			气相釜“飞温”的处理
		绘图与计算	造粒机组开停车逻辑图的识别
			带控制点的工艺流程图的绘制

五 操作技能试题

试题1：投催化剂前中控室的检查

配分与评分标准：

考核时间：30min

序号	考试内容	评分要素	配分	评分标准	最大扣分	步长	检测结果	扣分	得分	备注
1	准备工作	穿戴劳保用品	3	未穿戴整齐扣3分	3	3				
		工具、用具准备	2	工具选择不正确扣2分	2	2				
2	反应器检查	检查各反应器放空阀的前后切断阀是否打开	6	漏开一台阀扣1分，共6分扣完为止	6	1				
		检查联锁与报警设定值是否正常	20	未检查联锁设定值扣5分	5	5				
				有联锁未复位每个扣2分，共10分扣完为止	10	2				
				未检查报警设定值，扣5分	5	5				
3	相关系统检查	气象色谱是否投用	10	未检查气象色谱扣10分	10	10				
		检查密封油及循环水系统是否正常	10	未检查密封油系统是否正常扣5分	5	5				
				未检查循环水系统是否正常扣5分	5	5				
		检查阻聚剂系统	10	未确认阻聚剂管上的截止阀已打开，每漏查一处扣1分，共5分扣完为止	5	1				
				未将阻聚剂联锁投向自动，扣5分	5	5				
		检查原料丙烯、乙烯、氢气是否正常	9	未检查丙烯是否正常扣3分	3	3				
				未检查乙烯是否正常扣3分	3	3				
				未检查氢气是否正常扣3分	3	3				
		检查各反应釜的温度、压力、液位是否正常	9	未检查反应釜温度是否正常扣3分	3	3				
				未检查反应釜压力是否正常扣3分	3	3				
				未检查反应釜液位是否正常扣3分	3	3				

续表

序号	考试内容	评分要素	配分	评分标准	最大扣分	步长	检测结果	扣分	得分	备注
3	相关系统检查	检查催化剂系统	10	未确认AT催化剂已加入一小时，扣5分	5	5				
				未确认OF催化剂进料已达半小时，扣5分	5	5				
		检查粉料输送系统和粉料干燥系统运转是否正常	6	未检查粉料输送系统运转是否正常扣3分	3	3				
				未检查粉料干燥系统运转是否正常扣3分	3	3				
4	使用工具	使用工具	2	工具使用不正确扣2分	2	2				
		维护工具	3	工具乱摆乱放扣3分	3	3				
5	安全及其他	按国家法规或企业规定		违规一次总分扣5分	100	5				
				严重违规停止操作	100	100				
		在规定时间内完成操作		每超时1min总分扣5分，超时3min停止操作	15	5				
合计			100							

试题2：造粒系统正常情况开车前的检查

配分与评分标准：　　考核时间：30min

序号	考试内容	评分要素	配分	评分标准	最大扣分	步长	检测结果	扣分	得分	备注
1	准备工作	穿戴劳保用品	3	未穿戴整齐扣3分	3	3				
		工具、用具准备	2	工具选择不正确扣2分	2	2				
2	辅助设备的检查确认	确认润滑油、液压油系统运行正常	5	未确认润滑油系统运行正常扣3分	3	3				
				未确认液压油系统运行正常扣2分	2	2				
		确认筒体冷却水、颗粒冷却水系统运行正常	10	未确认筒体冷却水系统运行正常扣5分	5	5				
				未确认颗粒冷却水系统运行正常扣5分	5	5				
		换热器、三通阀以及下游设备已启动且运转正常	25	未确认换热器已启动且运转正常扣5分	5	5				
				未确认三通阀已启动且运转正常扣5分	5	5				
				确认下游设备已启动且运转正常，漏查一项扣5分，共15分扣完为止	15	5				
		确认造粒机组各部分加热升温已达规定值	5	未确认各部分加热升温已达规定值扣5分	5	5				

续表

序号	考试内容	评分要素	配分	评分标准	最大扣分	步长	检测结果	扣分	得分	备注
3	造粒机的检查确认	确认通水端有树脂存在，并已处于熔融状态	25	未确认通水端有树脂存在扣10分	10	10				
				未通入蒸汽使树脂熔融扣10分	10	10				
				螺杆正常转动后，未将蒸汽切换为冷却水扣5分	5	5				
		转向器处于“排出”侧，换网器处于“破裂板”侧	10	未确认转向器处于“排出”侧扣5分	5	5				
				未确认换网器处于“破裂板”处扣5分	5	5				
		闸板开度在40±10%，齿轮泵PIC开关处于“手动”位置	10	未确认闸板开度在40±10%扣5分	5	5				
				未确认齿轮泵PIC开关处于“手动”位置扣5分	5	5				
4	使用工具	使用工具	2	工具使用不正确扣2分	2	2				
		维护工具	3	工具乱摆乱放扣3分	3	3				
5	安全及其他	按国家法规或企业规定		违规一次总分扣5分	100	5				
				严重违规停止操作	100	100				
		在规定时间内完成操作		每超时1min总分扣5分，超时3min停止操作	15	5				
合计			100							

试题3：第一气相釜系统开车前的检查

配分与评分标准：

考核时间：30min

序号	考试内容	评分要素	配分	评分标准	最大扣分	步长	检测	扣分	得分	备注
1	准备工作	穿戴劳保用品	3	未穿戴整齐扣3分	3	3				
		工具、用具准备	2	工具选择不正确扣2分	2	2				
2	系统确认	确认种子粉料已加入第一气相釜中，气相釜的循环风机已投入运行，系统处于氮气运行状态	25	未确认种子粉料已加入扣10分	10	10				
				未确认循环风机已投运扣10分	10	10				
				未确认系统处于氮气运行扣5分	5	5				
		确认气相釜冷凝罐的气密实验和氮气吹扫已完成，系统处于氮封状态	15	未确认冷凝罐的气密实验已完成扣5分	5	5				
				未确认冷凝罐氮气吹扫已完成扣5分	5	5				
				未确认系统处于氮封扣5分	5	5				

续表

序号	考试内容	评分要素	配分	评分标准	最大扣分	步长	检测	扣分	得分	备注
2	系统确认	确认循环氢气压缩机入口阀关闭，且与冷凝罐隔离	10	未确认循环氢气压缩机入口阀关闭扣5分	5	5				
				未确认循环氢气压缩机与冷凝罐隔离扣5分	5	5				
3	仪表确认	确认所有仪表调校完毕，调节阀和切断阀的动作试验已完成	20	未确认所有仪表调校完毕扣10分	10	10				
				未确认调节阀和切断阀动作试验已完成扣10分	10	10				
4	辅助系统确认	确认密封油系统处于正常运行状态	10	未确认密封油系统运行扣10分	10	10				
		确认丙烯气化罐可随时提供气态丙烯	10	未确认可随时提供气态丙烯扣10分	10	10				
5	使用工具	使用工具	2	工具使用不正确扣2分	2	2				
		维护工具	3	工具乱摆乱放扣3分	3	3				
6	安全及其他	按国家法规或企业规定		违规一次总分扣5分	100	5				
				严重违规停止操作	100	100				
		在规定时间内完成操作		每超时1min总分扣5分，超时3min停止操作	15	5				
合计			100							

试题4：大循环建立前的检查确认

配分与评分标准：　　　　考核时间：30min

序号	考试内容	评分要素	配分	评分标准	最大扣分	步长	检测结果	扣分	得分	备注
1	准备工作	穿戴劳保用品	3	未穿戴整齐扣3分	3	3				
		工具、用具准备	2	工具选择不正确扣2分	2	2				
2	相关物料的加入	确认第一反应器、第二反应器、浆液洗涤罐和第三反应器凝液罐已经加入丙烯	20	未确认丙烯已加入第一反应器扣5分	5	5				
				未确认丙烯已加入第二反应器扣5分	5	5				
				未确认丙烯已加入浆液洗涤罐扣5分	5	5				
				未确认丙烯已加入第三反应器凝液罐扣5分	5	5				
		确认气相反应器已经加入种子粉料	8	未确认气相反应器已加入种子粉料扣8分	8	8				

续表

序号	考试内容	评分要素	配分	评分标准	最大扣分	步长	检测结果	扣分	得分	备注
3	相关设备运行	确认第一、第二、第三反应器循环鼓风机已经运行	15	未确认第一反应器循环鼓风机已经运行扣5分	5	5				
				未确认第二反应器循环鼓风机已经运行扣5分	5	5				
				未确认第三反应器循环鼓风机已运行扣5分	5	5				
		确认第一、第二反应器搅拌及浆液洗涤罐搅拌已经运行	15	未确认第一反应器搅拌已经运行浆液洗涤罐搅拌扣5分	5	5				
				未确认第二反应器搅拌已经运行扣5分	5	5				
				未确认浆液洗涤罐搅拌已经运行扣5分	5	5				
		确认浆液洗涤罐循环泵已经运行	5	未确认浆液洗涤罐循环泵已经运行扣5分	5	5				
4	相关设备的断开	检查第一反应器与第二反应器处于断开状态	8	未确认第一反应器与第二反应器处于断开状态扣8分	8	8				
5		浆液洗涤罐与第三反应器处于断开状态	8	未确认浆液洗涤罐与第三反应器处于断开状态扣8分	8	8				
6	工艺参数的确认	确认第三反应器压力、温度	11	未确认第三反应器压力、温度扣6分	6	6				
		确认第三反应器凝液罐液位		未确认第三反应器凝液罐液位达到规定值扣5分	5	5				
7	使用工具	使用工具	2	工具使用不正确扣2分	2	2				
		维护工具	3	工具乱摆乱放扣3分	3	3				
8	安全及其他	按国家法规或企业规定		违规一次总分扣5分	100	5				
				严重违规停止操作	100	100				
		在规定时间内完成操作		每超时1min总分扣5分，超时3min停止操作	15	5				
合计			100							

试题5：种子粉料的添加操作

配分与评分标准：　　　　考核时间：30min

序号	考试内容	评分要素	配分	评分标准	最大扣分	步长	检测结果	扣分	得分	备注
1	准备工作	穿戴劳保用品	3	未穿戴整齐扣3分	3	3				
		工具、用具准备	2	工具选择不正确扣2分	2	2				
2	加种子粉料前的检查确认	确认种子粉料已贮存在粉料贮罐中，D≠203系统的气密试验和氮气吹扫已经完成，系统处于氮封状态，密封油系统在正常运行，气相釜下部旋转阀下面的活动接管已经转换到种子粉料输送管线上	20	未确认种子粉料已贮存在粉料贮罐中扣5分	5	5				
				未确认第三聚合釜系统的气密试验和氮气吹扫已经完成，系统处于氮封状态扣5分	5	5				
				未确认密封油系统在正常运行中扣5分	5	5				
				未确认气相釜下部旋转阀下面的活动接管已经转换到种子粉料输送管线上扣5分	5	5				
3	启动风机	启动第三聚合釜循环气风机	15	种子粉料加入前未启动风机本考题结束	15	15				
4	开启阀门和相关设备	粉料输送管线投入使用	10	未打开气相釜下部旋转阀下面至*DN*203粉料输送管线上的所有阀门扣10分，少打开一个阀门扣3分，少打开2个扣6分，3个及以上不得分	10	3				
		启动氮气压缩机，系统通入氮气	10	未将其出口设定在2.0MPa扣3分	3	3				
				未在气相釜下部旋转阀下面,向粉料输送管线通入高压氮气扣4分	4	4				
				未注意控制*DN*203的压力扣3分	3	3				
		启动气相釜下部旋转阀	5	未使旋转阀在最低转速下运行扣5分	5	5				
		打开气相釜下闸板阀	5	未现场手动打开闸板阀扣5分	5	5				
5	添加种子粉料	向气相釜输送种子粉料	15	未将按照工艺要求数量的种子粉料输送到气相釜扣10分	10	10				
				未将气相釜料面控制在15%以上扣5分	5	5				
		添加种子粉料过程气相釜压力控制	10	未将多余氮气通过放空阀放火炬扣5分	5	5				
				未使气相釜的压力控制在0.01MPa扣5分	5	5				

续表

序号	考试内容	评分要素	配分	评分标准	最大扣分	步长	检测结果	扣分	得分	备注
6	使用工具	使用工具	2	工具使用不正确扣2分	2	2				
		维护工具	3	工具乱摆乱放扣3分	3	3				
7	安全及其他	按国家法规或企业规定		违规一次总分扣5分	100	5				
				严重违规停止操作	100	100				
		在规定时间内完成操作		每超时5min总分扣5分，超时15min停止操作	15	5				
合计			100							

试题6：投主催化剂的条件确认

配分与评分标准：

考核时间：30min

序号	考试内容	评分要素	配分	评分标准	最大扣分	步长	检测结果	扣分	得分	备注
1	准备工作	穿戴劳保用品	3	未穿戴整齐扣3分	3	3				
		工具、用具准备	2	工具选择不正确扣2分	2	2				
2	确认物料通入装置公用工程投入运行	确认H_2，C_2，C_3已通入装置，并随时可投用	10	未确认氢气通入装置扣3分	3	3				
				未确认乙烯通入装置扣3分	3	3				
				未确认丙烯通入装置扣4分	4	4				
		确认仪表风系统、冷冻盐水系统、冷却水系统、氮气系统、蒸汽系统公用工程已投入运行	10	未确认仪表风系统、冷冻盐水系统、冷却水系统、氮气系统、蒸汽系统公用工程投入运行扣10分，其中，少确认1个扣2分，少确认3个不得分	10	2				
		催化剂系统的检查	10	未确认Cat浓度在催化剂单元已调节完成扣5分	5	5				
				未确认催化剂管线均已氮封扣5分	5	5				
3	相关单元的开车准备及相关管线检查	完成大循环及第二气相釜、粉末分离器的开车操作	10	未确认大循环油运行正在进行中扣5分	5	5				
				未完成第二气相釜、粉末分离器的开车操作扣5分	5	5				
		干燥单元的检查确认	10	未确认干燥单元的开车操作已完成扣5分	5	5				

续表

序号	考试内容	评分要素	配分	评分标准	最大扣分	步长	检测结果	扣分	得分	备注
3	相关单元的开车准备及相关管线检查	干燥单元的检查确认	10	未检查粉料料仓的粉料输送线已接通扣5分	5	5				
		造粒单元的检查确认	10	未检查造粒单元的开车准备工作已经完成扣5分	5	5				
				未确认挤压造粒机组随时可以开车扣5分	5	5				
		浆液管线备用线和粉料管线的检查	10	未检查各浆液管线的备用线处于随时可用状态扣5分	5	5				
				未检查粉料下料管线处于随时可用状态扣5分	5	5				
4	确认分析仪表	确认分析仪表调节已经完成，并随时可以投用	10	未检查仪表分析仪表的调节已完成扣5分	5	5				
				未确认分析仪表随时可供使用扣5分	5	5				
5	检查CO	确认CO钢瓶连接完毕，并达到规定压力	10	未确认CO钢瓶连接完毕扣5分	5	5				
				未检查CO钢瓶的压力是否达到规定值扣5分	5	5				
6	使用工具	使用工具	2	工具使用不正确扣2分	2	2				
		维护工具	3	工具乱摆乱放扣3分	3	3				
7	安全及其他	按国家法规或企业规定		违规一次总分扣5分	100	5				
				严重违规停止操作	100	100				
		在规定时间内完成操作		每超时2min总分扣5分，超时5min停止操作	15	5				
合计			100							

试题7：催化剂各组分的停车操作

配分与评分标准：

考核时间：30min

序号	考试内容	评分要素	配分	评分标准	最大扣分	步长	检测结果	扣分	得分	备注
1	准备工作	穿戴劳保用品	3	未穿戴整齐扣3分	3	3				
		工具、用具准备	2	工具选择不正确扣2分	2	2				

续表

序号	考试内容	评分要素	配分	评分标准	最大扣分	步长	检测结果	扣分	得分	备注
2	停止Tkcat进料	TK-CAT 运行切至己烷运行	20	未将催化剂泵从TK-CAT切至己烷扣10分	10	10				
				未用己烷冲洗TK-CAT泵至第一反应器的管线扣10分	10	10				
		断开催化剂贮罐和进料罐	10	未将催化剂贮罐和进料罐输送管线上的阀门关闭扣5分	5	5				
				未将催化剂贮罐和进料罐相互隔离开扣5分	5	5				
3	停止ATcat进料	用HX冲洗AT催化剂管线	20	未将AT催化剂泵入口管线上排放阀和HX冲洗管线连接扣5分	5	5				
				未将冲洗HX管线上的阀门打开扣7分	7	7				
				未使用HX冲洗AT-CAT泵至第一反应器的管线扣8分	8	8				
		停止AT-CAT泵	15	未在HX冲洗结束后停止AT-CAT泵扣7分	7	7				
				AT-CAT泵未和TK进料同时停止扣8分	8	8				
4	停止给电子体进料	停止给电子体进料	15	未确认AT和TK进料已经停止1个小时扣10分	10	10				
				未停止给电子体泵扣5分	5	5				
5	停TK泵	按规定停止TK催化剂泵	10	未按规定停止TK催化剂泵扣10分	10	10				
6	使用工具	使用工具	2	工具使用不正确扣2分	2	2				
		维护工具	3	工具乱摆乱放扣3分	3	3				
7	安全及其他	按国家法规或企业规定		违规一次总分扣5分	100	5				
				严重违规停止操作	100	100				
		在规定时间内完成操作		每超时1min总分扣5分，超时3min停止操作	15	5				
合计			100							

试题8：停车时聚合釜压差的控制

配分与评分标准：　　　　　　　　　　　　　　　　　　　　　　　　考核时间：30min

序号	考试内容	评分要素	配分	评分标准	最大扣分	步长	检测结果	扣分	得分	备注
1	准备工作	穿戴劳保用品	3	未穿戴整齐扣3分	3	3				
		工具、用具准备	2	工具选择不正确扣2分	2	2				
2	现场与控制室联系确认	现场与控制室联系确认	10	未联系确认扣10分	10	10				
3	调节第二液相釜温度	随着第一聚合釜温度压力的降低，逐步相应调节第二聚合釜温度，以降低第二聚合釜的压力，保持第一、第二聚合釜压差在规定范围内	30	未确认第一聚合釜温度压力降低情况扣10分	10	10				
				在两个液相聚合釜压差较小情况下未逐步相应调节第二聚合釜温度扣10分	10	10				
				未将两个液相聚合釜压差维持在规定范围内扣10分	10	10				
4	第一反应釜切换循环水和热水	控制第一聚合釜的温度降低速度，尽量避免第一聚合釜温度过早过快下降	20	未在现场打开热水的截止阀扣5分	5	5				
				未在控制室打开热水的调节阀扣5分	5	5				
				循环水切换为热水时过晚扣5分	5	5				
				循环水切换为热水时过慢扣5分	5	5				
5	调节液相釜温度	逐渐减少第一聚合釜、第二聚合釜的循环量至适当值	20	未将第一聚合釜循环量减少到适当值扣10分	10	10				
				未将第二聚合釜循环量减少到适当值扣10分	10	10				
		调节热水温度，以增加第一聚合釜夹套的供热量	10	未调节热水温度扣6分	6	6				
				调节不及时扣4分	4	4				

续表

序号	考试内容	评分要素	配分	评分标准	最大扣分	步长	检测结果	扣分	得分	备注
6	使用工具	使用工具	2	工具使用不正确扣2分	2	2				
		维护工具	3	工具乱摆乱放扣3分	3	3				
7	安全及其他	按国家法规或企业规定		违规一次总分扣5分	100	5				
				严重违规停止操作	100	100				
		在规定时间内完成操作		每超时1min总分扣5分，超时3min停止操作	15	5				
合计			100							

第四部分

技师/高级技师

一　国家职业标准(技师工作要求)

职业功能	工作内容	技能要求	相关知识
一、安全生产	(一)安全操作	1. 能在事故现场组织人员安全撤离 2. 能布置标准化施工区域 3. 能指挥现场应急处置	1. 事故现场情况判断、撤离路线及疏散方式 2. 标准化施工区域的布置方法及要求 3. 应急处置预案
	(二)风险管控与隐患排查	1. 能编制机械伤害事件、事故应急预案 2. 能编制触电事件、事故应急预案 3. 能编制火灾爆炸事件、事故应急预案 4. 能编制中毒事件、事故应急预案 5. 能编制环保异常事件处置预案 6. 能辨识有毒有害介质设备工艺处理的危害因素，编制处理方案 7. 能编制装置高压串低压、往复机停机等异常处置方案 8. 能编制设备故障应急处置方案 9. 能排查一般隐患	1. 应急预案的编制内容 2. 安全预案的编制要求 3. 环保预案的编制要求 4. 环保预案的编制内容 5. 作业许可管理要求 6. 常见安全隐患及治理要求
二、工艺操作	(一)开车准备	1. 能组织完成开车盲板的拆装 2. 能组织引入开车介质 3. 能组织验收检维修项目 4. 能组织完成装置吹扫、试漏操作 5. 能组织确认开车条件	1. 能量隔离基本要求 2. 安全环保的有关制度 3. 设备检维修验收要求
	(二)开车操作	1. 能组织完成装置开车 2. 能组织操作大型机组	1. 装置操作要点 2. 大型机组操作注意事项
	(二)开车操作A	1. 能组织装置设备单机试车 2. 能组织装置联动试运和投料 3. 能组织、指导装置的开车 4. 能指导装置开车初期的工艺调整 5. 能组织装置单机试运 6. 能组织装置联动试运 7. 能组织装置投料	1. 原、辅材料及产品质量控制指标 2. 产品质量指标的制定依据 3. 装置联锁逻辑图 4. 方案编写方法 5. 新产品试验方法
	(二)开车操作B	1. 能组织建立聚合反应 2. 能指导开车初期的工艺调整	1. 建立聚合反应条件确认要点 2. 反应初期工艺调整注意事项

续表

职业功能	工作内容	技能要求	相关知识
二、 工艺操作	（二） 开车操作C	1. 能组织装置设备单机试车 2. 能组织装置联动试运和投料 3. 能组织、指导开车 4. 能指导装置开车初期的工艺调整	1. 原、辅材料及产品质量控制指标 2. 安全和环保注意事项 3. 初级仪表工基本原理 4. 产品质量指标的制定依据 5. 装置联锁逻辑图 6. 方案编写方法
	（二） 开车操作D	1. 能组织装置设备单机试车 2. 能组织装置联动试运和投料 3. 能组织、指导开车 4. 能指导装置开车初期的工艺调整	1. 聚合反应器开车要点 2. 造粒系统开车 3. 聚合反应器开车投料初期注意事项 4. 开工时全装置丙烯流程建立
	（二） 开车操作E	1. 能组织装置设备单机试车 2. 能组织装置联动试运和投料 3. 能组织、指导开车 4. 能指导装置开车初期的工艺调整	1. 装置开车注意事项 2. 编写开车要点 3. 主催化剂投入后未见反应的处理注意事项 4. 装置联锁逻辑图
	（二） 开车操作F	1. 能组织装置设备单机试车 2. 能组织装置联动试运和投料 3. 能组织、指导开车 4. 能指导装置开车初期的工艺调整	1. 仪表状况判断 2. 组织装置开车工作主要内容 3. 装置联锁试验 4. 装置联锁逻辑关系 5. 装置开工网络图编制要点
	（二） 开车操作G	1. 能编写开车方案 2. 能组织装置设备单机试车 3. 能组织装置联动试运和投料	1. 方案编写方法 2. 设备运行试车的注意事项 3. 装置联锁逻辑和具体控制
	（二） 开车操作H	1. 能组织装置设备单机试车 2. 能组织产品牌号的切换 3. 能指导装置开车初期的工艺调整	1. 单机试车注意事项 2. 装置牌号切换注意事项 3. 装置开车注意事项
	（二） 开车操作I	1. 能组织装置设备单机试车工作 2. 能组织产品牌号的切换 3. 能完成装置开车初期的工艺调整	1. 各牌号工艺参数差异及关联 2. 聚合脱挥系统影响因素

续表

职业功能	工作内容	技能要求	相关知识
二、 工艺操作	（二） 开车操作J	1. 能组织装置设备单机试车 2. 能组织本装置产品牌号的切换 3. 能完成装置开车初期的工艺调整 4. 能完成尾气装置开车初期温度控制与调整	1. 设备单机试车注意事项 2. 装置牌号切换注意事项 3. 装置开车注意事项 4. 尾气装置开车注意事项
	（二） 开车操作K	1. 能根据产品分析数据优化工艺参数 2. 能根据开车经验优化开车步骤	1. 开车要点 2. 工艺条件对产品指标的影响作用
	（二） 开车操作L	1. 能完成两套单元的各工序开车 2. 能优化操作工况 3. 能指导装置不同牌号产品的生产切换 4. 能处理包装机、喷码机和绕膜机故障 5. 能指导清理大过滤器 6. 能指导脱溶剂系统的开、停车	1. 工艺参数与产品之间的关系 2. 各原材料与产品指标之间的关系 3. 包装机、喷码机和绕膜机的操作要点 4. “三废”物质生成机理 5. 硅藻土的物化特性 6. 过滤纸的过滤原理
	（二） 开车操作M	1. 能完成聚醚装置生产线的正常开车 2. 能安全切换各条生产线产品牌号 3. 能处理装置工艺参数的异常波动 4. 能解决装置产品指标异常波动	1. 聚醚装置聚合反应机理 2. 聚醚装置后处理精制机理 3. 聚醚装置主要设备工作原理 4. 聚醚成品之间的掺混比例
	（二） 开车操作N	1. 能完成高压乙烯储罐的压力试验 2. 能调节反应器操作参数 3. 能调整生产方案 4. 能完成装置水运转 5. 能确认螺杆泵启动条件 6. 能确认搅拌器启动条件	1. 高压乙烯储罐压力试验步骤 2. 反应器工艺参数操作注意事项 3. 装置水运转操作步骤及注意事项 4. 螺杆泵启动注意事项 5. 搅拌器启动注意事项
	（二） 开车操作O	1. 能操作聚合、醇解、成型工序对产品色度的影响 2. 能指导装置不同牌号产品的生产切换	1. 降低产品色度的方法 2. 各原材料指标对产品质量的影响
	（二） 开车操作P	1. 能组织装置设备单机试车 2. 能组织装置联动试运和投料 3. 能组织装置的开车 4. 能优化装置开车初期的工艺参数	1. 设备单机试车注意事项 2. 设备联动试车注意事项 3. 装置开车注意事项 4. 各牌号工艺参数差异性

续表

职业功能	工作内容	技能要求	相关知识
二、工艺操作	（三）正常操作	1. 能调整操作工况 2. 能指导装置操作 3. 能解决技术难题 4. 能调整比例、积分、微分（PID）参数	1. 装置历年主要技术改造情况 2. 工艺指标、产品质量指标的制定依据 3. 比例、积分、微分（PID）调整方法
	（三）正常操作A	1. 能对本装置操作法定期进行优化，操作技能进行创新 2. 能组织好新产品、新工艺的试生产 3. 能组织好日常产品牌号的切换	1. 原、辅材料及产品质量控制指标 2. 产品质量指标的制定依据 3. 方案编写方法 4. 新产品试验方法
	（三）正常操作B	1. 能组织完成产品牌号的切换 2. 能完成新产品的试生产	1. 产品牌号切换注意事项 2. 新产品试生产注意事项
	（三）正常操作C	1. 能对本装置操作法定期进行优化，操作技能有创新 2. 能组织新产品、新工艺的试生产 3. 能组织日常产品牌号的切换	1. 原、辅材料及产品质量控制指标 2. 产品质量指标的制定依据 3. 方案编写方法 4. 新产品试验方法
	（三）正常操作D	1. 能控制聚丙烯产品的质量参数 2. 能根据产品的物性指标，调整催化剂给电子体、三乙基铝和氢气等的加入量 3. 能分析产品质量不合格或质量指标波动原因 4. 能分析装置波动、非计划停工原因	1. 环管反应器温度波动调整注意事项 2. 凝液罐液位低的调整注意事项 3. 环管反应器密度低的调整注意事项 4. 丙烯贮罐液位波动调整注意事项 5. 丙烯贮罐压力波动调整注意事项
	（三）正常操作E	1. 能编制装置工艺控制要点 2. 能进行产品质量不合格或质量指标波动原因分析 3. 能确认检查液相反应釜运行状况，发现运行问题	1. 日常操作指导要点 2. 工艺参数操作优化 3. 相关工艺指令的编制 4. 牌号切换过程 5. 国内外同类装置概况 6. 工艺技术难题的解决
	（三）正常操作F	1. 能编制装置工艺控制要点 2. 能组织日常操作及工艺牌号切换、生产负荷调整 3. 能根据气相反应釜运行中的结块情况，优化工艺条件	1. 工艺参数的优化 2. 各聚合物牌号性能的差别 3. 影响聚合粉料灰分的原因 4. 牌号切换过程的优化 5. 工艺技术难题的解决

续表

职业功能	工作内容	技能要求	相关知识
二、工艺操作	（三）正常操作G	1. 能按指令编制装置工艺控制方案 2. 能组织产品质量提升和问题攻关 3. 能组织调整生产负荷 4. 能发现运行问题，优化工艺条件	1. 装置的工艺控制指标 2. 影响产品质量指标的因素 3. 装置的生产优化调整方法
	（三）正常操作H	1. 能编制装置工艺控制方案 2. 能组织装置操作及工艺牌号切换和指标调整 3. 能发现运行问题，优化工艺条件	1. 工艺控制指标 2. 产品质量指标 3. 牌号切换方法 4. 生产优化调整方法
	（三）正常操作I	1. 能对添加剂加入量提出建议 2. 能对聚合反应压力、温度提出建议 3. 能对脱挥器温度、压力提出建议 4. 能对模头控制温度、水浴冷却温度提出建议	1. 聚合脱挥系统影响因素 2. 产品质量影响因素及调整方法 3. 模头温度及水浴温度对产品质量的影响原理
	（三）正常操作J	1. 能对混挤压系统助剂加入量提出建议 2. 能对聚合反应压力、温度，降低蒸汽、冷却水用量提出建议 3. 能对凝聚罐温度、凝聚剂用量、凝聚粒子粒径提出建议 4. 能对挤出机控制温度、束条冷却温度提出建议	1. 凝聚系统影响因素 2. 聚合反应影响因素 3. 挤出机系统影响因素
	（三）正常操作K	1. 能编写原料国产化试用方案 2. 能组织新助剂的试用 3. 能组织新牌号的试生产，编写试生产方案 4. 能根据装置能耗、物耗提出改造意见或方向 5. 能解决生产过程中的生产技术难题 6. 能优化工艺控制指标，完善操作方法 7. 能进行产品不合格的原因分析	1. 原辅材料控制指标 2. 同行业各装置的聚碳酸酯主要性能特点 3. 影响装置能量与物料平衡，及产品的能耗、物耗的因素 4. 熔融法聚碳酸酯工艺反应原理 5. 产品质量指标的制定依据 6. 新牌号试生产的要点 7. 助剂对聚碳酸酯终端性能的作用
	（三）正常操作L	1. 能组织新产品的试生产 2. 能解决装置生产技术难题 3. 能通过产品指标情况来分析异常原因 4. 能调整装置蒸汽、压力等阀门开度 5. 能优化集散控制系统（DCS）的顺控程序	1. 影响环氧树脂生产的主要因素 2. 国内、外同类产品的性能及其装置的经济技术指标 3. 反应体系过程工艺参数控制 4. 各工序工艺参数控制 5. 顺控语言

续表

职业功能	工作内容	技能要求	相关知识
二、工艺操作	（三）正常操作M	1. 能优化操作工况，降低装置物耗、能耗 2. 能指导装置的日常操作 3. 能处理和解决技术难题 4. 能根据原辅料质量指标变化提出处理方案	1. 装置历年主要技术改造情况 2. 工艺指标、产品质量指标的制定依据 3. 聚醚装置聚合、精制处理原理
	（三）正常操作N	1. 能调整生产配方 2. 能调配合格产品 3. 能添加产品杀菌剂	1. 表面活性剂配制操作要点 2. 引发剂配制操作要点 3. 整理期控制注意事项 4. 反应器脱泡操作要点 5. 产品后处理操作要点 6. 内操反应器控温操作要点
	（三）正常操作O	1. 能切换产品牌号 2. 能操作聚合率升降 3. 能回收乙酸乙烯酯、乙烯、甲醇、甲酯	1. 不同牌号产品生产方法和控制要点 2. 影响聚合率的因素和操作要点 3. 回收乙酸乙烯酯、乙烯、甲醇、甲酯的方法，提高纯度的控制要点
	（三）正常操作P	1. 能处理切片分析指标异常 2. 能处理熔体黏度异常 3. 能组织新产品的试生产 4. 能按指令编制装置工艺控制方案 5. 能组织产品质量提升和问题攻关	1. 切片分析指标异常处置要点 2. 影响熔体黏度的因素 3. 装置新产品试生产的要点 4. 装置的生产优化调整方法 5. 产品质量指标的制定依据
	（四）停车操作	1. 能组织完成停车、置换、吹扫 2. 能组织完成系统隔离 3. 能组织确认交出检维修条件	1. 系统隔离注意事项 2. 确认交出检维修注意事项
	（四）停车操作A	1. 能编写本装置停车方案 2. 能组织、指导装置停车	方案编写方法
	（四）停车操作B	能组织装置紧急停车	紧急停车注意事项
	（四）停车操作C	1. 能编写本装置停车方案 2. 能组织、指导装置停车	方案编写方法

续表

职业功能	工作内容	技能要求	相关知识
二、工艺操作	（四）停车操作D	1. 能进行装置停车检维修前的丙烯精制系统的退料 2. 能完成催化剂预接触罐解体检维修前的工艺处理 3. 能进行环管反应器停车退料中的各工艺管线确认	1. 预聚反应器停车要点 2. 丙烯保护过滤器停车要点 3. 管反应器停车要点 4. 凝液系统停车要点
	（四）停车操作E	1. 能编制停车要点 2. 能组织实施停车 3. 能确认检查停车状况	1. 停车后倒空置换要点 2. 倒空操作要点 3. 挤压造粒停车要点 4. 停车安全环保要点
	（四）停车操作F	1. 能编制停车要点 2. 能组织实施停车 3. 能确认检查停车状况	1. 挤压造粒单元停车原因 2. 联锁停车逻辑关系 3. 倒空操作要点
	（四）停车操作G	1. 能按指令编制停车方案 2. 能组织实施停车 3. 能组织完成紧急满釜停车 4. 能处理停工过程中的异常情况	1. 停车方案编写要点 2. 装置停车操作要点 3. 紧急满釜停车注意事项
	（四）停车操作H	1. 能组织实施停车工作 2. 能确认检查停车状况	装置停车注意事项
	（四）停车操作I	1. 能组织生产线停车操作 2. 能确认停车进度	装置停车的工作要点
	（四）停车操作J	1. 能组织生产线停车操作 2. 能确认停车进度	装置停车的工作内容
	（四）停车操作K	1. 能组织装置“三废”的处理 2. 能组织制定清洗方案	1. 清洗方案制定原则 2. “三废”的处理方法
	（四）停车操作L	1. 能完成两套单元的各工序停车 2. 能完成溶剂精馏提纯	溶剂精馏提纯操作流程

续表

职业功能	工作内容	技能要求	相关知识
二、工艺操作	（四）停车操作M	1. 能组织完成系统隔离 2. 能按进度组织完成停车盲板的拆装 3. 能组织完成装置自修项目的验收 4. 能控制并降低停车过程中的物耗能耗 5. 能组织停车后系统的吹扫、清洗、置换 6. 能组织确认交出检维修条件	1. 自修项目验收标准 2. 停车检维修交出标准 3. 装置能耗物耗设计指标
	（四）停车操作N	1. 能进行装置临时和短期停车 2. 能进行装置停公用工程时的紧急停车 3. 能进行高压乙烯储罐泄漏的停车	1. 临时停车操作要点 2. 紧急停车操作要点 3. 高压乙烯储罐泄漏应急预案
	（四）停车操作O	1. 能指导停运聚合、醇解、造粒、干燥等工序 2. 能清洗吹扫聚合、醇解工序	1. 装置各工序降负荷、停车、清洗、置换、盲板抽堵的方案 2. 安全停车、清洗吹扫的注意事项
	（四）停车操作P	1. 能协助编制停车方案 2. 能组织实施停车 3. 能组织完成紧急停车 4. 能处理停工过程中的异常情况	1. 停车方案编写要点 2. 停车操作要点 3. 紧急停车注意事项 4. 停车过程常见事故处置要点
三、设备使用与维护	（一）使用设备	1. 能组织单机试车 2. 能处理设备故障 3. 能对设备大修提出改进意见 4. 能落实设备的防冻防凝、防腐蚀等技术措施	1. 设备单机试车注意事项 2. 设备故障处理注意事项 3. 设备检维修内容、技术要求 4. 设备防冻防凝、防腐蚀注意事项
	（一）使用设备A	1. 能判断复杂的设备故障 2. 能组织设备的停车 3. 能编写设备大修方案	1. 设备管理的规定 2. 方案编写的有关注意事项
	（一）使用设备B	1. 能判断压缩机、挤压机等大型设备故障 2. 能组织压缩机、挤压机等大型机组试车	1. 压缩机、挤压机故障处理注意事项 2. 压缩机、挤压机试车要点
	（一）使用设备C	1. 能判断复杂的设备故障 2. 能组织设备的停车 3. 能编写设备大修方案	1. 设备管理的要求 2. 方案编写的有关注意事项

续表

职业功能	工作内容	技能要求	相关知识
三、设备使用与维护	(一)使用设备D	1. 能完成装置的往复式压缩机，螺杆式压缩机等启动前的检查 2. 能分析设备无法正常启动的原因 3. 能分析装置挤压机异常原因	1. 启动环管轴流泵的条件 2. 螺旋输送器的结构 3. 启动循环气压缩机的条件 4. 电磁阀工作原理 5. 仪表调节基本原则
	(一)使用设备E	1. 能编制所有设备操作注意事项 2. 能组织实施所有设备启停操作 3. 能完成所有设备启停，仪表投用操作	1. 压缩机常见故障处理注意事项 2. 仪表常见故障处理注意事项 3. 往复式压缩机工作原理 4. 电气及自动化基础知识
	(一)使用设备F	1. 能编制所有设备操作注意事项 2. 能组织实施所有设备启停操作 3. 能完成所有设备启停，仪表投用操作	1. 沉降器顶部压缩机常见故障处理方法 2. 膨胀式袋滤器尾气循环压缩机常见故障处理方法 3. 急冷液泵常见故障处理方法
	(一)使用设备G	1. 能组织单机试车和联运 2. 能提出设备运行优化意见 3. 能组织设备检维修后验收	1. 设备结构和运行参数 2. 设备检维修内容、技术要求
	(一)使用设备H	1. 能指导聚合釜、汽提塔、离心机、干燥器等设备的操作 2. 能指导压缩机、冷冻机等主要设备的操作	设备操作注意事项
	(一)使用设备I	1. 能编制反应器操作注意事项 2. 能编制脱挥器操作注意事项 3. 能对设备运行提出建议	1. 反应器操作手册中操作注意事项 2. 脱挥器操作手册中操作注意事项 3. 设备结构和运行参数
	(一)使用设备J	1. 能完成设备、设施隐患排查 2. 能对设备运行提出建议	1. 设备、设施的要点 2. 设备结构和运行参数
	(一)使用设备K	1. 能发现设备运行变化并判断故障类型 2. 能组织并制定导热油炉点火、脱水、升温及调整方案 3. 制订滤布、滤芯更换计划	1. 滤布、滤芯的使用要点 2. 导热油系统操作方法

续表

职业功能	工作内容	技能要求	相关知识
三、设备使用与维护	（一）使用设备L	1. 能判断容积泵打不上料的原因 2. 能预知性判断包装机故障并处置 3. 能预知性判断造粒机故障并处置 4. 能预知性判断机械手故障并处置 5. 能组织薄膜蒸发器和降膜蒸发器检修	1. 造粒机组的构造 2. 包装机构造 3. 机械手构造 4. 包装机、码垛机、绕膜机、喷码机和机械手的工作原理和参数 5. 薄膜蒸发器和降膜蒸发器内部结构
	（一）使用设备M	1. 能组织单机试车 2. 能提出对设备大修和改进的意见 3. 能组织装置检维修后验收 4. 能处理设备故障 5. 能落实设备的防冻防凝、防腐蚀等技术措施	1. 设备运行参数 2. 设备单机试车注意事项 3. 设备故障处理注意事项 4. 设备检维修内容、技术要求
	（一）使用设备N	1. 能投运反应器循环泵螺杆泵 2. 能投运反应器搅拌器 3. 能投运高压乙烯储罐	1. 螺杆泵投运前的检查要点 2. 螺杆泵的投运操作要点 3. 搅拌器投运注意事项 4. 高压乙烯储罐投运注意事项
	（一）使用设备O	1. 能操作齿轮泵开停车 2. 能操作造粒机组开停车	1. 齿轮泵基本结构 2. 造粒机组的结构和启停控制要点
	（一）使用设备P	1. 能操作1,4–丁二醇（BDO）蒸汽喷射泵 2. 能操作水下模切机 3. 能完成设备隐患排查 4. 能判断复杂的设备故障	1. 1,4–丁二醇（BDO）蒸汽喷射泵结构特点 2. 1,4–丁二醇（BDO）蒸汽喷射泵工作原理 3. 水下模切机操作要点 4. 设备结构和运行参数
	（二）维护设备	1. 能编制设备防冻防凝、保温保冷方案 2. 能制定装置设备检维修方案 3. 能组织设备检维修及装置大检维修时的自检	1. 设备验收标准 2. 设备管理规定 3. 设备防冻防凝、保温保冷要求
四、事故判断与处理	（一）判断事故	能组织演练事故应急预案	事故应急预案
	（二）处理事故	1. 能针对装置发生的各类事故，分析原因，提出预防措施 2. 能在紧急情况下采取果断措施	同类装置事故典型案例

续表

职业功能	工作内容	技能要求	相关知识
四、 事故判断与处理	（二） 处理事故A	1. 能组织处理装置突发事故 2. 能分析事故原因，提出整改及预防措施 3. 能组织装置事故停车后恢复生产	1. 事故处理程序、处理方法 2. 反应器温度波动的处理方法 3. 事故应急预案
	（二） 处理事故B	1. 能组织处理装置突发事故 2. 能分析联锁停车原因，提出整改及预防措施 3. 能组织装置联锁停车后恢复生产	1. 联锁停车处理要点 2. 反应器联锁停车后的处理方法 3. 事故预防措施
	（二） 处理事故C	1. 能组织处理装置突发事故 2. 能分析事故原因，提出整改及预防措施 3. 能组织装置事故停车后恢复生产	1. 事故处理程序、处理方法 2. 装置紧急停车后的处理方法 3. 装置紧急停车注意事项
	（二） 处理事故D	1. 事故处理程序、处理方法 2. 装置紧急停车后的处理方法 3. 装置紧急停车注意事项	1. 装置紧急停车注意事项 2. 汽蒸罐故障的处理注意事项 3. 氢气进料停止的处理注意事项 4. 丙烯进料罐中丙烯中断的处理注意事项
	（二） 处理事故E	1. 能编制事故处置操作要点 2. 能组织处置突发事故操作 3. 能配合处置装置其他事故操作	1. 装置停电事故处理注意事项 2. 装置停水事故处理注意事项 3. 停氮气事故处理注意事项 4. 丙烯泄漏事故处理注意事项
	（二） 处理事故F	1. 能编制事故处置要点 2. 能组织处置突发事故操作 3. 能处置装置其他事故操作	1. 装置停电事故处理注意事项 2. 装置停水事故处理注意事项 3. 丙烯泄漏事故处理注意事项
	（二） 处理事故G	1. 能组织处理装置停电、停水、停气等事故 2. 能组织有关人员分析事故原因并纠正预防措施 3. 能组织装置事故停车后恢复正常生产	1. 事故处理程序和方法 2. 事故分析方法
	（二） 处理事故H	1. 能配合处理装置的复杂事故 2. 能组织装置事故停车后恢复正常生产	复杂事故处理要点
	（二） 处理事故I	1. 能排查雨水系统污染事故 2. 能排查产品杂色料增多事故 3. 能排查环保监测数据异常事故	1. 雨水系统的分布点及设施结构 2. 产品杂色料来源及解决要点 3. 环保监测数据异常事故处理要点

续表

职业功能	工作内容	技能要求	相关知识
四、事故判断与处理	（二）处理事故J	1. 能排查雨水系统污染事故 2. 能排查产品杂色料增多事故 3. 能排查尾气装置异常事故	1. 雨水、污水系统的分布点及设施结构 2. 产品杂色料来源及解决要点 3. 尾气系统的分布点及设施结构
	（二）处理事故K	1. 能组织事故应急预案的演练 2. 能组织处理导热油泄漏引起的明火事故	1. 事故应急预案 2. 事故处理程序
	（二）处理事故L	能组织环氧树脂生产爆聚、严重跑料及人员中毒、触电等事故演练	环氧树脂生产过程中重大事故处理方法
	（二）处理事故M	1. 能组织协调处理装置停电、水、气等复杂事故 2. 能组织有关人员分析事故原因并纠正预防措施 3. 能组织装置事故停车后恢复生产 4. 能处理装置管线聚合堵塞事故 5. 能处理工艺爆聚事故	1. 复杂事故处理程序和方法 2. 仪表联锁控制原理
	（二）处理事故N	1. 能处理高压气态乙烯泄漏事故 2. 能处理反应器高压阶段泄漏事故 3. 能处理换热器高压阶段泄漏事故	1. 反应系统高压阶段泄漏事故预案 2. 反应系统高压阶段爆聚应急预案 3. 紧急停车注意事项
	（二）处理事故O	1. 能指导处理装置各种复杂事故 2. 能处理原、辅料质量波动事故 3. 能编制装置异常生产预案	1. 关键重要设备设施事故处理预案 2. 复杂事故处理程序、方法 3. 开停车过程异常状况分析
	（二）处理事故P	1. 能组织、协调处理装置各种复杂事故 2. 能处理原、辅料质量波动事故 3. 能参与编制装置异常事故处理预案 4. 能排查雨水系统污染事故 5. 能排查产品异色料事故 6. 能组织处理热媒泄漏引起的明火事故	1. 重点设备或关键部位事故处理要点 2. 聚对苯二甲酸丁二醇酯装置紧急停车操作要点 3. 复杂事故处理程序、处理方法 4. 雨水、污水系统的分布点及设施结构 5. 产品异色料的处理办法 6. 热媒泄漏处理办法

续表

职业功能	工作内容	技能要求	相关知识
五、绘图与计算	（一）绘图	1. 能绘制技术改进简图 2. 能识读零件图	1. 装置设计资料 2. 零件图知识
	（二）计算	能完成热量平衡和传质计算	热量平衡和传质计算
六、管理	（一）质量管理	1. 能组织全面质量管理（QC）小组开展质量攻关活动 2. 能按质量管理体系要求指导生产 3. 能分析生产中的质量事故 4. 能实施产品质量改进方案	1. 全面质量管理方法 2. 质量管理体系运行要求 3. 全面质量管理知识 4. 产品质量知识 5. 质量事故分析方法 6. 质量指标的测量方法和原理
	（二）生产管理	1. 能组织、指导班组进行经济核算和经济活动分析 2. 能应用统计技术对生产工况进行分析 3. 能对装置的标定工作提出意见 4. 能组织开展能源管理活动 5. 能完成装置的性能评定工作 6. 能落实安全标准化工作	1. 工艺技术管理规定 2. 统计基础知识 3. 生产成本核算方法 4. 能源管理文件知识 5. 装置性能负荷测试条件、内容、方法及考核指标
	（三）编写技术文件	1. 能撰写生产技术总结 2. 能编写装置开、停车方案	1. 技术总结撰写方法 2. 装置开、停车方案编写方法
	（四）技术改进	能对技措、技改项目的实施提出意见	国内同类装置常用技术应用信息
七、培训与指导	（一）培训	1. 能培训三级/高级工 2. 能制定专项培训方案	1. 讲课及培训方法 2. 教案的编写方法
	（二）指导	1. 能总结操作经验和技能 2. 能传授操作经验和技能	1. 操作经验和技能总结方法 2. 操作经验和技能传授技巧

二 国家职业标准(高级技师工作要求)

职业功能	工作内容	技能要求	相关知识
一、安全生产	(一)安全操作	1. 能编制受限空间作业方案 2. 能编制高处作业方案 3. 能编制动火作业方案 4. 能编制能量隔离方案 5. 能组织进行作业安全分析(JSA)、工作危害分析(JHA)	1. 受限空间作业方案的编制内容及要求 2. 高处作业方案的编制内容及要求 3. 动火作业方案的编制内容及要求 4. 能量隔离方案的编制内容及要求 5. 作业安全分析(JSA)、工作危害分析(JHA)等风险辨识与防控分析的方法
	(二)风险管控与隐患排查	1. 能进行特殊作业管理 2. 能组织机械伤害事件、事故应急演练 3. 能组织触电事件、事故应急演练 4. 能组织火灾爆炸事件、事故应急演练 5. 能制定装置密闭吹扫改进方案 6. 能组织环保事件、事故应急演练 7. 能组织对有毒有害介质设备设施进行工艺处理 8. 能组织装置高压串低压、往复机停机等异常应急处置 9. 能对重大隐患采取防范措施	1. 特殊作业的分级、作业要求、职业禁忌 2. 应急演练的组织程序及要求 3. 装置环保排放要求 4. 隐患治理“五定”要求和隐患整治方案
二、工艺操作	(一)开车准备	1. 能编写开车方案 2. 能优化开车流程	1. 开车方案编写要求 2. 装置有关设计资料
	(二)开车操作	1. 能指导新装置开车 2. 能指导同类装置的试车、投产 3. 能制定装置开车方案	1. 国内外同类装置工艺、控制技术 2. 装置有关设计和技术资料 3. 装置改造的基础资料 4. 装置历年来的改造情况及发展趋势
	(三)正常操作	1. 能解决同类装置的工艺技术难题 2. 能对生产工况进行指导优化 3. 能编制同类装置操作方案,能优化同类装置操作 4. 能解决同类装置技术或工艺难题	1. 同类装置优化案例及相关论文 2. 装置有关设计资料、技改资料 3. 国内外同类装置工艺、控制技术 4. 装置历年来的改造基础资料
	(四)停车操作	1. 能优化停车流程 2. 能编写停车方案 3. 能指导同类装置的停车检维修	1. 装置有关设计资料、技改资料 2. 国内外同类装置工艺、控制技术 3. 装置历年来的改造基础资料 4. 国内外同类装置异常停车处置案例

续表

职业功能	工作内容	技能要求	相关知识
三、 设备使用与维护	（一） 使用设备	1. 能分析各类设备的使用情况并提出操作改进意见 2. 能对设备的安装、调试提出建议 3. 能使用同类生产装置设备 4. 能提升主要设备的使用性能 5. 能组织设备验收 6. 能识别出设备故障并给出解决方案	1. 设备安装、调试的有关规程 2. 设备管理的规定内容 3. 设备验收标准 4. 设备管理的规定、标准知识 5. 设备安装和调试方法 6. 装置相关设备的工作原理
	（二） 维护设备	1. 能制订检维修计划 2. 能组织完成年度检维修的前期准备 3. 能根据设备运行情况，提出改进建议	1. 制订检维修计划的基本要求 2. 检维修前准备工作的注意事项 3. 国内外同类装置设备的差异，以及同类装置设备的发展状况
四、 事故判断与处理	（一） 判断事故	1. 能对国内外同类装置的事故进行分析、总结 2. 能根据装置事故情况做出开与停的决断意见 3. 能编制事故应急预案	1. 收集情报信息的原则 2. 国内外同类装置事故案例
	（二） 处理事故	1. 能处理工艺、设备等疑难故障 2. 能对国内外同类装置的事故原因进行分析 3. 能分析、归纳、总结国内外同类装置事故 4. 能组织、指挥处理装置重大事故 5. 能组织事故分析会，并制定整改及防范措施	1. 同类装置事故典型案例 2. 应急预案编写知识 3. 突发事故处理方法 4. 国内外同类装置事故汇编材料
五、 绘图与计算	（一） 绘图	能对审定技术改造图提出意见	工艺设计规范
	（二） 计算	能完成热量平衡和传质传热计算	工艺设计规范
六、 管理	（一） 质量管理	1. 能提出产品质量的改进方案并组织实施 2. 能提出产品质量改进建议	质量管理知识

续表

职业功能	工作内容	技能要求	相关知识
六、管理	（二）生产管理	1. 能组织实施节能降耗措施 2. 能对装置经济活动分析提出意见 3. 能提出生产管理的建议 4. 能提出能源管理措施 5. 能提出技术改进方案 6. 能完成生产文件的分类和管理工作 7. 能消化吸收新技术、新工艺 8. 能组织安全标准化工作	1. 经济活动分析方法 2. 生产管理内容 3. 能源管理知识 4. 技术改进方案编制知识 5. 生产文件的分类和管理知识 6. 国内外同行业新技术、新工艺的应用
	（三）编写技术文件	1. 能撰写技术论文 2. 能对各类生产方案提出意见 3. 能对岗位操作法和工艺技术规程提出意见 4. 能对装置标定方案提出意见 5. 能对重大的事故处理预案提出意见	1. 技术论文撰写方法 2. 标定报告、技术规程等编写格式
	（四）技术改进	1. 能组织技术改造和技术革新 2. 能对重大技术改造方案提出意见	国内外同类装置工艺、设备、自动化控制等方面的技术发展信息
七、培训与指导	（一）培训	1. 能培训二级/技师 2. 能制订培训计划和大纲 3. 能编写培训教材 4. 能系统讲授本职业相应模块的基本知识，并能指导学员的实际操作	1. 培训计划和大纲编写方法 2. 培训教材的编写知识和方法
	（二）指导	1. 能传授专业知识和技能 2. 能安排教学内容，选择教学方式	1. 技能知识培训方法 2. 评价技能培训效果的知识

三 理论知识鉴定要素细目表

——行业通用理论知识鉴定要素细目表(技师)——

鉴定范围			鉴定点	
一级	二级	三级	名称	重要程度
基本要求	基础知识	识图基础知识	设备布置图基础知识	X
			管道布置图基础知识	X
			化工设备图尺寸标注方法	X
			装配图内容	X
		安全环保基础知识	清洁生产审核的实施方法	X
			JHA工作危害分析	X
			安全处理及施工方案的编制方法	X
			应急预案的编制方法	X
			安全检查表的编制要点	X
			防噪声的技术措施	X
			防噪声的管理措施	X
			国家劳动安全卫生管理体制职责划分的内容	X
			事故风险控制的基本过程	X
		质量基础知识	ISO9000族标准质量管理审核的依据	X
			ISO9000族标准质量管理体系的总体思路	X
			顾客满意的概念	X
			现场质量管理的主要内容	X
			控制图的原理	X
			质量改进的概念	X
			质量改进的步骤	X
		计算机基础知识	PowerPoint的基本概念	X
			幻灯片的制作方法	X
			应用母版的内容	X
			应用设计模板的内容	X
			幻灯片动画效果的设置方法	X
			幻灯片放映技巧	X

续表

鉴定范围			鉴定点	
一级	二级	三级	名称	重要程度
相关知识	管理知识	生产管理	生产管理理念	X
			设备管理理念	X
			现场管理理念	X
			工艺管理理念	X
		编写技术文件	生产总结报告的常用格式	X
			技术论文的结构内容	X
			技术论文标题拟订的基本原则	X
			技术论文摘要拟订的基本原则	X
			技术论文编写的基本要素	X
			装置标定报告主要内容	X
			装置验收报告主要内容	X
			工艺技术规程主要内容	X
			岗位操作法的主要内容	X
			检修方案的主要内容	X
			开工方案的主要内容	X
			停工方案的主要内容	X
		技术改进	技术改造的目的	X
			技术改造的程序	X
			技术改造方案的主要内容	X
			技术改造的有关步骤	X
			技术改造申请书的编写格式	X
			技术革新成果的鉴定知识	X
			技术改造的注意事项	X
			技术革新成果报告的主要内容	X
	培训与指导	培训与指导	专项培训方案制定的要求	X
			培训教学常用方法	X
			培训教案编写的要求	X
			培训教学的组织实施	X
			评估培训效果的意义	X

行业通用理论知识鉴定要素细目表(高级技师)

鉴定范围			鉴定点	
一级	二级	三级	名 称	重要程度
基本要求	基础知识	识图基础知识	设备布置图基础知识	X
			管道布置图基础知识	X
			化工设备图尺寸标注方法	X
			装配图内容	X
		安全环保基础知识	清洁生产审核的实施方法	X
			JHA工作危害分析	X
			安全处理及施工方案的编制方法	X
			应急预案的编制方法	X
			安全检查表的编制要点	X
			防噪声的技术措施	X
			防噪声的管理措施	X
			国家劳动安全卫生管理体制职责划分的内容	X
			事故风险控制的基本过程	X
		质量基础知识	ISO9000族标准质量管理审核的依据	X
			ISO 9001族标准质量管理体系的总体思路	X
			顾客满意的概念	X
			现场质量管理的主要内容	X
			控制图的原理	X
			质量改进的概念	X
			质量改进的步骤	X
		计算机基础知识	PowerPoint的基本概念	X
			幻灯片的制作方法	X
			应用母版的内容	X
			应用设计模板的内容	X
			幻灯片动画效果的设置方法	X
			幻灯片放映技巧	X
相关知识	管理知识	生产管理	生产管理理念	X
			设备管理理念	X
			现场管理理念	X
			工艺管理理念	X

续表

鉴定范围			鉴定点	
一级	二级	三级	名称	重要程度
相关知识	管理知识	编写技术文件	生产总结报告的常用格式	X
			技术论文的结构内容	X
			技术论文标题拟订的基本原则	X
			技术论文摘要拟订的基本原则	X
			技术论文编写的基本要素	X
			装置标定报告主要内容	X
			装置验收报告主要内容	X
			工艺技术规程主要内容	X
			岗位操作法的主要内容	X
			检修方案的主要内容	X
			开工方案的主要内容	X
			停工方案的主要内容	X
		技术改进	技术改造的目的	X
			技术改造的程序	X
			技术改造方案的主要内容	X
			技术改造的有关步骤	X
			技术改造申请书的编写格式	X
			技术革新成果的鉴定知识	X
			技术改造的注意事项	X
			技术革新成果报告的主要内容	X
	培训与指导	培训与指导	专项培训方案制定的要求	X
			培训教学常用方法	X
			培训教案编写的要求	X
			培训教学的组织实施	X
			评估培训效果的意义	X

职业通用理论知识鉴定要素细目表(技师)

鉴定范围			鉴定点	
一级	二级	三级	名 称	重要程度
基本要求	基础知识	化学基础知识	化学反应速率的要点	X
			可逆反应与化学平衡的要点	X
		化工基础知识	干燥过程的物料衡算	X
			流体静力学基本方程式	Y
			柏努利方程在生产中的应用	Y
			萃取要点	X
			亨利定律	X
			导热的基本知识	X
		高分子化学知识	高聚物的物理化学性能	X
			聚合速率的影响因素	X
			Ziegler–N1tt1 聚合机理	X
			影响高聚物熔体黏度的因素	Y
		电工基础知识	电磁感应的基本概念	X
			电功率及功率因数的计算	X
			变频器的使用	Y
			简单三相交流电路的计算	X
		仪表基础知识	控制回路的正反作用判断	X
			PID 参数的工程整定	X
			仪表故障判断方法	Y
		化工机械与设备基础知识	离心压缩机性能曲线的意义	X
			机械密封失效的原因	X
			离心泵的串并联	X
			往复式压缩机主要性能分析	X
			精馏塔的工作原理	X

——职业通用理论知识鉴定要素细目表(高级技师)

鉴定范围			鉴定点	
一级	二级	三级	名称	重要程度
基本要求	基础知识	化学基础知识	化学反应速率的要点	X
			可逆反应与化学平衡的要点	X
		化工基础知识	干燥过程的物料衡算	X
			流体静力学基本方程式	Y
			柏努利方程在生产中的应用	Y
			萃取要点	X
			亨利定律	X
			导热的基本知识	X
		高分子化学知识	高聚物的物理化学性能	X
			聚合速率的影响因素	X
			Ziegler-N1tt1 聚合机理	X
			影响高聚物熔体黏度的因素	Y
		电工基础知识	电磁感应的基本概念	X
			电功率及功率因数的计算	X
			变频器的使用	Y
			简单三相交流电路的计算	X
		仪表基础知识	控制回路的正反作用判断	X
			PID 参数的工程整定	X
			仪表故障判断方法	Y
		化工机械与设备基础知识	离心压缩机性能曲线的意义	X
			机械密封失效的原因	X
			离心泵的串并联	X
			往复式压缩机主要性能分析	X
			精馏塔工作原理	X

工种理论知识鉴定要素细目表

鉴定范围			鉴定点	
一级	二级	三级	名称	重要程度
相关知识	工艺操作	开车准备	系统气压试验知识	X
			管线吹扫的要点	X
			丙烯精制单元再生方法	X
			装置开工网络的概念	X
			装置开车方案的编制	X
			开车前系统检查确认	X
			三剂规格指标	X
			原料规格	X
			仪表状况的判断及调校	X
			三剂装填事项	X
		使用设备	主催化剂投入后未见反应的处理方法	X
			装置联锁逻辑关系	X
			装置开车注意事项	X
			开车安全注意事项	X
			装置联锁逻辑关系	X
			日常操作指导要点	X
			工艺参数操作优化	Y
			各工艺参数的相互关系	X
			原辅材料的质量标准	X
			相关工艺指令的编制	X
			牌号切换过程的优化	X
			国内外同类装置概况	Y
			工艺技术难题解决	X
			停车注意事项	X
			装置倒空操作要求	X
			挤压造粒停车要求	X
			停车安全注意事项	X
			停车安全环保要求	X
			停车后倒空置换要求	Y
			停车注意事项	X
	设备使用与维护	使用设备	压缩机常见故障处理	X
			仪表常见故障处理方法	X
			往复式压缩机工作原理	X
			挤压造粒机组润滑油系统用户	X
			挤压造粒机组液压油用户	X
			设备密封知识	X

续表

鉴定范围			鉴定点	
一级	二级	三级	名称	重要程度
相关知识	设备使用与维护	使用设备	设备润滑知识	Y
			挤压造粒机组润滑油系统使用注意事项	X
			挤压造粒机组液压油系统使用注意事项	Y
			电气及自动化基础知识	Z
			罗茨风机适用故障原因分析	X
		维护设备	编制设备维护保养制度	X
			设备防冻保温要求	X
			压力容器的相关基础知识	X
			防腐方案编制要求	Y
			酸洗方案的内容	X
			检修方案的内容	Y
			风机故障处理	X
			挤压机组特护知识	X
			密封系统维护内容	X
	事故判断与处理	判断事故	常见工艺事故原因	X
			挤压机电仪故障判断	Y
			判断聚合反应撤热能力降低的原因	Y
			装置主要动设备故障判断	X
			聚丙烯工艺简介	X
			粒料发黄的原因	X
			造粒机非正常停车原因	X
			出料线堵塞原因分析	X
		处理事故	装置停电事故处理方案	X
			装置停水事故处理方案	X
			停氮气事故处理方案	Z
			丙烯泄漏事故处理方案	Y
			事故紧急预案	X
			事故预防措施	X
			挤压造粒机组液压油系统故障处理	Y
			出料线事故故障分析	X
	绘图与计算（停用）	绘图	绘制技术改进相关图	X
			识读一般零件图	Z
			识读设备结构图	Z
		计算	技术改造优化的相关计算	X
			更新设备的相关计算	X
			物料衡算知识	X
			热量衡算知识	X

四 理论知识试题

——行业通用理论知识试题(技师)——

判断题

1. 零件的每一方向都必须有且只有一个主要基准，可以有也可以没有辅助基准。 （√）

2. 在化工设备图中，由于零件的制造精度不高，故允许在图上将同方向（轴向）的尺寸注成封闭形式。 （√）

3. 表示设备上各管口以及支座、地脚螺栓等周向安装方位的图样，称为设备安装方位图。 （√）

4. 化工行业不适用于清洁生产审核。 （×）

正确答案：化工行业适用于清洁生产审核。

5. 在易燃易爆生产装置上进行的技术改造、隐患治理，均应编制安全处理及施工方案。 （√）

6. 工作危害分析是消除和控制危害的一种行之有效的方法。 （√）

7. 安全检查表分析是基于基本理论的方法。 （×）

正确答案：安全检查表分析是基于经验的方法。

8. 建设项目的环境噪声污染防治设施必须与主体工程同时设计、同时施工、同时投入使用。 （√）

9. 依据中华人民共和国城市区域环境噪声标准夜间突发的噪声，其最大值不准超过标准值30dB。 （×）

正确答案：依据中华人民共和国城市区域环境噪声标准夜间突发的噪声，其最大值不准超过标准值15dB。

10. 在理想情况下，所有的作业都要进行工作危害分析，但首先要确保对关键性的作业实施分析。 （√）

11. 事故风险是指事故发生的危害后果。 （×）

正确答案：事故风险是事故发生概率及其危害后果的乘积。

12. 事故调查应该在应急救援结束前进行。 （×）

正确答案：事故调查应该在应急救援结束后进行。

13. 施工单位必须参与编制安全处理及施工方案。 （√）

14. 仪表监控措施是事故预防控制的主要措施之一。（√）

15. 通俗地说，持续改进就是增强满足要求的能力和改进业绩的循环活动。（√）

16. 质量改进是质量管理的一部分，致力于增强满足质量要求的能力。（√）

17. 控制图的上控制限（UCL）和下控制限（LCL）用实线绘制。（×）

正确答案：控制图的上控制限（UCL）和下控制限（LCL）用虚线绘制。

18. ISO9001为质量管理体系规定了要求，ISO9004在质量管理体系更宽泛的目标下，为持续成功和改进绩效提供了指南。（√）

19. 现场质量管理就是要管好现场的人员。（×）

正确答案：现场质量管理就是要管好现场的人员、机器、物料、作业方法和现场环境。

20. 控制图的原理就是3西格玛原理。（√）

21. 顾客满意度是对顾客满意程度的通俗化描述。（×）

正确答案：顾客满意度是对顾客满意程度的定量化描述。

22. 在PowerPoint中利用“模板”可以创建具有一定复杂背景和色彩的演示文稿。（√）

23. 如果演示为PowerPoint文稿设置了动画效果，则在播放时，单击鼠标将显示设置了动画的对象，而不是立即切换到下一张幻灯片。（√）

24. 在PowerPoint中，在备注页编辑区输入的内容将随正文一起播放给观众。（×）

正确答案：在PowerPoint中，在备注页编辑区输入的内容不能随正文一起播放。

25. 工艺技术改进是建立正常的生产秩序和工作秩序、提高企业经济效益、实现企业经营目标、提高企业适应能力的基本手段，是企业进行技术创新、技术发展的基本平台。（×）

正确答案：工艺技术管理是建立正常的生产秩序和工作秩序、提高企业经济效益、实现企业经营目标、提高企业适应能力的基本手段，是企业进行技术创新、技术发展的基本平台。

26. 设备技术规范不属于装置标定报告的内容。（×）

正确答案：设备技术规范属于装置标定报告的内容。

27. 系统流程图不属于岗位操作法的内容。（×）

正确答案：系统流程图属于岗位操作法的内容。

28. 停工组织机构是停工方案的内容之一。（√）

29. 技术论文提纲拟订好后，就可以遵循论文写作的规范和通常格式动笔拟初稿。（√）

30. 能组织完成装置自修项目的验收是技师在开车准备阶段应具备的技能。（ √ ）

31. 生产准备应包括：组织机构（附组织机构图）、人员准备及培训、技术准备及编制《投料试车总体方案》（附投料试车统筹网络图）、物资准备、资金准备、外部条件准备和营销准备。（ √ ）

32. 准备好生活服务工作不属于设备检修准备工作内容。（ × ）

正确答案：准备好生活服务工作属于设备检修准备工作内容。

33. 设备状况及设备规范是工艺技术规程的内容之一。（ √ ）

34. 在技术改造方案中环境保护设施、道路设施、消防设施、劳动安全和职业卫生设施应按设计要求与主体工程同时设计、同时施工、同时投入使用。（ √ ）

35. 技术改造具有投资少、周期短、见效快的特点。（ √ ）

36. 技术革新包括简单的技术改造。（ √ ）

37. 技术改造项目正式验收后要按照对技术经济指标进行考核标定，编写运行标定报告。（ × ）

正确答案：技术改造项目正式验收前要按照对技术经济指标进行考核标定，编写运行标定报告。

38. 建设项目中若有少量不影响正常生产的未完工程，在核定投资，限期完成的条件下，亦应进行竣工验收。（ √ ）

39. 申报单位意见、技术部门批复意见和主管部门批复意见是技术改造申请书必须包含的内容。（ √ ）

40. 提纲是培训教案的灵魂，主题是培训教案的血脉，素材是培训教案的血肉。（ × ）

正确答案：主题是培训教案的灵魂，提纲是培训教案的血脉，素材是培训教案的血肉。

41. 对内容、讲师、方法、材料、设施、场地、报名的程序等方面的评价属于结果层面的评价。（ × ）

正确答案：对内容、讲师、方法、材料、设施、场地、报名的程序等方面的评价属于反应层面的评价。

42. 教师授课技巧的高低是影响培训效果的关键因素。（ √ ）

单选题

1. 在贮罐的化工设备图中，贮罐支座上地脚螺栓孔的中心距尺寸表示的是（ C ）尺寸。

A. 特性　　B. 装配　　C. 安装　　D. 总体

2. 关于尺寸基准，下列说法不正确的是（ D ）。

A. 根据零件结构的设计要求而选定的基准为设计基准

B. 根据零件加工、测量的要求而选定的基准为工艺基准

C. 零件的每一个方向都必须有且只有一个主要基准，可以有也可以没有辅助基准

D. 零件的每一个方向的定向尺寸一律从该方向主要基准出发标注

3. 设备布置图中，非定型设备被遮盖的设备轮廓一般不画，如必须表示时，则用（ D ）线表示。

A. 细实　　B. 粗实　　C. 细虚　　D. 粗虚

4. 防治噪声污染最根本的措施是（ D ）。

A. 采用吸声器　　B. 减震降噪

C. 严格控制人为噪声　　D. 从声源上降低噪声

5. （ A ）是判别OHSAS 18001职业健康安全管理体系运行是否成功的重要依据。

A. 法规和其他要求　　B. 风险辨识的有效性

C. 预案的可执行性　　D. 风险控制的有效性

6. 职业安全卫生管理体系由（ C ）个二级要素组成。

A. 10　　B. 15　　C. 17　　D. 36

7. 按ISO9001：2015标准建立质量管理体系，采用（ A ）方法，该方法结合了PDCA循环与基于风险的思维。

A. 过程　　B. 改进　　C. 循证决策　　D. 全员参与

8. 质量改进的基本过程是（ B ）。

A. PDPC法　　B. PDCA循环

C. 过程方法　　D. 流程图法

9. 在ISO9000族标准中，可以作为质量管理体系审核依据的是（ A ）。

A. GB/T19001　　B. GB/T19000

C. GB/T19021　　D. GB/T19011

10. 在ISO9000族标准中，不能作为质量管理体系审核依据的是（ D ）。

A. 质量管理体系文件　　B. 合同

C. GB/T19001标准及相关法律法规　　D. GB/T19004标准

11. 有关创建新的PowerPoint的说法，错误的是（ B ）。

A. 可以利用空白演示文稿来创建

B. 在演示文稿类型中，只能选择成功指南

C. 演示文稿的输出类型应根据需要选定

D. 可以利用内容提示向导来创建

12. 在幻灯片中，不能设置的动画效果是（ D ）。

A. 飞入　　B. 空投　　C. 溶解　　D. 向左擦去

13. PowerPoint中，有关备注母版的说法错误的是（ C ）。

A. 备注的最主要功能是进一步提示某张幻灯片的内容

B. 要进入备注母版，可以选择视图菜单的母版命令，再选择“备注母版”

C. 备注母版的页面共有5个设置区：页眉区、页脚区、日期区、幻灯片缩图和数字区

D. 备注母版的下方是备注文本区，可以像在幻灯片母版中那样设置其格式

14. PowerPoint中，下列有关幻灯片母版中页眉页脚的说法错误的是（ D ）。

A. 页眉或页脚是加在演示文稿中的注释性内容

B. 典型的页眉/页脚内容是时间及幻灯片编号

C. 在打印演示文稿的幻灯片时，页眉/页脚的内容也可打印出来

D. 不能设置页眉和页脚的文本格式

15. 在PowerPoint中，单击工具条的“新幻灯片”按钮，则会把一张新幻灯片插入当前幻灯片的（ B ）。

A. 前面　　B. 后面　　C. 文档尾　　D. 文档首

16. 在PowerPoint2000中，可以修改幻灯片内容的视图是（ A ）。

A. 幻灯片　　B. 幻灯片浏览　　C. 幻灯片放映　　D. 备注页

17. 工业企业生产过程的核心是（ B ）过程。

A. 生产技术准备　　B. 基本生产　　C. 辅助生产　　D. 生产服务

18. 对设备进行局部解体检查和调整、更换或修理磨损部件，属于设备的（ B ）维护保养。

A. 一级　　B. 二级　　C. 三级　　D. 日常

19. 不属于技术论文标题拟订基本要求的是（ B ）。

A. 简短精练　　B. 标新立异　　C. 准确得体　　D. 醒目

20. 头脑风暴法是围绕某个中心议题，毫无顾忌、畅所欲言地发表独立见解的一种（ C ）思想方法。

A. 系统性　　B. 逻辑性　　C. 创造性　　D. 启发性

21. 企业培训的成功有赖于培训（ A ）的指导与规范。

A. 制度　　B. 内容　　C. 计划　　D. 措施

22. 正确评估培训效果要坚持一个原则，即培训效果应在（ B ）中得到检验。

A. 培训过程　　B. 实际工作　　C. 培训教学　　D. 培训评价

多选题

1. 现场目视管理的基本要求是（ ABCD ）。

A. 统一　　B. 简约　　C. 鲜明　　D. 实用

2. 在月度生产总结报告中对工艺指标完成情况的分析应包括（ ABCD ）。

A. 去年同期工艺指标完成情况　　B. 本月工艺指标完成情况

C. 计划本月工艺指标情况　　D. 未达到工艺指标要求的原因

3. 技术论文摘要的内容有（ ACD ）。

A. 研究的主要内容　　B. 研究的目的和自我评价

C. 获得的基本结论和研究成果　　D. 结论或结果的意义

4. 在技术改造过程中应注意加强（ ABCD ）的控制。

A. 工程进度　　B. 工程质量　　C. 工程安全　　D. 工程投资

5. 技术革新的内容包括（ ABCD ）。

A. 技术改造　　B. 工艺优化

C. 节能降耗措施　　D. 小发明、小改进、小窍门

6. 在化工设备图中，可以作为尺寸基准的有（ ABD ）。

A. 设备筒体和封头的中心线　　B. 设备筒体和封头时的环焊缝

C. 设备人孔的中心线　　D. 管口的轴线和壳体表面的交线

7. 设备布置图必须具有的内容是（ ABD ）。

A. 一组视图　　B. 尺寸及标注　　C. 技术要求　　D. 标题栏

8. 编制应急预案应做的准备工作是（ ABCD ）。

A. 全面分析本单位危险因素，可能发生的事故类型及事故的危害程度

B. 排查事故隐患的种类、数量和分布情况，并在隐患治理的基础上，预测可能发生的事故类型及事故的危害程度

C. 确定事故危险源，进行风险评估，针对事故危险源和存在的问题，确定相应的防范措施

D. 客观评价本单位应急能力，充分借鉴国内外同行业事故教训及应急工作经验

9. 事故的预防控制措施主要包括（ ABCD ）。

A. 工艺安全设计　　B. 设备安全措施

C. 仪表监控措施　　D. 紧急停车设施

10. PDCA循环中的处置阶段是（ BD ）。

A. 肯定成绩　　B. 实施标准化

C. 表彰先进　　D. 对没有解决的问题转入下一轮解决

11. 依据ISO 9001：2015，组织应确定与其目标和战略方向相关并影响其实现质量管理体系预期结果的各种外部和内部因素。以下说法正确的是（ ABCD ）。

A. 组织应对这些内部和外部因素的相关信息进行监视和评审

B. 这些因素可以包括需要考虑的正面和负面要素或条件

C. 考虑国际、国内、地区和当地的各种法律法规、技术、竞争、市场、文化、社会和经济因素，有助于理解外部环境

D. 考虑组织的价值观、文化、知识和绩效等相关因素，有助于理解内部环境

12. 创建新的PowerPoint可以使用下列哪一项（ ABC ）。

A. 内容提示向导　　B. 设计模板

C. 空演示文稿　　D. 打开已有的演示文稿

13. 设备管理的基本内容包括（ ABC ）。

A. 设备的检查　　B. 设备的维护、保养

C. 设备的修理、检验　　D. 设备的处理

14. 设备的一级维护保养的主要内容是（ ABCD ）。

A. 彻底清洗、擦拭外表　　B. 检查设备的“内脏”

C. 检查油箱油质、油量　　D. 局部解体检查

15. “三级验收”是指（ BCD ）验收。

A. 个人　　B. 班组　　C. 车间　　D. 厂部

简答题

1. 通常情况下技术论文的结构是怎样的？

答：在通常情况下技术论文的正文结构应该是按提出问题—分析问题—提供对策来布置。（0.4分）

（1）要概括情况、阐述背景、说明意义、提出问题。（0.2分）

（2）在分析问题时必须观点明确，既要抓住矛盾的主要方面，又不能忽视次要方面，析因探源，寻求出路。（0.2分）

（3）要概括前文，肯定中心论点，提出工作对策。提供的对策要有针对性和必要的论证。

2. 清洁生产审核有哪几个阶段？

答：（1）筹划与组织。（0.2分）

（2）预评估。（0.1分）

（3）评估。（0.1分）

（4）方案产生和筛选。（0.2分）

（5）可行性分析。（0.1分）

（6）方案实施。（0.1分）

（7）持续清洁生产。（0.2分）

3. 工作危害分析的主要步骤是什么？

答：（1）确定（或选择）待分析的作业。（0.25分）

（2）将作业划分为一系列的步骤。（0.25分）

（3）辨识每一步骤的潜在危害。（0.25分）

（4）确定相应的预防措施。（0.25分）

4. 生产管理的原则有哪些？

答：（1）讲求经济效益。（0.2分）

（2）实行科学管理。（0.2分）

（3）坚持以销定产。（0.2分）

（4）组织均衡生产。（0.2分）

（5）实现清洁生产。（0.2分）

5. 工艺技术管理的方法有哪些？

答：（1）程序分析法。（0.125分）

（2）动作分析法。（0.125分）

（3）环境因素分析法。（0.125分）

（4）行为因素分析法。（0.125分）

（5）生理因素分析法。（0.125分）

（6）现场控制法。（0.125分）

（7）实施现代化管理离线统计分析法。（0.125分）

（8）过程能力标定法。（0.125分）

6. 在培训教学的组织实施与管理的前期准备阶段，主要的工作有哪些？

答：（1）确认和通知参加培训的学员。（0.2分）

（2）培训后勤准备。（0.2分）

（3）确认培训时间。（0.2分）

（4）教材的准备。（0.2分）

（5）确定理想的讲师。（0.2分）

7. 岗位操作法应包括哪些内容？

答：（1）名称。（0.1分）

（2）岗位职责和权限。（0.1分）

（3）本岗位与上、下游的联系。（0.1分）

（4）设备规范和技术特性，原料产品的物、化性质。（0.1分）

（5）开工准备。（0.1分）

（6）开工操作步骤。（0.1分）

（7）典型状况下投、停运方法和步骤。（0.1分）

（8）事故预防、判断及处理。（0.1分）

（9）系统流程图。（0.1分）

（10）运行参数正常范围和各种试验。（0.1分）

8. 在开车准备阶段技师应具备哪些技能要求？

答：（1）能完成开车流程的确认工作。（0.1分）

（2）能完成开车化工原材料的准备工作。（0.2分）

（3）能按进度组织完成开车盲板的拆装操作。（0.1分）

（4）能组织做好装置开车介质的引入工作。（0.2分）

（5）能组织完成装置自修项目的验收。（0.2分）

（6）能按开车网络图计划要求，组织完成装置吹扫、试漏工作。（0.1分）

（7）能参与装置开车条件的确认工作。（0.1分）

——行业通用理论知识试题（高级技师）——

判断题

1. 装配图中，当序号的指引线通过剖面线时，指引线的方向必须与剖面线平行。（ × ）

正确答案：装配图中，当序号的指引线通过剖面线时，指引线的方向必须与剖面线不平行。

2. 化工行业不适用于清洁生产审核。（ × ）

正确答案：化工行业适用于清洁生产审核。

3. 关闭阀门是有效的安全隔离措施。（ × ）

正确答案：关闭阀门不是有效的安全隔离措施，加堵盲板是有效的安全隔离措施。

4. 事故调查应该在应急救援结束前进行。（ × ）

正确答案：事故调查应该在应急救援结束后进行。

5. 安全检查表分析是将一系列项目列入检查表并进行分析，以确定系统、场所的状态，这些项目可以包括场地、周边环境、设施、设备、操作、管理等各方面。（ √ ）

6. 安全检查表分析是进行安全检查、发现潜在危险的一种实用而简单可行的方法。（ √ ）

7. 防治噪声污染最根本的措施是采用吸声器。（ × ）

正确答案：防治噪声污染最根本的措施是从声源上降低噪声。

8. 建设项目的环境噪声污染防治设施必须与主体工程同时设计、同时施工、同时投入使用。（√）

9. 识别事故风险是消除事故风险的过程。（×）

正确答案：识别事故风险是确定事故风险存在及其特性的过程。

10. 顾客满意就是顾客对其要求已被满足的程度的感受。（√）

11. 现场质量管理就是要做好现场“5S”管理。（×）

正确答案：现场质量管理就是要管好现场的人员、机器、物料、作业方法和现场环境。

12. 控制图的原理就是3西格玛原理。（√）

13. 质量改进是质量管理的一部分，致力于增强满足质量要求的能力。（√）

14. 在PowerPoint中利用“模板”可以创建具有一定复杂背景和色彩的演示文稿。（√）

15. 坚持以销定产是生产管理的原则之一。（√）

16. 流水生产是一种对象专业化的生产组织形式。（√）

17. 关键词是为了文献标引工作，从论文中选取出来，用以表示全文主要内容信息款目的单词或术语，一般选用10~15个词作为关键词。（×）

正确答案：关键词是为了文献标引工作，从论文中选取出来，用以表示全文主要内容信息款目的单词或术语，一般选用3~8个词作为关键词。

18. 技术论文的摘要是对各部分内容的高度浓缩，可以用图表和化学结构式说明复杂的问题，并要求对论文进行自我评价。（×）

正确答案：技术论文的摘要是对各部分内容的高度浓缩，在摘要中不可以用图表和化学结构式，不要求对论文进行自我评价。

19. 设备技术规范不属于装置标定报告的内容。（×）

正确答案：设备技术规范属于装置标定报告的内容。

20. 安全计划要求不属于工艺技术规程的内容。（×）

正确答案：安全计划要求属于工艺技术规程的内容。

21. 岗位职责和权限是岗位操作法的内容之一。（√）

22. 准备好生活服务工作不属于设备检修准备工作内容。（×）

正确答案：准备好生活服务工作属于设备检修准备工作内容。

23. 开工过程中安全分析及防范措施不属于开工方案的内容。（×）

正确答案：开工过程中安全分析及防范措施属于开工方案的内容。

24. 停工过程中安全分析及防范措施不属于停工方案的内容。（×）

正确答案：停工过程中安全分析及防范措施属于停工方案的内容。

25. 技术改造的过程中竣工验收时应以基础设计为依据。（ × ）

正确答案：技术改造的过程中竣工验收时的依据是批准的项目建议书、可行性研究报告、基础设计（初步设计）、有关修改文件和专业验收确认的文件。

26. 安全环保措施不属于技术改造方案的主要内容。（ × ）

正确答案：安全环保措施属于技术改造方案的主要内容。

27. 技术改造验收报告包括项目的安全环保措施。（ √ ）

28. 申报单位意见、技术部门批复意见和主管部门批复意见是技术改造申请书必须包含的内容。（ √ ）

29. 在技术改造施工过程中，管理方应加强质量监督并进行实施阶段的设计协调工作，但对检查发现的工程质量问题无权处理。（ × ）

正确答案：在技术改造施工过程中，管理方应加强质量监督并进行实施阶段的设计协调工作，但对检查发现的工程质量问题有权责令改正。

30. 技术革新的特点是改进的难度小、费用少、风险小、周期短，但效果不明显。（ × ）

正确答案：技术革新的特点是改进的难度小、费用少、风险小、周期短，但效果明显。

31. 提纲是培训教案的灵魂，主题是培训教案的血脉，素材是培训教案的血肉。（ × ）

正确答案：主题是培训教案的灵魂，提纲是培训教案的血脉，素材是培训教案的血肉。

32. 在培训活动中，学员不仅是学习资料的摄取者，同时也是一种可以开发利用的宝贵的学习资源。（ √ ）

33. 对内容、讲师、方法、材料、设施、场地、报名的程序等方面的评价属于结果层面的评价。（ × ）

正确答案：对内容、讲师、方法、材料、设施、场地、报名的程序等方面的评价属于反应层面的评价。

单选题

1. 设备布置图中，用（ B ）线来表示设备安装基础。

A. 细实　B. 粗实　C. 虚　D. 点画

2. 在贮罐的化工设备图中，贮罐的筒体内径尺寸 Φ 2000表示的是（ A ）尺寸。

A. 特性　B. 装配　C. 安装　D. 总体

3. 工作危害分析工作中，制定消除或控制危害的对策中最优先考虑的是（ A ）。

A. 消除危害　B. 控制危害　C. 修改作业程序　D. 减少暴露

4. 职业安全卫生管理体系由（ C ）个二级要素组成。

A. 10　B. 15　C. 17　D. 36

5. 在ISO9000族标准中，可以作为质量管理体系审核依据的是（ A ）。

A. GB/T19001　　B. GB/T19000　　C. GB/T19021　　D. GB/T19011

6. ISO 9001：2015标准的理论基础是（ C ）。

A. 持续改进原理　　B. 系统理论

C. 七项质量管理原则　　D. 质量管理体系基础

7. 质量改进的重点是（ A ）。

A. 提高质量保证能力　　B. 防止差错或问题的发生

C. 日常的检验、试验　　D. 配备相关的资源

8. 在PowerPoint2000中，将演示文稿打包为可播放的演示文稿后，文件类型为（ D ）。

A. PPT　　B. PPZ　　C. PSP　　D. PPS

9. 有关创建新的PowerPoint幻灯片的说法，错误的是（ B ）。

A. 可以利用空白演示文稿来创建

B. 在演示文稿类型中，只能选择成功指南

C. 演示文稿的输出类型应根据需要选定

D. 可以利用内容提示向导来创建

10. PowerPoint中，有关幻灯片母版中的页眉、页脚下列说法错误的是（ D ）。

A. 页眉或页脚是加在演示文稿中的注释性内容

B. 典型的页眉/页脚内容是日期、时间以及幻灯片编号

C. 在打印演示文稿的幻灯片时，页眉/页脚的内容也可打印出来

D. 不能设置页眉和页脚的文本格式

11. PowerPoint中，有关备注母版的说法错误的是（ C ）。

A. 备注的最主要功能是进一步提示某张幻灯片的内容

B. 要进入备注母版，可以选择视图菜单的母版命令，再选择“备注母版”

C. 备注母版的页面共有5个设置区：页眉区、页脚区、日期区、幻灯片缩图和数字区

D. 备注母版的下方是备注文本区，可以像在幻灯片母版中那样设置其格式

12. 在幻灯片中，不能设置的动画效果是（ D ）。

A. 飞入　　B. 空投　　C. 溶解　　D. 向左擦去

13. 在幻灯片播放过程中，若单击鼠标左键不能立即显示出下一张内容，是因为（ C ）。

A. 已到了演示文稿的末尾　　B. 下一张幻灯片设置了切换方式

C. 幻灯片设置了动画效果　　D. 下一张幻灯片设置了放映方式

14. 生产管理在企业中处于（ C ）地位。

A. 决策　B. 指挥　C. 中心　D. 一般

15. 装置和设备检修“三不交工”是指（ B ）。

A. 工程未完成不交工、没有检修记录不交工、卫生不合格不交工

B. 不符合质量标准不交工、没有检修记录不交工、卫生不合格不交工

C. 工程未完成不交工、没有检修记录不交工、安全没有保证不交工

D. 不符合质量标准不交工、没有检修记录不交工、安全没有保证不交工

16. “实行标准化，消除五花八门的杂乱现象”体现现场目视管理的（ A ）要求。

A. 统一　B. 简约　C. 严格　D. 实用

17. 下列属于工艺技术管理范围的是（ C ）。

A. 制定、完善并实施岗位管理规章制度

B. 编制工作总结

C. 制定、完善并实施装置工艺技术操作规程

D. 制定工作计划

18. 不属于技术论文标题拟订基本要求的是（ B ）。

A. 简短精炼　B. 标新立异　C. 准确得体　D. 醒目

19. 不属于技术论文特点的是（ C ）。

A. 客观性　B. 理论性　C. 通用性　D. 创见性

20. 下列选项中，（ B ）不是岗位操作法中必须包含的部分。

A. 事故处理　B. 生产原理　C. 投、停运方法　D. 运行参数

21. 在技术改造过程中（ D ）的项目不应该优先申报。

A. 解决重大安全隐患　B. 生产急需项目

C. 效益明显项目　D. 技术成熟项目

22. 技术革新成果鉴定的必要条件是（ C ）。

A. 进度　B. 投资　C. 质量　D. 效果

23. 在培训教学中，制订培训规划的原则不包括（ D ）。

A. 政策保证　B. 系统完美　C. 务求实效　D. 目的明确

24. 在培训教学中，案例法有利于参加者（ D ）。

A. 提高创新意识　B. 系统接受新知识

C. 获得感性知识　D. 培养分析解决实际问题能力

25. 培训效果的有效性是指（ B ）。

A. 培训工作带来的经济效益　B. 培训工作对培训目标的实现程度

C. 培训工作带来的社会效益　　D. 培训工作带来的全部效益

26. 培训效果的评估不包括（ C ）等层面。

A. 反应　B. 学习　C. 内容　D. 结果

27. 在评估培训效果时，行为层面的评估，不包括（ A ）等内容。

A. 投资回报率　B. 客户的评价　C. 同事的评价　D. 主管的评价

28. 培训过程不含（ B ）阶段。

A. 识别培训需要　B. 编制培训程序文件

C. 提供培训　D. 评价培训有效性

29. 企业培训的成功有赖于培训（ A ）的指导与规范。

A. 制度　B. 内容　C. 计划　D. 措施

30. 培训教案的实质性内容是（ A ）。

A. 确立培训主题　B. 材料整理　C. 材料搜集　D. 构思培训提纲

多选题

1. 在化工设备图中，可以作为尺寸基准的有（ AB ）。

A. 设备筒体和封头的中心线　B. 设备筒体和封头时的环焊缝

C. 设备法兰的密封面　D. 设备支座的底面

2. 防止噪声危害的措施通常有（ ABC ）。

A. 控制和消除噪声源　B. 控制噪声的传播

C. 个人卫生保健　D. 设备紧固

3. 编制应急预案应做的准备工作是（ ABCD ）。

A. 全面分析本单位危险因素，可能发生的事故类型及事故的危害程度

B. 排查事故隐患的种类、数量和分布情况，并在隐患治理的基础上，预测可能发生的事故类型及事故的危害程度

C. 确定事故危险源，进行风险评估，针对事故危险源和存在的问题，确定相应的防范措施

D. 客观评价本单位应急能力，充分借鉴国内外同行业事故教训及应急工作经验

4. 分析、评估事故风险时，必须考虑（ ABCD ）。

A. 法规、标准要求　B. 典型事故案例

C. 固有的安全措施　D. 物质能量的安全特性

5. 编制安全隔离措施时，必须考虑哪些要素（ ABCD ）。

A. 工艺流程　B. 盲板材质

C. 盲板规格　D. 加堵人和确认人

6. 依据ISO 9001：2015，组织应确定与其目标和战略方向相关并影响其实现质量管理体系预期结果的各种外部和内部因素。以下说法正确的是（ ABCD ）。

A. 组织应对这些内部和外部因素的相关信息进行监视和评审

B. 这些因素可以包括需要考虑的正面和负面要素或条件

C. 考虑国际、国内、地区和当地的各种法律法规、技术、竞争、市场、文化、社会和经济因素，有助于理解外部环境

D. 考虑组织的价值观、文化、知识和绩效等相关因素，有助于理解内部环境

7. 现场质量管理就是要管好现场的（ ABC ）。

A. 人员、机器设备　　B. 原料、半成品和成品

C. 作业方法与现场环境　　D. 5S

8. 控制图上的控制界限（ BD ）。

A. 可用于区分合格和不合格　　B. 可用于区分正常波动与异常波动

C. 可以用规范界限来代替　　D. 不可以用规范界限来代替

9. 质量改进步骤中拟定并实施的对策有（ AD ）。

A. 解决现象　　B. 确认效果

C. 验证假说　　D. 消除引起结果的原因，防止其再发生

10. PowerPoint中，有关设置文本字体的叙述，正确的有（ AD ）。

A. 设定文本字体之前必须先选定文本或段落

B. 文字字号中66号字比72号字大

C. 设置文本的字体时，从菜单栏的“插入”菜单开始

D. 选择设置效果选项可以加强文字的显示效果

11. 设备的一级维护保养的主要内容是（ ABCD ）。

A. 彻底清洗、擦拭外表　　B. 检查设备的“内脏”

C. 检查油箱油质、油量　　D. 局部解体检查

12. 生产计划是指对产品生产的计划工作和计划任务的分配工作，主要包括（ ABD ）等环节。

A. 编制生产计划　　B. 编制作业计划

C. 编制改造计划　　D. 进行作业分配

13. 技术论文标题拟订的基本要求是（ BCD ）。

A. 标新立异　　B. 简短精炼　　C. 准确得体　　D. 醒目

14. 技术论文摘要的内容有（ ACD ）。

A. 研究的主要内容　　B. 研究的目的和自我评价

C. 获得的基本结论和研究成果　　D. 结论或结果的意义

15. 国家标准技术论文不包括（ BD ）。

A. 关键词　　B. 声音文件　　C. 附录　　D. 目录

16. 下列选项中，属于竣工验收报告内容的有（ ABCD ）。

A. 工程设计　　B. 竣工决算与审计

C. 环境保护　　D. 建设项目综合评价

17. 技术革新的内容包括（ ABCD ）。

A. 技术改造　　B. 工艺优化

C. 节能降耗措施　　D. 小发明、小改进、小窍门

18. 在技术改造过程中（ ABC ）的项目应该优先申报。

A. 解决重大安全隐患　　B. 生产急需项目

C. 效益明显项目　　D. 技术成熟项目

19. 在技术改造方案中（ ABC ）设施应按设计要求与主体工程同时建成使用。

A. 环境保护　　B. 交通　　C. 消防　　D. 劳动安全卫生

20. 在培训教学中，制定培训规划的原则是（ ABC ）。

A. 政策保证　　B. 系统完美　　C. 务求实效　　D. 目的明确

简答题

1. 工作危害分析的主要步骤是什么？

答：（1）确定（或选择）待分析的作业。（0.25分）

（2）将作业划分为一系列的步骤。（0.25分）

（3）辨识每一步骤的潜在危害。（0.25分）

（4）确定相应的预防措施。（0.25分）

2. 企业如何实施清洁生产？

答：（1）清洁生产审核。（0.125分）

（2）开发长期的企业清洁生产战略计划，有步骤地实施清洁生产方案以实现清洁生产的目标。（0.125分）

（3）对职工进行清洁生产的教育和培训。（0.125分）

（4）进行产品全生命周期分析。（0.125分）

（5）进行产品生态设计。（0.125分）

（6）研究清洁生产的替代技术。（0.125分）

（7）进行企业清洁生产审核是推行企业清洁生产的关键和核心。（0.125分）

3. 控制图的构造是什么？

答：控制图有用实线绘制的中心线（CL）。（0.3分）用虚线绘制的上控制限（UCL）和下控制限（LCL）。（0.3分）图中有按时间顺序抽取的样本统计量数值的描点序列，各点之间用直线相连，以便看出各点的变化趋势。（0.4分）

4. 简述生产现场“一平二净三见四无五不缺”的具体含义。

答：“一平”即地面平整。（0.2分）“二净”即门窗玻璃净、四周墙壁净。（0.2分）“三见”即沟见底、轴见光、设备见本色。（0.2分）“四无”即无垃圾、无杂草、无废料、无闲散器材。（0.2分）“五不缺”即保温油漆不缺、螺栓手轮不缺、门窗玻璃不缺、灯泡灯罩不缺、地沟盖板不缺。（0.2分）

5. 生产管理的原则有哪些？

答：（1）讲求经济效益。（0.2分）

（2）实行科学管理。（0.2分）

（3）坚持以销定产。（0.2分）

（4）组织均衡生产。（0.2分）

（5）实现清洁生产。（0.2分）

6. 设备润滑的“五定”指哪些内容？

答：（1）定点：规定每台设备的润滑部位及加油点。（0.2分）

（2）定人：规定每个加、换油点的负责人。（0.2分）

（3）定质：规定每个加油点的润滑油品牌号。（0.2分）

（4）定时：规定加、换油时间，定时进行油质分析。（0.2分）

（5）实现清洁生产定量：规定每次加、换油数量。（0.2分）

7. 简述生产过程的基本内容。

答：（1）生产准备过程。（0.25分）

（2）基本生产过程。（0.25分）

（3）辅助生产过程。（0.25分）

（4）生产服务过程。（0.25分）

8. 在竣工验收报告中关于工程建设应包括哪些内容？

答：（1）工程建设概况。（0.1分）

（2）工程建设组织及总体统筹计划。（0.2分）

（3）工程进度控制。（0.1分）

（4）工程质量控制。（0.2分）

（5）工程安全控制。（0.1分）

（6）工程投资控制。（0.1分）

（7）未完工程安排。（0.1分）

（8）工程建设体会。（0.1分）

9. 停工方案应包括哪些内容?

答：（1）设备运行情况。（0.1分）

（2）停工组织机构。（0.1分）

（3）停工的条件确认。（0.1分）

（4）停工前的准备条件。（0.1分）

（5）停工的步骤及应注意的问题。（0.2分）

（6）停工后的隔绝措施。（0.1分）

（7）停工过程中事故预防和处理。（0.1分）

（8）停工过程中安全分析及防范措施。（0.1分）

（9）附录、重要的参数和控制点。（0.1分）

10. 技术革新成果的主要内容是什么?

答：技术革新成果的主要内容是：

（1）项目编号、成果名称、完成单位、申报日期、项目负责人、主要完成人、工作起止时间。（0.2分）

（2）系统原始状况和技术难点。（0.2分）

（3）实施报告，包括方案、措施、完成时间、取得成果（附图纸、资料、技术说明）。（0.3分）

（4）社会、经济效益。（0.2分）

（5）申报车间审核意见、技术主管部门审核意见、专业评审小组意见和企业主管领导意见。（0.1分）

11. 技术改造的前期准备工作有哪些?

答：通过选题和论证确定技术改造的项目和内容，提出立项申请和改造方案。（0.3分）经领导和专家批准后，进行改造设计和设计审查。（0.3分）改造项目确定后，需及时落实资金，完成设备、材料的采购，落实施工单位，组织设计交底。（0.4分）

12. 在培训教学的组织实施与管理的前期准备阶段，主要的工作有哪些?

答：（1）确认和通知参加培训的学员。（0.2分）

（2）培训后勤准备。（0.2分）

（3）确认培训时间。（0.2分）

（4）教材的准备。（0.2分）

（5）确认理想的讲师。（0.2分）

——职业通用理论知识试题（技师）

判断题

1. 离心泵的实际安装高度小于允许安装高度，就可以防止气蚀现象发生。（ √ ）

2. 对固液反应来说，如将大块固体破碎成小块或磨成粉末，反应速率必然减小。（ × ）

正确答案：对固液反应来说，如将大块固体破碎成小块或磨成粉末，反应速率增大。

3. 气动执行机构的输入气信号增加时，其推杆向下移动，此执行机构为反作用式。（ √ ）

4. 自由基聚合的转化率－时间曲线一般分为诱导期、匀速期、加速期和减速期四个阶段。（ √ ）

单选题

1. 在变频调速时，若保持U/f＝常数，可实现（ D ），并能保持过载能力不变。

A. 恒功率调速　B. 恒电流调速　C. 恒效率调速　D. 恒转矩调速

2. 流体静力学基本方程式是用于描述静止流体内部的（ B ）沿着高度变化的数学表达式。

A. 温度　B. 压力　C. 热量　D. 内能

3. 伯努利微分方程是计算管内流体（ A ）的衡算式。

A. 流动机械能　B. 势能　C. 内能　D. 动能

4. 两台离心泵单独工作时的流量$Q_{总}=Q_1+Q_2$大于两台离心泵并联工作时的流量$Q_{总}=Q_1+Q_2$。效果最佳并联方案是采用两台（ B ）的离心泵。

A. 流量相同　B. 扬程相同　C. 流量不同　D. 扬程不同

5. 压缩机的效率是传递给气体（ B ）的利用程度。

A. 压能　B. 机械能　C. 电能　D. 势能

6. 对于有固体参加的化学反应，反应速率与固体物质的接触表面积有关，接触面积增大，就会使反应速率（ B ）。

A. 先减慢，再加快　B. 减慢

C. 没关系　D. 加快

7. 按照反应方程式，自左向右进行的反应叫作（ D ）。

A. 副反应　B. 逆反应　C. 可逆反应　D. 正反应

8. 影响化学反应速率的决定性因素是（ A ）。

A. 反应物的种类和性质　B. 浓度

C. 压力、温度　D. 催化剂

简答题

1. 配位阴离子聚合的立构规化规整的能力与哪些因素有关?

答:（1）引发体系的类型;（2）各组分的配合和比例;（3）单体种类;（4）聚合条件等。

计算题

1. 用泵将储槽内的稀碱溶液送到蒸发器中进行浓缩。泵的进口为 ϕ89mm × 3.5mm的钢管，碱液在进口管的流速为1.5m/s，泵的出口为 ϕ76mm × 3mm。储槽中碱液的液面距蒸发器入口处的垂直距离为7m，碱液经管路系统的能量损失为40J/kg，蒸发器内碱液蒸发压力（表压）保持在20kPa，碱液的密度为1100kg/m^3。计算所需的外加能量。

解: 取储槽的液面为基准面，蒸发器入口处管口为截面，列伯努利方程得:

$$gZ_1+\frac{u_1^2}{2}+\frac{p_1}{p}+W=gZ_2+\frac{u_2^2}{2}+\frac{p_2}{p}+\sum h_f$$

根据连续性方程，碱液在泵的出口管中的流速为,

$$u_2=u_0\left(\frac{d_0}{d_2}\right)^2=1.5\times\left(\frac{82}{70}\right)^2=2.06m/s$$

因储槽液面比管道液面大得多，故 $u_1\approx 0$。将已知数据带入伯努利方程,

得: $$W=7\times 9.81+\frac{20\times 10^3}{1100}+\frac{(2.06)^2}{2}+40=129\text{J/kg}$$

答: 所需的外加能量为129J/kg。

2. 将5mol的CO_2在101.3kPa（1大气压）下通过900℃的赤热炭层。问：在平衡时生成多少物质的量浓度的CO? 已知：在900℃时KP = 35.4kPa。

解: 反应式为：$CO_2 + C = 2CO$，$Kp = P^2[CO] / P\ [CO_2]$；设平衡时CO_2反应掉X mol/L,

则：$N[CO_2] = 5 - X$，$N[CO] = 2X$，$N_{总} =（5 - X）+ 2X = 5 + X$;

分压表达式为:

总压P = 101.325KPa，$P[CO_2] = N[CO_2] / N_{总}\cdot P =（5 - X）/（5 + X）\cdot 101.325$;

$P[CO] = N[CO] / N_{总}\cdot P = 2X/（5 + X)\cdot 101.325$;

$K_p = P^2[CO] / P[CO_2] = [2X/（5 + X）\cdot 101.325] / [（5 - X）/（5 + X）\cdot 101.325]$;

X = 1.417mol/L;

得：平衡时CO的物质的量 $N[CO] = 2X$ = 2.83mol/L。

答: 平衡时生成CO的物质的量浓度为2.83mol/L。

职业通用理论知识试题(高级技师)

判断题

1. 压力的改变可以引起气体物质浓度的改变，在平衡系统中，增大气体反应的压力，一定有利于增加反应产物。（ × ）

正确答案：压力的改变可以引起气体物质浓度的改变，在平衡系统中，增大气体反应的压力，不一定有利于增加反应产物。

2. 聚合物分子链刚性越大和分子间引力越大时，表观黏度对温度的敏感性越小。（ × ）

正确答案：聚合物分子链刚性越大和分子间引力越大时，表观黏度对温度的敏感性越大。

3. 在配位阴离子聚合引发剂中，齐格勒–纳塔型引发剂是使用最早的，但却不是使用最广泛的。（ × ）

正确答案：在配位阴离子聚合引发剂中，齐格勒–纳塔型引发剂是使用最早的，也是使用最广泛的。

4. 将额定功率分别为40W、20W的灯泡串联使用比并联使用更省电。（ √ ）

5. 临界比例度法适用于临界振幅较大、振荡周期较长的过程控制系统。（ × ）

正确答案：临界比例度法适用于临界振幅不大、振荡周期较长的过程控制系统。

单选题

1. 反应速率的常数K随温度的升高而（ A ）。

A. 增大　　B. 减少　　C. 不变　　D. 无法确定

2. 化学平衡的影响因素有（ C ）。

A. 浓度、压力、温度　　B. 浓度、压力、催化剂的种类

C. 浓度、压力、温度、催化剂的种类　　D. 压力、温度、催化剂

3. 萃取操作通常在（ C ）下进行。

A. 低温　　B. 高温　　C. 常温　　D. 任何温度

4. 下列说法不正确的是（ C ）。

A. 理想溶液满足拉乌尔定律，也满足亨利定律

B. 非理想稀溶液满足亨利定律，但不满足拉乌尔定律

C. 理想溶液满足拉乌尔定律，但不满足亨利定律

D. 服从亨利定律并不说明溶液的理想性，服从拉乌尔定律才表明溶液的理想性

5. 以下属于配位阴离子聚合特点的是（ C ）。

A. 反应简单　　B. 产率高

C. 可能制得立构规整聚合物　　D. 副反应少

6. 变频器的主回路一般由（ A ）组成。

A. 整流器、逆变器、中间直流环节

B. 放大器、逆变器、中间直流环节

C. 整流器、逆变器

D. 逆变器

7. 两台离心泵单独工作时的流量 $Q_{总}=Q_1+Q_2$ 大于两台离心泵并联工作时的流量 $Q_{总}=Q_1+Q_2$。效果最佳并联方案是采用两台（ B ）的离心泵。

A. 流量相同　　B. 扬程相同　　C. 流量不同　　D. 扬程不同

8. 下列不属于机械密封早期失效的原因是（ D ）。

A. 设计缺陷　　B. 制造缺陷　　C. 安装缺陷　　D. 疲劳

9. 对于精馏塔的计算描述，以下（ D ）是错误的。

A. 全塔物料衡算 $F=D+W$

B. 易挥发组分物料衡算 $F\times F=D\times D+W\times W$

C. 精馏塔理论塔板数平衡关系式 $y=ax/[1+(a-1)x]$

D. 精馏塔的板效率 $\eta_{板}=N_{实}/N_{理}\times 100\%$

多选题

1. 化学反应平衡是有条件的平衡，如果改变平衡状态下的条件之一，如（ ABC ），正、逆反应速率发生变化，原来的平衡被破坏，直到建立新的动态平衡。

A. 温度　　B. 压力　　C. 某物质的浓度　　D. 某物质的质量

2. 表征聚合物力学性能的基本指标有（ ABCD ）

A. 应力与应变　　B. 硬度　　C. 弹性模量　　D. 机械强度

3. 配位聚合按增长链端的荷电荷性，可以分为（ AB ）

A. 配位阴离子聚合　　B. 配位阳离子聚合

C. 自由基聚合　　D. 共聚合

4. 转子流量计在实际使用时必须对流量指示值按照被测介质的（ ABC ）等参数的具体情况进行修正。

A. 密度　　B. 温度　　C. 压力　　D. 黏度

5. 取压点有压力，而弹簧管压力表无指示，其可能原因有（ ABC ）。

A. 弹簧管破裂

B. 中心齿轮与扇形齿轮不啮合

C. 引压管线接头处有大量泄漏

D. 指针与玻璃面板或刻度盘之间有接触，存在摩擦

6. 影响往复式压缩机的排气量的因素有（ ABC ）。

A. 进气压力 B. 进气温度 C. 余隙容积 D. 压缩机级数

7. 典型精馏塔包括（ BC） 。

A. 塔顶再沸器 B. 塔顶冷凝器 C. 塔釜再沸器 D. 塔釜冷凝器

简答题

1. 机械密封轴向泄漏的原因有哪些？

答：①密封圈与轴配合太松或太紧；②密封圈太软或太硬，耐蚀、耐温性能不好，会发生变形和老化；③安装时，密封圈卷边和扭曲；④轴套胶圈因损坏和压偏，致使轴与轴套之间泄漏。

2. 使用衰减曲线法对PID参数整定时应注意哪些事项？

答：应注意以下事项：

①加给定干扰不能太大，要根据生产操作要求来定，一般在5%左右，也有例外的情况。

②必须在工艺参数稳定的情况下才能加给定干扰，否则得不到正确的整定参数。

③对于反应快的系统，如流量、管道压力和小容量的液位调节等，要得到严格的4：1衰减曲线较困难，一般以被调参数来回波动两次达到稳定，就近似地认为达到4：1衰减过程了。

④投运时，先将K放在较小的数值，把Ti减少到整定值，把Td逐步放大到整定值，然后把K拉到整定值。

3. 配位阴离子聚合的立构规化规整的能力与哪些因素有关？

答：①引发体系的类型；②各组分的配合和比例；③单体种类；④聚合条件等。

—— 工种理论知识试题 ——

判断题

1. 第一液相釜的温度和压力联锁值分别是85℃和4.2MPa。（ × ）

正确答案：第一液相釜的温度和压力联锁值分别是90℃和4.2MPa。

2. 分子筛用于脱除物料中的微量水，它是一种碱金属硅铝酸盐。（ √ ）

3. 通常钛镁催化剂的活性中心可分为两类：一类是等规活性中心，另一类是无规活性中心。（ √ ）

4. 生产抗冲共聚物时，乙烯含量越高，第二气相反应釜循环气露点越低。（ √ ）

5. 在一步法聚合过程中，分子量分布的宽度几乎完全由催化剂系统决定。（ √ ）

6. 丙烯与少量乙烯无规共聚时一般认为当乙烯单元插入催化剂活性中心后，丙烯的插入变得更加困难。（ × ）

正确答案：丙烯与少量乙烯无规共聚时一般认为当乙烯单元插入催化剂活性中心后，丙烯的插入变得更加容易。

7. 用黏度法测得的分子量叫Z均分子量。（ × ）

正确答案：用黏度法测得的分子量叫黏均分子量。

8. 聚合釜人孔打开后应该继续使用氮气置换进一步降低可燃气浓度以准备进入。（ × ）

正确答案：聚合釜人孔打开后应该继续使用仪表风置换进一步降低可燃气浓度以准备进入。

9. 挤压机润滑油泵的进口管线有气体存在不会影响油泵压力。（ × ）

正确答案：挤压机润滑油泵的进口管线有气体存在会影响油泵压力。

10. 往复式压缩机进口气体温度过高或阻力过大，不会影响压缩机排气量。（ × ）

正确答案：往复式压缩机进口气体温度过高或阻力过大，会影响压缩机排气量。

11. 电机铭牌上标识的电压、电流、功率等参数指的是电机工作时的最大限值。（ × ）

正确答案：电机铭牌上标识的电压、电流、功率等参数指的是电机工作时的额定值。

12. Basell的Spheripol工艺是环管液相本体工艺和气相工艺的组合。（ √ ）

13. Z/N催化剂是由主催化剂和助催化剂两部分组成，也曾有过不使用助催化剂的催化体系。（ √ ）

14. 粒料发黄与造粒单元的氮气保护不好无关。（ × ）

正确答案：粒料发黄与造粒单元的氮气保护不好有关系。

单选题

1. 能将聚丙烯在自动氧化过程中产生的氢过氧化物分解成稳定产物，有效抑制或减缓自由基链式反应的添加剂是（ A ）。

A. 辅助抗氧剂　　B. 主抗氧剂　　C. 紫外线吸收剂　　D. 成核剂

2. 丙烯精制单元3A分子筛再生时热氮气的走向是（ A ）。

A. 自上而下　　B. 自下而上　　C. 可以任意走向　　D. 和丙烯的走向相同

3. 测量滞后一般由测量元件特性引起，克服测量滞后的办法是在调节规律中加（ A ）。

A. 微分环节　　B. 比例环节　　C. 积分环节　　D. 比例积分环节

4. 装置开工过程中最先投入运行的单元是（ C ）。

A. 造粒单元　　B. 干燥单元　　C. 公用工程单元　　D. 催化剂单元

5. 液相釜顶部换热器的热交换效率取决于（ B ）。

A. 催化剂的流速　　B. 釜中氢气的浓度

C. 聚合釜的料位　　D. 釜中乙烯的浓度

6. 在潮湿或可燃有毒气体地点以及密闭容器内使用的电压不得超过（ A ）伏。

A. 12　　B. 24　　C. 36　　D. 48

7. 以下物质爆炸下限最低的是（ C ）。

A. 乙烯　　B. 丙烯　　C. 正己烷　　D. 氢气

8. 使用带刮壁的流化床反应器的工艺是（ D ）。

A. Novolen工艺　　B. Bostar工艺　　C. Unipol工艺　　D. Spheripol工艺

9. 气相聚合釜的料位通过与之相联系的程序出料来控制，通常床层高度H与反应器直径D的比值H/D为（ C ）。

A. 3　　B. 2　　C. 1.5　　D. 1

10. 催化剂流速通常要求控制在最低的标准流速以上，主要原因是（ B ）。

A. 需要控制一定的负荷　　B. 防止催化剂堵管

C. 保证泵一定的效率　　D. 防止催化剂贮存时间太长

11. 对PP而言，MFR增加则（ B ）。

A. 分子量增加，流动性提高　　B. 分子量减小，流动性提高

C. 分子量减小，流动性下降　　D. 分子量增加，流动性降低

12. 冬季罗茨风机停车检修时（ A ）。

A. 应该短接转子箱的循环冷却水并倒空夹套

B. 断开冷却水即可

C. 应给转子箱夹套通蒸汽

D. 不必考虑防冻问题

13. 丙烯气体的爆炸范围是（ B ）的体积分数。

A. 4.1%～74.2%　　B. 2%～11.1%　　C. 12.5%～74.2%　　D. 2.7%～36%

14. 乙烯气体的爆炸范围是（ D ）的体积分数。

A. 4.1%～74.2%　　B. 2%～11.1%　　C. 12.5%～74.2%　　D. 2.7%～36%

15. 三乙基铝着火时可以用来灭火的是（ D ）。

A. 水　　B. 四氯化碳　　C. 泡沫灭火器　　D. 干沙

16. 装置正常的停车步骤是（ C ）。

A. 停催化剂、液体排出、降压、聚合物排出、氮气置换

B. 停催化剂、聚合物排出、液体排出、氮气置换、降压

C. 停催化剂、聚合物排出、液体排出、降压、氮气置换

D. 聚合物排出、停催化剂、液体排出、氮气置换、降压

17. 装置内对可燃气体进行监测和报警，报警值一般（ D ）。

A. 等于爆炸上限值　　B. 等于爆炸下限值

C. 小于爆炸上限值　　D. 小于爆炸下限值

18. 目前，聚丙烯装置设计有在紧急情况下能够保护装置安全而不发生事故的安全联锁和紧急停车系统，其简称为（ B ）。

A. DCS　　B. ESD　　C. PLC　　D. GPC

19. 下面选项属于定子绕组的线连接方式的是（ D ）。

A. 串联接法和并联接法　　B. 串联接法和星形接法

C. 并联接法和星形接法　　D. 星形接法和三角形接法

20. 在仪表的各环节中，（ A ）的作用是将检测元件输出信号进行放大，作远距离传送，作线性化处理或转换成标准统一信号输出，供给下一环节。

A. 变换环节　　B. 检测元件　　C. 显示环节　　D. 传输环节

21. 在润滑脂中加入少量（ C ）就可以大大提高润滑性，有效降低机械磨损。

A. 石墨　　B. 聚四氟乙烯　　C. 二硫化钼　　D. 二硫化钨

22. 活塞压缩机（ A ）造成压缩机出口压力低而温度偏高。

A. 阀片损坏　　B. 安全阀内漏　　C. 润滑不恰当　　D. 活塞螺母松动

23. 往复式压缩机通过活塞在气缸内来回运动与气阀相应的开闭动作相配合，使低压气体实现（ C ）过程而输出。

A. 压缩，排气　　B. 吸气，压缩，膨胀，排气

C. 膨胀，吸气，压缩，排气　　D. 吸气，压缩，排气

24. 活塞压缩机的工作部件包括气缸、气阀、活塞组件及（ B ）等。

A. 曲轴　　B. 填料　　C. 连杆　　D. 十字头

25. 润滑管理中的“五定”是指（ B ）。

A. 定时、定量、定质、定人、定点

B. 定点、定质、定量、定时、定人

C. 定点、定质、定量、定期、定装置

D. 定点、定质、定额、定期、定人

26. 活塞压缩机有异常的响声和撞击声，但出口温度不高，压力不低，则（ D ）因素可以排除。

A. 润滑不恰当

B. 主轴颈、连杆、十字头销磨损，椭圆度大

C. 气缸余隙太小

D. 气阀安装不正确

27. 活塞压缩机适用于（ B ）的场合。

A. 大流量而压力较高　　B. 中小流量而压力较高

C. 大流量而压力较低　　D. 中小流量而压力较低

28. 下列选项描述的不是对密封材料的一般要求的是（ C ）。

A. 压缩性和回弹性好，永久变形小

B. 有适当的机械强度和硬度

C. 应保证互换性，实现标准化，系列化

D. 摩擦系数小，耐磨性好

29. 以下不会导致切刀异常磨损的是（ B ）。

A. 切刀与模板之间压力过大　　B. 生产时没有锁定刀轴

C. 切刀材质不当　　D. 切刀与模板平面度不够

30. 关于粒料发黄的叙述正确的是（ D ）。

A. 粒料发黄与添加剂无关　　B. 与脱活干燥系统无关

C. MFR高的产品易发黄　　D. 发黄影响产品的质量

31. 造粒粒料输送风机设置有（ B ）联锁停车。

A. 入口压力低　　B. 出口压力高　　C. 入口压力高　　D. 出口压力低

32. 关于造粒系统以下叙述正确的是（ C ）。

A. 颗粒水设置有流量高联锁　　B. 闸门区温度设置有高联锁

C. 润滑油设置有压力低联锁　　D. 齿轮泵入口温度设置有高联锁

33. 以下生产工艺中设计有预聚合系统的是（ A ）。

A. Spheripol工艺　　B. Innovene工艺

C. Novolen工艺　　D. Unipol工艺

34. 造成齿轮泵电机非正常停止的原因是（ B ）。

A. 产品MFR过低　　B. 模头树脂压力超高联锁

C. 齿轮泵转子冷却水未通入　　D. 助剂下料秤故障

35. 当造粒机需要紧急停车时，按动控制盘上的“紧急停车”钮，下列关于系统进行自动停车排序正确的是（ C ）。

①进料器停止②G/P电机停止③LCM主电机停止④所有附属设备电机停止

A. ②①③④　　B. ②①④③　　C. ①③②④　　D. ①②③④

36. 以下聚丙烯工艺属于气相法工艺的是（ C ）。

A. Spheripol工艺　B. Hypol工艺　C. Novolen工艺　D. Bostar工艺

37. 丙烯原料罐进料阀、液位计根阀处增装流量限制阀,其作用是（ D ）。

A. 防止丙烯流量过大，引起丙烯储罐压力急剧增加而出现危险事故

B. 可以控制丙烯进料，防止丙烯储罐液位超高

C. 限制流量，防止丙烯汽化

D. 丙烯进料系统或液位计等处大量泄漏丙烯，该阀门自动关闭，防止丙烯原料罐中的大量丙烯泄漏至现场，引发更大的事故

38. 以下不会导致混炼效果变差的是（ D ）。

A. 进料速度不稳定　B. 混炼的功率过大

C. 产生树脂热氧降解　D. 混炼机通水端旋转接头没通冷却水

多选题

1. 丙烯精制单元3A分子筛需要再生的判断依据有（ AC ）。

A. 分析丙烯原料的含水量大于规定值　B. 装置停车时

C. 反应器催化剂活性异常低时　D. 装置负荷控制低时

2. 选用成核剂的要求是（ AC ）。

A. 成核剂在聚丙烯的熔点温度下不熔

B. 成核剂在聚丙烯的熔点温度下熔融

C. 与聚丙烯具有良好的共混性

D. 成核剂最好与聚丙烯具有差异的结晶结构

3. 采用蒸汽吹扫管线时，以下叙述正确的是（ ABC ）。

A. 吹扫前应缓慢用蒸汽升温暖管

B. 在开启蒸汽阀吹扫前应将前面管道中的凝结水排出

C. 管线若未保温应采取局部防止烫伤的措施

D. 吹扫支管时采用总管蒸汽阀控制汽流量

4. 液相釜氮气吹扫前需要确认的项目有（ ABCD ）。

A. 密封油系统正在运行中　B. 催化剂管线的吹扫已完成并氮封

C. 热水通入聚合釜夹套　D. 循环气风机启动

5. 关于装置的阻聚剂一氧化碳，下列描述正确的是（ BCD ）。

A. 它的燃烧范围很窄

B. 比重与空气大约相同

C. 一氧化碳钢瓶应避免阳光的照射

D. 一氧化碳钢瓶应置于有良好通风的地方

6. 能够导致齿轮泵电机联锁停止的信号有（ ABCD ）。

A. 电机定子温度超高　　B. 电机电流超高

C. 轴承温度超高　　D. 换网器压差超高

7. 通常爆炸极限受温度、压力、燃烧压力的影响，以下描述正确的是（ ABCD ）。

A. 温度上升则爆炸的最低极限下降

B. 压力上升则爆炸的最高极限上升

C. 燃烧压力上升则爆炸范围变宽

D. 温度上升则爆炸范围变宽

8. 装置的氮气主要用于（ ABCD ）。

A. 开车前系统的氮气置换　　B. 聚合粉料的气体输送

C. 需要氮气保护的设备　　D. 分子筛的再生

9. 要想合成真正意义上的嵌段共聚物应该满足的条件有（ BCD ）。

A. 活性中心只能与一种单体发生反应

B. 聚合过程中活性中心足够稳定

C. 活性中心可分别与两种参与共聚的单体发生聚合反应

D. 生长的大分子链有长的平均寿命

10. 丙烯与α－烯烃共聚时α－烯烃含量增加则（ AB ）。

A. 共聚物的熔点下降　　B. 共聚物的玻璃化温度下降

C. 共聚物的熔点上升　　D. 共聚物的玻璃化温度上升

11. 下面是透明专用料产品出厂控制指标的有（ ACD ）。

A. 熔融指数　　B. 等规度　　C. 冲击强度　　D. 雾度

12. 活塞式压缩机一套基本的填料函密封包括（ ABD ）。

A. 一个起限流器作用的减压环

B. 阻止气流泄漏到排气孔的几个密封环

C. 起到增加润滑作用的几个摩擦环

D. 一个排气控制环，阻止气流泄漏到隔离室

13. 对液力传动油来说，要求具有（ AD ）特性。

A. 抗磨性　　B. 较大摩擦系数

C. 较高的起泡性能　　D. 热氧化安定性

14. 变频器的保护功能包括（ ABD ）。

A. 过压、欠压保护　　B. 接地故障保护
C. 漏电保护　　D. 电动机失速防护

15. 以下是滑动轴承产生液体摩擦的条件的是（ ABD ）。
A. 轴径与轴承的配合应有一定的间隙
B. 轴径应保持一定的线速度
C. 轴径应有较低的表面粗糙度
D. 轴承内有充足的具有适当黏度的润滑油

16. 水进入液压系统的影响是（ BC ）。
A. 少量水能使油中添加剂稳定　　B. 腐蚀金属
C. 在低压部位易产生气蚀　　D. 少量水可促进润滑

17. 往复式压缩机气缸过热的原因是（ ACD ）。
A. 冷却水不足或中断　　B. 采用了无油润滑迷宫型活塞和气缸
C. 余隙过小　　D. 余隙过大

18. 影响密封性能的因素有（ ABCD ）。
A. 工作介质的种类　　B. 使用油温（以密封部位的温度为准）
C. 密封件与偶合面的偏心程度　　D. 挤出间隙的大小

19. 活塞式压缩机的主要优点是（ ABC ）。
A. 排气压力稳定　　B. 效率较高
C. 排气量范围广　　D. 连续排气，气流均匀

20. 三相感应电动机空载运行时，电机内损耗包括（ ABCD ）。
A. 定子铜耗　　B. 定子铁耗　　C. 机械损耗　　D. 附加损耗

21. 罗茨风机震动大，并有金属撞击的声音，以下为可能原因的是（ ABD ）。
A. 轴承损坏　　B. 叶轮与叶轮之间发生碰撞
C. 风机进入粉料，使排气容积减小　　D. 叶轮与墙板之间发生摩擦

22. 导致挤压机组切粒不好的原因是（ ABCD ）。
A. PCW冷却水温度低　　B. 机头加热温度高
C. 切刀与模板找正不好　　D. 树脂混炼过强

23. 离心风机振动过大的可能原因是（ ABCD ）。
A. 转子不平衡　　B. 机座的刚度不够
C. 润滑系统不良　　D. 传动齿轮齿面出现点蚀

24. 粉料分离器压力异常升高时应采取的措施有（ ACD ）。
A. 检查压力控制阀是否正常运行

B. 检查干燥单元下料是否畅通

C. 检查循环气压缩机运转情况

D. 检查第二气相釜出料系统

25. 装置发生丙烯泄漏事故时以下处理措施正确的是（ ABC ）。

A. 建立警戒区域

B. 严禁一切产生火花的操作

C. 切断泄漏源

D. 时间紧急时可不佩戴空气呼吸器而进入丙烯蒸气区

26. 装置停电事故处理的目标是（ ABC ）。

A. 聚合反应系统加入终止剂，紧急停车放空

B. 后系统物料紧急倒空，排放

C. 聚合系统隔离、泄压

D. 事故原因调查，相关人员受到教育

简答题

1. 分别说出第一液相釜、第一气相釜的撤热手段。

答：①第一液相釜：夹套冷却水、气相外循环、冷丙烯进料；（0.5）②第一气相釜：丙烯闪蒸、气相外循环。（0.5分）

2. 调节器的正反作用是怎样定义的?

答：①当被调参数（即变送器送来的信号）增加时，调节器的输出也增加的称为正作用；（0.5分）②如果调节器的输出随被调参数的增加而减小的则称为反作用。（0.5分）

3. 请简述选择抗氧剂的要求。

答：①抗氧剂的功效高；（0.1分）②不影响聚丙烯的性能，不与其他添加剂发生不利反应；（0.2分）③抗氧剂的热稳定性好，加工温度下不分解，挥发性低；（0.2分）④与聚丙烯及其他助剂的相容性好，抗抽提，迁移性和喷霜现象小；（0.2分）⑤不变色，不污染制品；（0.1分）⑥无毒或低毒；（0.1分）⑦价廉或性能价格比好。（0.1分）

4. 汽蒸罐的热氮气分几路供给？为什么要这样做?

答：汽蒸罐的氮气供给通过两条路线进行（0.3分）：一股与蒸汽混合进入并扩展到汽蒸罐的主体（0.3分）；另一股从汽蒸罐的下部进入，单独供给未与蒸汽混合，这一措施的目的是防止含蒸汽的气体污染造粒工段（0.4分）。

5. 挤压机减速机闭式齿轮箱使用中油温超高的原因有哪些？如何处理?

答：①齿轮、轴承出现故障，视情况修复更换；（0.3分）②新齿轮机构没有磨合好，出

现磨料磨损，引起齿面温度升高。此时应加强过滤，磨合后换油；（0.2分）③负荷大，油膜破裂，出现磨损等失效倾向，引起齿面温度升高。此时应根据载荷情况正确选油，提高黏度等级或选用极压型齿轮油；（0.2分）④油位过高，增加了搅拌热，散热困难，油温与齿面温度同步上升，此时应降低油位。（0.3分）

6. 空气进入液压油系统的危害是什么？如何防止？

答：①会使液压油在运行中产生气蚀、振动、迟缓反映、噪声、爬行等，加速油质老化；（0.4分）②所有泵的吸入油管安装在油箱液面以下，保证泵吸油充分，吸油管不漏气；（0.3分）③在系统最高处安装放气阀。（0.3分）

7. 第一气相釜下料系统堵塞的原因有哪些？

答：①反应釜内有大块料；（0.1分）②出料程序故障；（0.2分）③出料程序周期长，导致在管道内聚合；（0.2分）④吹扫气无量或偏低；（0.2分）⑤给电子体不打量或流量过低导致粉料发黏；（0.1分）⑥气动阀门内漏。（0.2分）

8. 分析造粒产生块、串料的原因？

答：①机体温度，特别是模头温度偏高；（0.1分）②熔融指数不稳定或太低；（0.2分）③颗粒物料水流不足；（0.1分）④系统不畅通，有堵塞现象；（0.1分）⑤切料刀不行（不平或崩刃）；（0.1分）⑥切刀和模板不平行；（0.1分）⑦颗粒物料水温度过低或过高；（0.2分）⑧切刀刀轴水不足。（0.1分）

9. PP树脂加工过程中降解的主要原因是什么？

答：①高温下热降解；（0.3分）②氧化降解；（0.3分）③在高速搅拌、挤压、混炼、粉碎下出现的力降解。（0.4分）

计算题

1. lmol理想气体在300K时，体积占0.01m^3，求气体的压力？

解：$PV = n\mathrm{R}T$ $P = n\mathrm{R}T/V = 1 \times 8.314 \times 300/0.01 = 249420\mathrm{Pa}$

答：气体的压力为249420Pa。

2. 聚丙烯车间4月生产某牌号产品17000吨，其中耗用原材料丙烯17580吨，耗用辅助材料已烷140吨，耗用主催化剂1020kg，耗用其他辅助材料合资金4200000元，本月耗用燃料动力合资金4550000元，生产工人工资、福利及本月产生制造费用共计3000000元，请计算本月该牌号产品的单位成本？（主催化剂每千克1480元，已烷每吨4000元，丙烯每吨5000元。）

解：耗用丙烯金额：$5000 \times 17580 = 87900000$元，耗用已烷金额：$4000 \times 140 = 560000$元，耗用主催化剂金额：$1480 \times 1020 = 1509600$元。该牌号产品总成本为：$87900000 +$

560000 + 1509600 + 4200000 + 4550000 + 3000000 = 101719600元。该牌号产品单位成本为：101719600/17000 = 5983.51元/吨

答：本月该牌号产品的单位成本为5983.51元/吨。

3. 容器内存有密度为800kg/m^{3}的油，U形管压强计中的指示液为水银，读数为0.2m，求油面高度？（$\rho_{水银} = 13600\text{kg/m}^3$）

解：根据题意有等式：$\rho_{油} gh = R\rho_{水银} g \quad h = 0.2 \times 13600/800 = 3.4\text{m}$

答：油面高度为3.4m。

五　操作技能鉴定要素细目表

鉴定范围			鉴定点
一级	二级	三级	名　称
釜式法	工艺操作	开车准备	投催化剂前装置的检查确认
			气密实验的操作
		开车操作	造粒系统开车操作
			大循环的建立
		正常操作	聚合物等规度变换的操作
			过渡程序概述
		停车操作	聚合载料停车的操作
			挤压造粒系统短期停车操作
	设备使用与维护	使用设备	液相釜循环气风机的开停操作
			高速离心泵的开停
		维护设备	挤压机的日常维护
			罗茨风机常见事故的排除
			换热器的清洗方案
			设备的组织检修
	事故判断与处理	判断事故	齿轮泵电机非正常停止的原因分析
			造粒产生块、串料的原因分析
			XCV阀门内漏的判断
		处理事故	聚合单元瞬时停电后的处理
			氮气中断事故处理
	绘图与计算	绘图	装置联锁图的绘制

六 操作技能试题

试题1：投催化剂前装置的检查确认

配分与评分标准：　　　　考核时间：30min

序号	考试内容	评分要素	配分	评分标准	最大扣分	步长	检测结果	扣分	得分	备注
1	准备工作	穿戴劳保用品	3	未穿戴整齐扣3分	3	3				
		工具、用具准备	2	工具选择不正确扣2分	2	2				
2	原料确认	确认氢气、乙烯、丙烯已通入装置并且处于随时可用状态	15	未确认氢气已通入装置，并可随时投用，扣5分	5	5				
				生产共聚物时未确认乙烯已通入装置，并可随时投用，扣5分	5	5				
				未确认丙烯已通入装置，并可随时投用，扣5分	5	5				
3	公用工程确认	确认所有公用工程均已投入运行	15	确认所有公用工程已经处于运行状态，漏查一项扣5分，共15分，扣完为止	15	5				
4	催化剂确认	确认各种催化剂的浓度已在催化剂系统调节完毕	10	未确认烷基铝浓度已调节完成且管线已液封，扣5分	5	5				
				未确认主催化剂预聚合已完成并随时可以投用，扣5分	5	5				
5	聚合系统确认	确认大循环已经建立，确认各反应器的浆液或粉料排出管线都处于随时可用状态	10	未确认大循环已在正常运行中，扣5分	5	5				
				未确认各浆液管线及粉料下料管线处于随时可用状态，扣5分	5	5				
		确认阻聚剂系统处于随时可用状态，确认各槽罐的切断阀均已打开	10	未确认阻聚剂系统处于随时可用状态，扣5分	5	5				
				未确认切断阀均已打开，扣5分	5	5				
		确认联锁系统已经投用	5	未确认联锁系统投用，扣5分	5	5				
6	干燥系统确认	确认干燥单元已开车，干燥单元到粉料料仓的粉料输送管线已接通	10	未确认干燥系统的开车操作已完成，扣5分	5	5				
				未确认干燥系统至造粒系统的粉料输送线已接通，扣5分	5	5				
7	造粒单元确认	造粒系统开车准备工作已完毕	5	未确认造粒单元的开车准备工作已完成，扣5分	5	5				

续表

序号	考试内容	评分要素	配分	评分标准	最大扣分	步长	检测结果	扣分	得分	备注
8	仪表确认	确认分析仪表调节完毕	5	未确认分析仪表调节完毕，扣5分	5	5				
9	电气及配电系统	确认电气设备联锁正常，控制系统、DCS供电正常，UPS正常	5	漏确认一项扣2分，扣完为止	5	2				
10	使用工具	使用工具	2	工具使用不正确，扣2分	2	2				
		维护工具	3	工具乱摆乱放，扣3分	3	3				
11	安全及其他	按国家法规或企业规定		违规一次总分扣5分	100	5				
				严重违规停止操作	100	100				
		在规定时间内完成操作		每超时1min总分扣5分，超时3min停止操作	15	5				
合计			100							

试题2：气密实验的操作

配分与评分标准：　　　　考核时间：30min

序号	考试内容	评分要素	配分	评分标准	最大扣分	步长	检测结果	扣分	得分	备注
1	准备工作	穿戴劳保用品	5	未穿戴整齐，扣5分	5	5				
2	气密试验前的检查确认	确认设备与管线的清扫已完成	10	未确认设备的清扫已完成，扣5分	5	5				
				未确认管线的清扫已完成，扣5分	5	5				
		确认设备和管线的设计压力	10	未确认设备和管线的设计压力，扣10分	10	10				
3	气密试验前的操作	气密试验前要在不同设计压力的管线交合处插入盲板，并且要打开低压设备相连的放空和排液阀	20	未在不同设计压力的管线交合处插入盲板，扣10分	10	10				
				未打开低压设备相连的放空和排液阀，扣10分	10	10				
		转动设备进行气密试验时，要先使密封油系统投用，并且当密封油注入转动设备后再进行气密试验	20	未将密封油系统投用，扣10分	10	10				
				未将密封油注入转动设备，扣10分	10	10				

续表

序号	考试内容	评分要素	配分	评分标准	最大扣分	步长	检测结果	扣分	得分	备注
4	气密试验的操作	设备和管线的升压要分阶段进行	15	未将压力升高到设计压力的50%扣5分	5	5				
				未分阶段升压扣7分	7	7				
				每次升压高于10%扣3分	3	3				
		给设备和管线涂肥皂水检查是否漏气，如果有连续的小气泡产生，则说明漏气	5	不会判断是否漏气扣5分	5	5				
5	判断气密合格	清楚定压时间，清楚合格标准	10	不清楚定压时间扣5分	5	5				
				不清楚合格标准扣5分	5	5				
6	记录	做好气密试验记录	5	未做好气密试验记录扣5分	5	5				
7	安全及其他	按国家法规或企业规定		违规一次总分扣5分	100	5				
				严重违规停止操作	100	100				
		在规定时间内完成操作		每超时1min总分扣5分超时3min停止操作	15	5				
合计			100							

试题3：造粒系统开车操作

配分与评分标准： 考核时间：30min

序号	考试内容	评分要素	配分	评分标准	最大扣分	步长	检测结果	扣分	得分	备注
1	准备工作	穿戴劳保用品	3	未穿戴整齐扣3分	3	3				
		工具、用具准备	2	工具选择不正确扣2分	2	2				
2	检查	开车前检查	10	未检查各辅助设备运行情况扣5分	5	5				
				未检查各部分升温情况扣5分	5	5				
3	相关设备的启动	下游设备的启动	10	未启动离合器及干燥器排风扇扣3分	3	3				
				未启动干燥器扣2分	2	2				
				未启动振动筛扣3分	3	3				
				未启动颗粒输送风机扣2分	2	2				

续表

序号	考试内容	评分要素	配分	评分标准	最大扣分	步长	检测结果	扣分	得分	备注
3	相关设备的启动	启动主机	10	未启动始动电机就直接启动主电机，扣3分	3	3				
				始动电机电流未正常就启动主电机，扣4分	4	4				
				未待主机准备灯亮后启动主机，扣3分	3	3				
		启动计量加料器	5	未启动粉料计量加料器，扣2.5分	2.5	2.5				
				未启动稳定剂计量加料器，扣2.5分	2.5	2.5				
4	束状挤压	进行束状挤压	10	未按规定进行束状挤压，扣10分	10	10				
		待料合格后刮模板上机头	5	未待料合格后刮模板上机头，扣5分	5	5				
5	调整间隙	调整切刀与模板间隙	10	未调整，扣10分	10	10				
6	投联锁开车	投联锁，自动开车	10	未投联锁，扣4分	4	4				
				未将模板清理干净，扣3分	3	3				
				未关好水室门，扣3分	3	3				
7	切粒料走向	将粒料输送切向料仓	10	未检查粒料情况是否正常，扣5分	5	5				
				未及时将粒料切向料仓，扣5分	5	5				
8	参数检查	检查各工艺参数是否正常	10	未检查各工艺参数是否正常，扣10分	10	10				
9	使用工具	使用工具	2	工具使用不正确，扣2分	2	2				
		维护工具	3	工具乱摆乱放，扣3分	3	3				
10	安全及其他	按国家法规或企业规定		违规一次总分扣5分	100	5				
				严重违规停止操作	100	100				
		在规定时间内完成操作		每超时2min总分扣5分，超时5min停止操作	15	5				
合计			100							

试题4：大循环的建立

配分与评分标准：　　　　　　　　　　　　　　　　　　　　　　　考核时间：30min

序号	考试内容	评分要素	配分	评分标准	最大扣分	步长	检测结果	扣分	得分	备注
1	准备工作	穿戴劳保用品	3	未穿戴整齐，扣3分	3	3				
		工具、用具准备	2	工具选择不正确，扣2分	2	2				
2	检查确认	确认第一反应器、第二反应器、浆液洗涤罐和第三反应器凝液罐已经加入丙烯，第一、二反应器循环鼓风机和第一、二反应器、浆液洗涤罐搅拌和浆液洗涤罐循环泵已经在运行中，气相反应器已经加入种子粉料，第三反应器循环鼓风机已经运行，确认第三反应器压力、温度，确认第一反应器与第二反应器、浆液洗涤罐与第三反应器处于断开状态，确认第三反应器凝液罐液位达到规定值	35	未确认第一反应器、第二反应器、浆液洗涤罐和第三反应器凝液罐已经加入丙烯扣8分，少加入一个扣2分	8	2				
				未确认第一、二反应器循环鼓风机和第一、二反应器、浆液洗涤罐搅拌和浆液洗涤罐循环泵已经在运行中，扣10分，少确认一个，扣2分，4个没有确认不得分	10	2				
				未确认气相反应器已经加入种子粉料，扣3分	3	3				
				未确认第三反应器循环鼓风机已经运行，扣2分	2	2				
				未确认第三反应器压力、温度，扣3分	3	3				
				未确认第一反应器与第二反应器处于断开状态，扣3分	3	3				
				未确认浆液洗涤罐与第三反应器处于断开状态，扣3分	3	3				
				未确认第三反应器凝液罐液位达到规定值，扣3分	3	3				
3	启动循环丙烯泵	将冲洗丙烯加入丙烯循环泵中，丙烯循环泵的回流阀门切换到“手动”状态，打开本系统的压力调节阀的切断阀，丙烯循环泵的入口阀全开，规定启动丙烯循环泵，将丙烯循环泵的回流阀门切换到“自动”状态并将流量设定在规定值	15	未按照规定流量将冲洗丙烯加入丙烯循环泵中，扣3分	3	3				
				未将丙烯循环泵的回流阀门切换到“手动”状态并置于规定的开度，扣3分	3	3				
				未打开本系统的压力调节阀的切断阀，扣2分	2	2				
				未将丙烯循环泵的入口阀全开，扣2分	2	2				
				未按规定启动丙烯循环泵，扣2分	2	2				
				未将丙烯循环泵的回流阀门切换到“自动”状态并将流量设定在规定值，扣3分	3	3				

续表

序号	考试内容	评分要素	配分	评分标准	最大扣分	步长	检测结果	扣分	得分	备注
4	建立大循环	连通各液相釜；向第一釜加丙烯；接通浆液洗涤罐至气相釜的管路；将第二液相釜液位控制阀设定在规定值；连通气相釜至丙烯凝液罐；将浆液洗涤罐的循环丙烯泵出口管线与第一液相釜连接，确认通往丙烯凝液罐的管线断开；打开丙烯循环泵的切断阀，以正确方法将浆液洗涤罐循环泵的丙烯返回第一反应器；手动打开丙烯循环泵通往各釜的切断阀，进行丙烯加料管线的冲洗；控制丙烯凝液罐的料位，维持料位在规定值	40	未将各液相釜连通，扣5分	5	5				
				未向第一釜加丙烯，扣5分	5	5				
				未接通浆液洗涤罐至气相釜的管路，扣2分	2	2				
				未将第二液相釜液位控制阀设定在规定值，扣3分	3	3				
				未将气相釜至丙烯凝液罐连通，扣2分	2	2				
				未将浆液洗涤罐的循环丙烯泵出口管线与第一液相釜连接，扣2分	2	2				
				未确认通往丙烯凝液罐的管线断开，扣2分	2	2				
				未打开浆液洗涤罐循环泵的切断阀，以正确方法将浆液洗涤罐循环泵的丙烯返回第一反应器，扣7分	7	7				
				未手动打开丙烯循环泵通往各釜的切断阀，进行丙烯加料管线的冲洗，扣7分	7	7				
				未控制丙烯凝液罐的料位，维持料位在规定值，扣5分	5	5				
5	使用工具	使用工具	2	工具使用不正确，扣2分	2	2				
		维护工具	3	工具乱摆乱放，扣3分	3	3				
6	安全及其他	按国家法规或企业规定		违规一次总分扣5分	100	5				
				严重违规停止操作	100	100				
		在规定时间内完成操作		每超时2min总分扣5分，超时5min停止操作	15	5				
合计			100							

试题5：聚合载料停车的操作

配分与评分标准：　　　　考核时间：30min

序号	考试内容	评分要素	配分	评分标准	最大扣分	步长	检测结果	扣分	得分	备注
1	准备工作	穿戴劳保用品	3	未穿戴整齐，扣3分	3	3				
		工具、用具准备	2	工具选择不正确，扣2分	2	2				
2	检查确认	确认已接到停车指令，应与车间领导或调度取得联系	5	未确认已接到停车指令就停车，扣2分	2	2				
				未与车间领导或调度取得联系，扣1分	3	3				
3	相关物料的停加	停止反应器的乙烯进料，从干燥器取样，检查乙烯含量，待确认乙烯含量低于规定值后进行正常停车操作	5	未停止反应器的乙烯进料，扣3分	3	3				
				未从干燥器取样检测乙烯含量低于规定值，扣2分	2	2				
		按顺序停止催化剂进料，并用HX冲洗所有催化剂进料管线	10	未将TK催化剂泵从TK运行切换为HX运行，扣3分	3	3				
				未在停止TK催化剂的同时停AT催化剂，扣2分	2	2				
				未在TK和AT催化剂停止1小时后停OF，扣2分	2	2				
				未将催化剂进料管线冲洗，扣3分	3	3				
		停止氢气进料	5	未停止各反应器的氢气进料，扣5分	5	5				
4	各釜的温度控制	温度下降则将液相釜夹套由循环水切换为热水，气相釜的循环气冷却器的循环水切换为低压蒸汽。控制好各釜温度，并保证正常压差	35	未控制第一反应器温度降低的速度，扣10分	10	10				
				未及时打开第一反应器的夹套热水，扣10分	10	10				
				未控制气相反应器温度降低的速度，扣10分	10	10				
				未将气相釜的循环气冷却器的循环水切换为低压蒸汽，扣5分	5	5				

续表

序号	考试内容	评分要素	配分	评分标准	最大扣分	步长	检测结果	扣分	得分	备注
5	液相釜聚合物的排出	维持液相釜的压差在规定值，将液相釜的聚合物排出，取样检查聚合反应器中是否有聚合物残留，确认液相釜压力和浆液洗涤罐相等，倒空结束	10	未维持液相釜的压差在规定值，扣5分	5	5				
				未将液相釜的聚合物排出，扣2分	2	2				
				未取样检查聚合反应器中是否有聚合物残留，扣2分	2	2				
				未确认液相釜压力和浆液洗涤罐相等，倒空结束，扣1分	1	1				
6	气相釜的粉料排出	将第一气相釜的粉料排放至规定的料面作为种子粉料	5	未将第一气相釜的粉料排出，扣2.5分	2.5	2.5				
				未将第一气相釜的粉料排放至规定的料面，扣2.5分	2.5	2.5				
7	建立大循环	将聚合系统进行大循环运行	10	未将聚合系统进行大循环运行，扣10分	10	10				
8	CO系统关闭、全线联锁旁路	当催化剂无活性时，关闭CO系统，全线联锁旁路	5	未将CO系统关闭，扣3分	3	3				
				未全线联锁旁路，扣2分	2	2				
9	使用工具	使用工具	2	工具使用不正确，扣2分	2	2				
		维护工具	3	工具乱摆乱放，扣3分	3	3				
10	安全及其他	按国家法规或企业规定		违规一次总分扣5分	100	5				
				严重违规停止操作	100	100				
		在规定时间内完成操作		每超时2min总分扣5分，超时5min停止操作	15	5				
合计			100							

试题6：挤压造粒系统短期停车操作

配分与评分标准：　　　　考核时间：30min

序号	考试内容	评分要素	配分	评分标准	最大扣分	步长	检测结果	扣分	得分	备注
1	准备工作	穿戴劳保用品	3	未穿戴整齐，扣3分	3	3				
		工具、用具准备	2	工具选择不正确，扣2分	2	2				
2	停止进料	逐渐降低粉料、稳定剂进料直至停止	10	未将粉料进料停止，扣3分	3	3				
				未将稳定剂进料停止，扣3分	3	3				
				未逐渐降低进料，扣4分	4	4				
3	齿轮，泵停止	将齿轮泵压力控制调节选择开关打“手动”排尽齿轮泵吸入口树脂	20	未将齿轮泵压力控制调节选择开关打“手动”，扣5分	5	5				
				未及时降齿轮泵转速，扣5分	5	5				
				未将齿轮泵吸入口的树脂排尽，扣10分	10	10				
		停齿轮泵电机，打转向器	20	未及时停止齿轮泵电机，扣10分	10	10				
				未将转向器切换到“排出”侧，扣10分	10	10				
4	切粒电机停止	确认从模孔中没有树脂排出后，降低切粒机转速并停止切粒电机	15	未检查确认模孔中树脂排出情况，扣5分	5	5				
				未将切粒电机转速降低，扣5分	5	5				
				未停止切粒电机，扣5分	5	5				
5	切粒电机停止后处理	后退切刀，将颗粒水打循环，打开切粒室排水阀，排尽切粒室水中的水	15	未将切刀后退，扣5分	5	5				
				未将颗粒水打循环，扣5分	5	5				
				未排尽切粒室水中的水，扣5分	5	5				
6	排尽筒体内物料	保持混炼机螺杆运转一定时间，以排尽筒体内物料	10	未保持混炼机螺杆运转至将筒体内物料排尽，扣10分	10	10				

续表

序号	考试内容	评分要素	配分	评分标准	最大扣分	步长	检测结果	扣分	得分	备注
7	使用工具	使用工具	2	工具使用不正确，扣2分	2	2				
		维护工具	3	工具乱摆乱放，扣3分	3	3				
8	安全及其他	按国家法规或企业规定		违规一次总分扣5分	100	5				
				严重违规停止操作	100	100				
		在规定时间内完成操作		每超时1min总分扣5分，超时3min停止操作	15	5				
合计			100							

试题7：液相釜循环气风机的开停操作

配分与评分标准： 考核时间：30min

序号	考试内容	评分要素	配分	评分标准	最大扣分	步长	检测结果	扣分	得分	备注
1	准备工作	穿戴劳保用品	3	未穿戴整齐，扣3分	3	3				
		工具、用具准备	2	工具选择不正确，扣2分	2	2				
2	启动前的检查和确认	检查齿轮箱润滑油油位，将密封油以规定的流量通入机械密封，冷却水通入换热器	15	未检查齿轮箱润滑油油位，扣5分	5	5				
				未将密封油以规定的流量通入机械密封，扣5分	5	5				
				未将冷却水通入换热器，扣5分	5	5				
		检查吸入口管线的蒸汽伴热管线已投用，确认进出口阀门关闭，同时备用台的进出口阀也全关	10	未检查吸入口管线的蒸汽伴热管线已投用，扣3分	3	3				
				未确认进出口阀门关闭，扣3分	3	3				
				未将备用台的进出口阀全关，扣4分	4	4				
		确认系统具备启动风机的条件，电气、仪表运行正常	10	未确认系统具备启动风机的条件，扣3分	3	3				
				未检查电气运行是否正常，扣3分	3	3				
				未检查仪表运行是否正常，扣4分	4	4				

续表

序号	考试内容	评分要素	配分	评分标准	最大扣分	步长	检测结果	扣分	得分	备注
2	启动前的检查和确认	全开出口阀，稍开入口阀，打开进出口管线的排放阀进行排液，然后关闭	15	未全开出口阀，稍开入口阀，扣6分	6	6				
				未打开进出口管线的排放阀进行排液，然后关闭，扣9分	9	9				
		使辅助油泵运转，检查油压是否正常，以一秒间隔点动电机23次，检查旋转方向是否正确	10	未启动辅助油泵，扣5分	5	5				
				未检查油压是否正常，扣2分	2	2				
				未以一秒间隔点动电机23次，并检查旋转方向是否正确，扣3分	3	3				
3	启动操作	启动主电机，调节入口阀开度，使其达到需要流量，调节润滑油换热器冷却水流量使齿轮箱的温度保持在正常范围内	10	未在启动主电机后，调节入口阀开度，使其达到需要流量，扣6分	6	6				
				未调节润滑油换热器冷却水流量，使齿轮箱的温度保持在正常范围内，扣4分	4	4				
4	运行中的检查	启动后，观察风机有无异常声音，进出口压力是否正常，振动是否正常，油温、油压、油位是否正常，有无异常报警，有异常及时处理	14	未进行检查不给分，检查不全，漏检一项扣2分	14	2				
				漏检两项扣6分	6	6				
				漏检三项不给分，有异常不及时处理的不给分	14	14				
5	停机操作	确认系统允许停风机，停止主电机，关闭进出口阀	6	未确认系统允许停风机，扣3分	3	3				
				未在停止主电机后关闭进出口阀，扣3分	3	3				
6	使用工具	使用工具	2	工具使用不正确，扣2分	2	2				
		维护工具	3	工具乱摆乱放，扣3分	3	3				
7	安全及其他	按国家法规或企业规定		违规一次总分扣5分	100	5				
				严重违规停止操作	100	100				
		在规定时间内完成操作		每超时1min总分扣5分，超时3min停止操作	15	5				
合计			100							

否定项说明：若出现操作混乱导致设备事故、无法正常开车等情况，该题为零分。

试题8：高速离心泵的开停

配分与评分标准：　　　　考核时间：30min

序号	考试内容	评分要素	配分	评分标准	最大扣分	步长	检测结果	扣分	得分	备注
1	准备工作	穿戴劳保用品	3	未穿戴整齐，扣3分	3	3				
		工具、用具准备	2	工具选择不正确，扣2分	2	2				
2	开机前检查与操作	检查机体、管路有无泄漏的地方	5	不检查扣5分	5	5				
		通入密封油，冲洗丙烯适量加入，冷却水通入油冷却器	15	不通入密封油或冲洗，扣10分	10	10				
				不通冷却水，扣5分	5	5				
		全开入口阀，出口阀全关	10	操作不正确，扣10分	10	10				
		泵体排气或排液，打开去火炬的放空线，直到管线内没有声音为止，关闭放空阀门	10	不排的扣10分	10	10				
		启动辅助油泵，使润滑油压力升至正常值，保持30秒以上	10	启动油泵后不检查油压，扣5分	5	5				
				发现有异常不会处理，扣5分	5	5				
3	启动	启动电机，调节出口阀至所需流量	10	用进口阀调节，扣10分	10	10				
4	停机操作	慢慢关闭出口阀，在稍开的情况下停泵	10	操作不正确，扣10分	10	10				
		调节冲洗到适当流量，保持出口阀打开	10	操作不正确，扣10分	10	10				
		全关出口阀，只要SO有压，冷却水就连续通入，入口阀保持打开	10	操作不正确，扣10分	10	10				

续表

序号	考试内容	评分要素	配分	评分标准	最大扣分	步长	检测结果	扣分	得分	备注
5	使用工具	使用工具	2	工具使用不正确，扣2分	2	2				
		维护工具	3	工具乱摆乱放，扣3分	3	3				
6	安全及其他	按国家法规或企业规定		违规一次总分扣5分	100	5				
				严重违规停止操作	100	100				
		在规定时间内完成操作		每超时1min总分扣5分，超时3min停止操作	15	5				
合计			100							